“十四五”职业教育国家规划教材

工业和信息化人才培养工程系列丛书

1+X 证书制度试点培训用书

Web 前端开发（中级）

（上册）

工业和信息化部教育与考试中心　主编

電子工業出版社
Publishing House of Electronics Industry
北京 · BEIJING

内 容 简 介

面向职业院校和应用型本科院校开展 1+X 证书制度试点工作是落实《国家职业教育改革实施方案》的重要内容之一，为了便于 X 证书标准融入院校学历教育，工业和信息化部教育与考试中心组织编写了《Web 前端开发（中级）》教材。

本教材以《Web 前端开发职业技能等级标准》（中级）为编写依据，分上、下两册，包括深入浅出 MySQL 数据库、PHP 技术与应用、Web 前后端数据交互技术、响应式开发技术、网站项目实战五篇，分别对应《Web 前端开发职业技能等级标准》（中级）涉及的五门核心课程："MySQL 数据库基础与应用""PHP 技术与应用""Web 前后端数据交互技术""响应式开发技术""网站项目实战"。

本教材以模块化的结构组织各篇及其章节，以任务驱动的方式安排教材内容，选取动态网站开发能力和响应式网站开发的典型应用作为教学案例。本教材可用于 1+X 证书制度试点工作中的 Web 前端开发职业技能等级证书的教学和培训，也可以作为期望从事 Web 前端开发职业的应届毕业生和社会在职人员的自学参考用书。

图书在版编目（CIP）数据

Web 前端开发：中级. 上册 / 工业和信息化部教育与考试中心主编. —北京：电子工业出版社，2019.8
（工业和信息化人才培养工程系列丛书）
1+X 证书制度试点培训用书

ISBN 978-7-121-36802-8

Ⅰ. ①W…　Ⅱ. ①工…　Ⅲ. ①网页制作工具－教材　Ⅳ. ①TP393.092.2

中国版本图书馆 CIP 数据核字（2019）第 113244 号

责任编辑：胡辛征　　　特约编辑：田学清
印　　刷：三河市君旺印务有限公司
装　　订：三河市君旺印务有限公司
出版发行：电子工业出版社
　　　　　北京市海淀区万寿路 173 信箱　　　邮编：100036
开　　本：787×1092　1/16　印张：24.75　字数：634 千字
版　　次：2019 年 8 月第 1 版
印　　次：2025 年 8 月第 14 次印刷
定　　价：69.00 元

凡所购买电子工业出版社图书有缺损问题，请向购买书店调换。若书店售缺，请与本社发行部联系，联系及邮购电话：（010）88254888，88258888。

质量投诉请发邮件至 zlts@phei.com.cn，盗版侵权举报请发邮件至 dbqq@phei.com.cn。

本书咨询联系方式：（010）88254580，zuoya@phei.com.cn。

前 言

为积极响应《国家职业教育改革实施方案》，贯彻落实《关于深化产教融合的若干意见》《国家信息化发展战略纲要》的相关要求，应对新一轮科技革命和产业变革的挑战，促进人才培养供给侧和产业需求侧结构要素全方位融合，促进教育链、人才链与产业链、创新链有机衔接，推进人力资源供给侧结构性改革，深化产教融合、校企合作，健全多元化办学体制，完善职业教育和培训体系，着力培养高素质劳动者和技术技能人才，工业和信息化部教育与考试中心依据教育部《职业技能等级标准开发指南》中的相关要求，以客观反映现阶段行业的水平和对从业人员的要求为目标，在遵循有关技术规程的基础上，以专业活动为导向，以专业技能为核心，组织企业工程师、高职和本科院校的学术带头人共同开发了《Web 前端开发职业技能等级标准》。本教材以《Web 前端开发职业技能等级标准》中的职业素养和岗位技术技能为重点培养目标，以专业技能为模块，以工作任务为驱动进行组织编写，使读者对 Web 前端开发的技术体系有更系统、更清晰的认识。

随着新一轮科技革命与信息技术革命的到来，推动了产业结构调整与经济转型升级发展新业态的出现。在战略性新兴产业爆发式发展的同时，对新时代产业人才的培养提出了新的要求与挑战。据中国互联网络信息中心统计，截至 2018 年 12 月，我国网民规模达 8.29 亿人，手机网民规模达 8.17 亿人，网站数量达 523 万个，手机 App（移动应用程序）在架数量达 449 万款。在“互联网+”战略的引导下，Web 前端开发人员已经成为网站开发、手机 App 开发和人工智能终端设备界面开发的主要力量。企业增加门户网站的推广，从 PC 端到移动端，再到新显示技术、智能机器人、自动驾驶、智能穿戴设备、语言翻译、自动导航等新兴领域，全部需要应用 Web 前端开发技术。在智能制造等战略及新兴产业的高速发展中，出现了极为明显的人才短缺与发展不均衡现象。目前，软件开发行业的企业对 Web 前端开发工程师的需求量极大，全国总缺口每年近百万人。

随着移动互联网技术的高速发展，网站在静态页面的基础上添加了各类桌面软件，网页不再只是承载单一的文字和图片，而是被要求具备炫酷的页面交互、跨终端的适配兼容功能，使用富媒体让网页的内容更加生动，从而让用户有更好的使用体验，这些都基于前端技术来实现，其中包括 HTML、CSS、HTML5、CSS3、AJAX、JavaScript、jQuery 等，使得无论是在开发难度上还是在开发方式上，都对前端开发人员提出了越来越高的要求。

本教材包括深入浅出 MySQL 数据库、PHP 技术与应用、Web 前后端数据交互技术、响应式开发技术、网站项目实战 5 个篇目 38 个章节。

第一篇深入浅出 MySQL 数据库。由浅入深介绍了 MySQL 数据库的基础知识和基本操作，包含 MySQL 的安装与配置、MySQL 数据库管理、MySQL 数据表管理、MySQL 触发器的创建使用及删除等。其中包括第 1 章 MySQL 基础，第 2 章 MySQL 管理，第 3 章 SQL 基本语法，第 4 章索引、分区与视图，第 5 章存储过程与触发器，第 6 章数据库备份与恢复。

第二篇 PHP 技术与应用。详细剖析了 PHP 的基础知识与操作，涵盖 PHP 数组、函数、文件系统处理、图形图像处理，以及如何与 Web 页面交互，如何应用 PHP 操作与管理 MySQL 数据库，如何通过 Session 及 Cookie 的操作来控制会话。其中包括第 7 章 PHP 概述，第 8 章 PHP 语言基础，第 9 章 PHP 字符串操作函数，第 10 章 PHP 数字操作函数，第 11 章 PHP 日期和时间操作函数，第 12 章 PHP 数组操作函数，第 13 章 PHP 文件系统处理，第 14 章 PHP 图形图像处理，第 15 章 PHP 与 Web 页面交互，第 16 章 PHP 面向对象程序设计，第 17 章 PHP 操作数据库，第 18 章 Laravel 框架。

第三篇 Web 前后端数据交互技术。详细介绍了 HTTP 与 Web 交互、AJAX 的工作原理与应用，以及 WebSocket 实现浏览器后台传输、推送交互等，最后以 API 设计进行了知识拓展与延伸。其中包括第 19 章 Web 数据交互技术概述，第 20 章 HTTP 概述，第 21 章 AJAX 与 iframe，第 22 章页面性能优化技术，第 23 章 Socket 通信。

第四篇响应式开发技术。主要通过 Bootstrap 的 jQuery 插件实战案例介绍 UI 流行框架，使学习者通过大量案例和讲解代码的方式，掌握 Bootstrap 的内核开发原理和 Bootstrap 的 JavaScript 的插件交互设计，从而快速成为开发高手。其中包括第 24 章 Bootstrap 概述，第 25 章 Bootstrap 的基本架构，第 26 章 Bootstrap 的样式，第 27 章 Bootstrap 的组件，第 28 章 Sass 概述，第 29 章 Bootstrap 响应式开发案例。

第五篇网站项目实战。主要讲述了 CMS 开发的实现，主要有后台登录、访问控制、模型管理、栏目管理、内容管理、广告位管理、广告内容管理等。其中包括第 30 章 CMS 开发，第 31 章 CMS 基础页面，第 32 章模型管理实战，第 33 章栏目管理实战，第 34 章内容管理实战，第 35 章广告管理实战，第 36 章 CMS 前台页面呈现实战，第 37 章数据库备份与恢复实战，第 38 章静态资源管理实战。

本教材的编写与审校工作由严洁萍、陈慕菁完成，董旭依据《Web 前端开发职业技能等级标准》对全书做了内容统筹、章节结构设计和统稿。

由于编者水平有限，书中难免有不当之处，恳请读者不吝赐教并提出宝贵意见，相信读者的反馈将会为未来本教材再次修订提供良好的帮助。

目 录

第二篇 PHP 技术与应用

第一篇

深入浅出 MySQL 数据库

第 1 章 MySQL 基础

学习任务

【任务 1】了解数据库的基本概念、关系型数据库与非关系型数据库的区别，以及 MySQL 的背景知识。

【任务 2】掌握 MySQL 的安装与配置，了解常用 MySQL 图形化管理工具的功能和使用方法。

学习路线

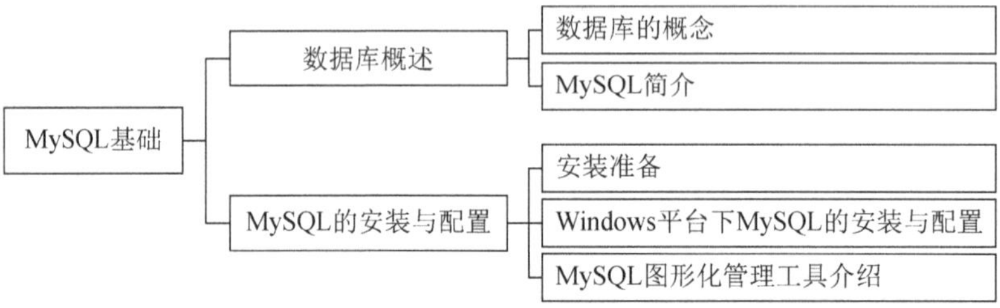

1.1 数据库概述

1.1.1 数据库的概念

数据库（Database，DB）是一个存放数据的仓库，这个仓库是按照一定的数据结构来组织、存储数据的，我们可以通过数据库提供的多种方法来管理数据库中的数据。简单来说，数据库与我们在现实生活中存放物品的仓库性质一样，区别在于数据库中存放的是各类数据。数据库的物理本质是一个文件系统，它按照特定的格式将数据存储起来，用户可以对数据库中的数据进行增加、修改、删除和查询（简称“增删改查”）操作。

数据库管理系统（Database Management System，DBMS）是指一种操作和管理数据库的软件，用来建立、使用和维护数据库，对数据库进行统一管理和控制，以保证数据库的安全性和完整性。用户可以通过数据库管理系统访问数据库中的表的数据。

按照数据的组织形式，数据库可以分为关系型数据库和非关系型数据库两种。

关系型数据库是建立在关系模型基础上的数据库，借助于集合、代数等数学概念和方法来处理数据库中的数据，是最典型的数据库形式。当前较为流行的 Oracle、SQL Server 等都是关系型数据库管理系统，本书要介绍的 MySQL 也是关系型数据库管理系统。

非关系型数据库也称 NoSQL 数据库，是近些年随着互联网快速发展而出现的概念，是针对规模日益扩大的海量无规则数据、超大规模与高并发的应用而产生的。非关系型数据库在严格意义上不是一种数据库，而是一种数据结构化存储方法的集合。传统关系型数据库按照关系表方式存储数据，而非关系型数据库采用 key-value 方式存储数据，提供了灵活性更高、扩展性更强的数据组织方式，更加适用于互联网数据。目前比较流行的 NoSQL 数据库有 HBase、MongoDB、Redis 等。

Tips：

- 数据结构是指计算机存储、组织数据的方式。
- 关系模型由关系数据结构、关系操作集合、关系完整性约束 3 部分组成。
- NoSQL 全称为 Not Only SQL，而非 No SQL。

1.1.2 MySQL 简介

MySQL 是一个关系型数据库管理系统，由瑞典 MySQL AB 公司开发，目前属于 Oracle 旗下产品。MySQL 是流行的关系型数据库管理系统之一，在 Web 应用方面，MySQL 是非常好的 RDBMS（Relational Database Management System，关系型数据库管理系统）应用软件。

MySQL 拥有体积小、速度快、性能高、使用简单等优点，同时，MySQL 开放源代码，使其具有使用门槛低的特点。

Tips：

Linux 作为操作系统，Apache 作为 Web 服务器，MySQL 作为数据库，PHP 作为服务器端脚本解释器，由于它们都是免费或开源软件，因此使用这种方式可以免费建立起一个稳定的网站系统。而这 4 种软件也因此被业界所青睐，被称为“LAMP”组合。

1.2 MySQL 的安装与配置

1.2.1 安装准备

由于 MySQL 的开源特性，因此用户可以在其官网下载最新版本的 MySQL 安装包。其官网地址为 https://www.mysql.com。

或者，用户也可以通过 https://dev.mysql.com/downloads/进入 MySQL 下载页面。

按照用户群分类，MySQL 目前分为社区版（Community）和企业版（Enterprise）。二者的区别：社区版可免费下载使用，但官方不提供任何技术支持，适用于普通用户；企业版属于商业付费软件，可以提供更多功能和更完备的技术支持，适用于对数据库功能和可靠性要求较高的企业用户。

按照下载的 MySQL 安装包版本分类，MySQL 又可分为 Standard、Max 和 Debug 版本。

- Standard 版本是标准版，推荐大多数用户下载使用。
- Max 版本是在 Standard 版本的基础上增加了一些附加特性，这些特性还没有通过正式的测试发布，主要用于提升用户的认知和体验。
- Debug 版本和 Standard 版本类似，但包括一些调试信息，会影响系统性能。

1.2.2 Windows 平台下 MySQL 的安装与配置

Windows 平台下 MySQL 的安装主要有两种方式：一种是免安装方式，但需要进行各类配置；另一种是安装方式是通过图形化界面进行安装。本节介绍通过图形化界面的方式安装与配置 MySQL 5.5。

（1）双击安装文件，出现安装向导界面，单击“Next”按钮以继续安装，如下图所示。

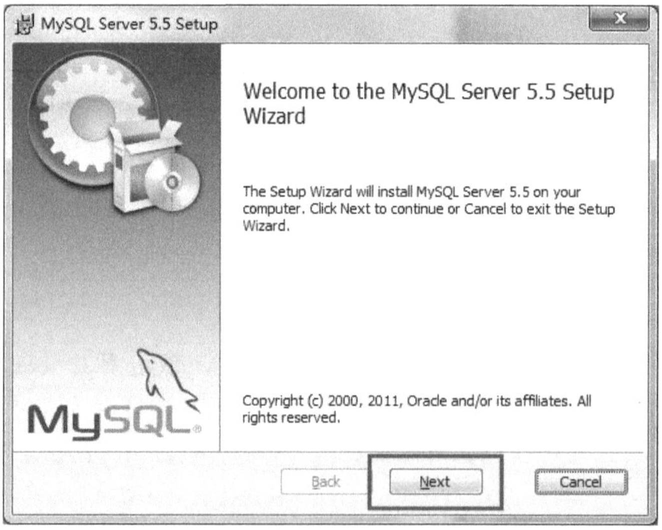

（2）选择接受安装协议，单击“Next”按钮以继续安装，如下图所示。

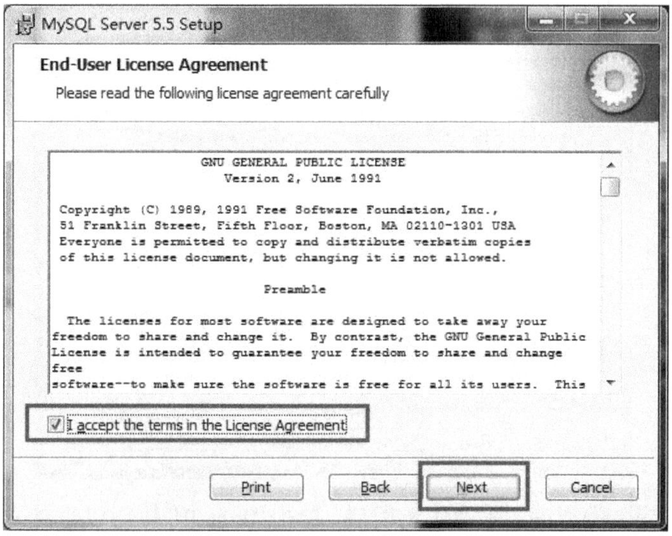

（3）进入 Setup 界面，在该界面中需要选择安装模式，包括“Typical（默认）”“Complete（完全）”“Custom（用户自定义）” 3 种安装模式。

- Typical 表示一般常用组件都会被安装，在默认情况下安装到 C:\Program Files\MySQL\MySQL Server 5.5 文件夹下。
- Complete 表示会安装所有组件，这种安装模式会占用较大磁盘空间。
- Custom 表示用户可以选择要安装的组件，可以更改默认安装路径，这种安装模式比较灵活。

我们选择“Custom”安装模式，因为这种安装模式可以让我们更加熟悉 MySQL 的安装过程，单击“Next”按钮以继续安装，如下图所示。

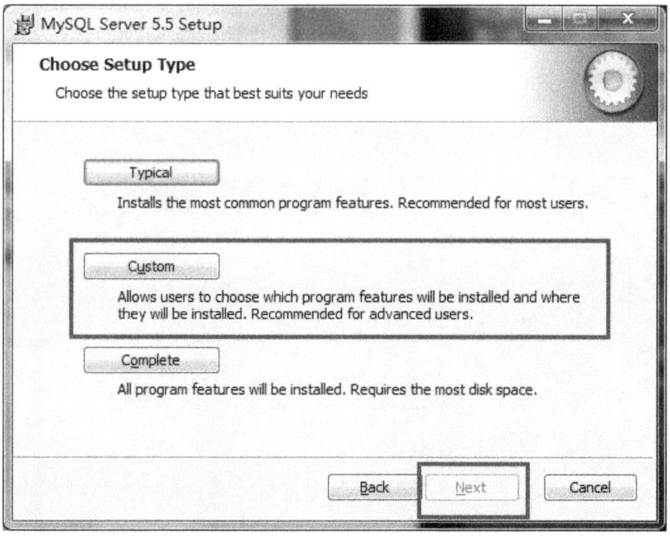

（4）进入“Custom”安装模式，需要选择 MySQL 安装路径，这里我们选择路径 D:\Program Files\MySQL，单击“Next”按钮以继续安装，如下图所示。

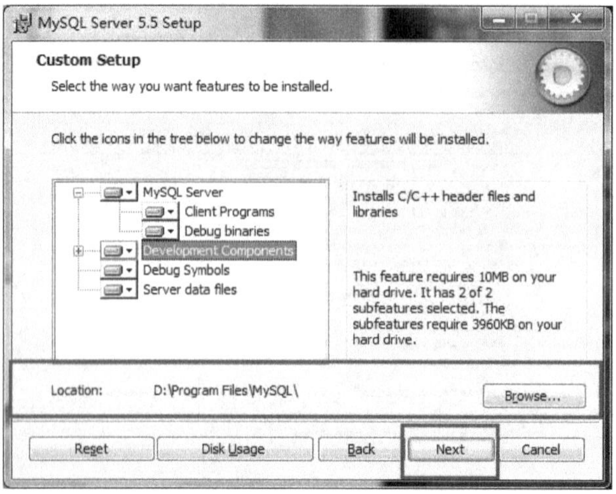

（5）进入准备安装的界面，在确认无误后，单击“Install”按钮以继续安装，如下图所示。

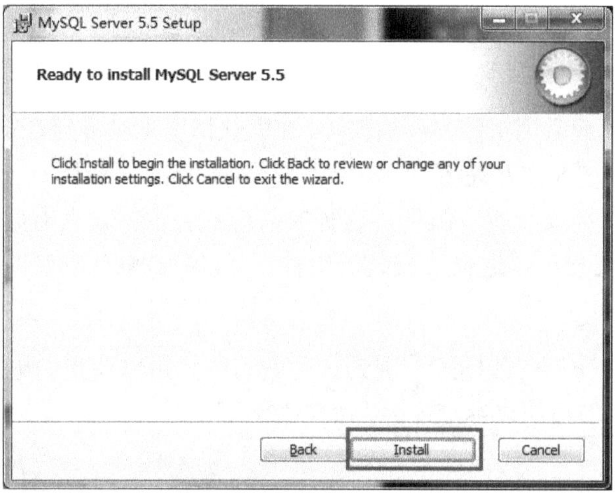

（6）在单击“Install”按钮之后，会出现安装进度条，需要等待 MySQL 安装完成，如下图所示。

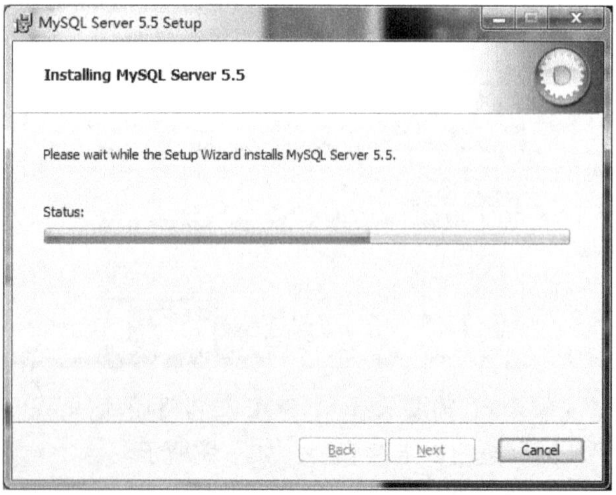

（7）在随后出现的界面中单击“Next”按钮，即可进入安装完成界面，单击“Finish”按钮，即可完成 MySQL 的安装。若勾选“Launch the MySQL Instance Configuration Wizard”选项，则可直接进入配置界面，如下图所示。

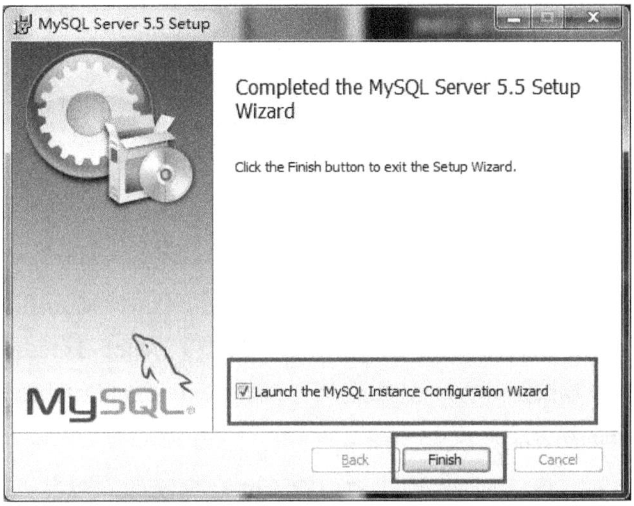

（8）在进入配置界面后，单击“Next”按钮，即可进入配置类型窗口，在该窗口可以选择配置的方式，包括“Detailed Configuration（手动精确配置）”和“Standard Configuration（标准配置）”两种配置方式，我们选择“Detailed Configuration”来熟悉配置的过程，单击“Next”按钮以继续配置，如下图所示。

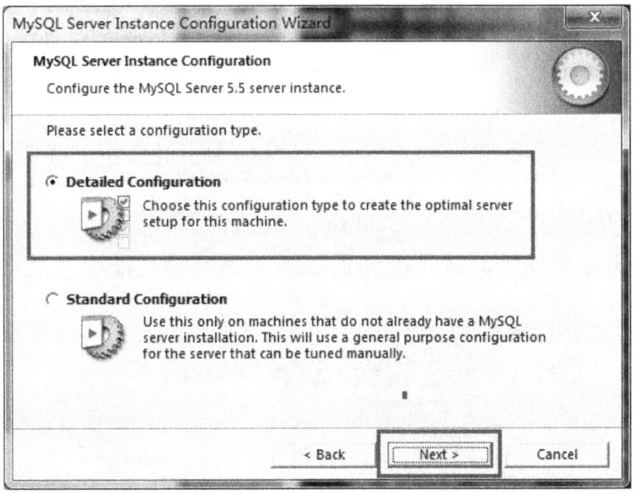

（9）在出现的配置界面中，可以选择服务器的类型，包括“Developer Machine（开发测试）”“Server Machine（服务器）”“Dedicated MySQL Server Machine（专门的数据库服务器）”3 种服务器类型，默认设置为“Developer Machine”，选择默认即可，单击“Next”按钮以继续配置，如下图所示。

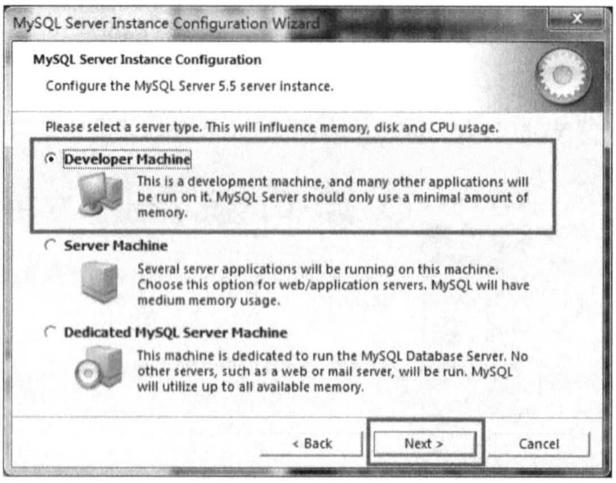

（10）在出现的配置界面中，可以选择数据库的用途，包括“Multifunctional Database（通用多功能型）”“Transactional Database Only（事务处理型）”“Non-Transactional Database Only（非事务处理型）”3 种数据库用途，一般选择“Multifunctional Database”，单击“Next”按钮以继续配置，如下图所示。

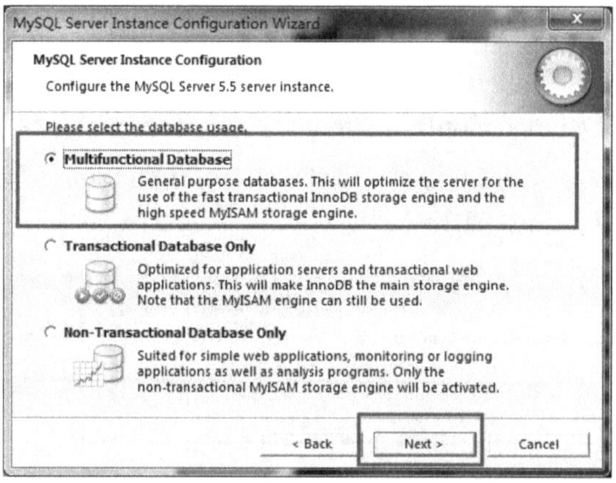

（11）接下来的界面是对 InnoDB Tablespace 进行配置，就是为 InnoDB 数据库文件选择一个存储空间，此处要谨慎，这是因为重装前后不一致可能会造成数据库损坏，配置界面如下图所示。

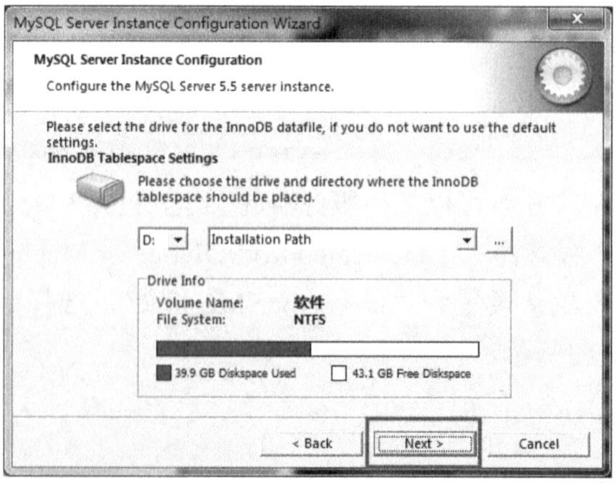

（12）在上图所示界面中单击“Next”按钮后，即可进行 MySQL 的访问量和连接数的选择，包括“Decision Support(DSS)/OLAP”“Online Transaction Processing(OLTP)”“Manual Setting（手动设置）”3 个选项。其中，OLAP 代表用作联机分析处理，连接数为 20 左右；OLTP 代表用作联机事务处理，连接数为 500 左右。而这里为了进行实验测试，我们选择手动设置，并将连接数设置为 15，再单击“Next”按钮以继续配置，如下图所示。

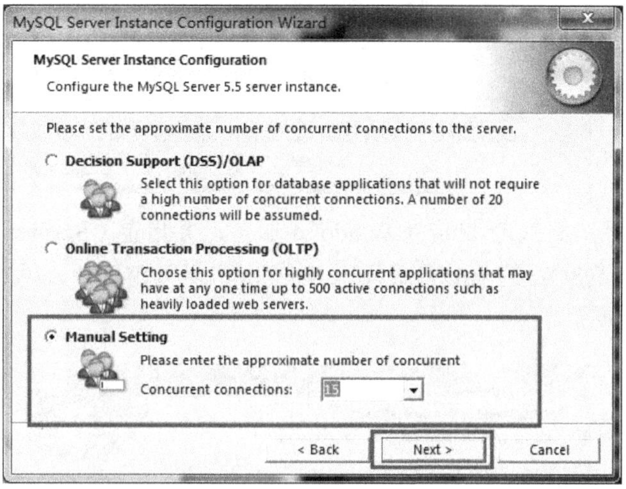

（13）设置是否启用 TCP/IP 连接，并设定端口。如果启用，则可以远程连接使用 MySQL；如果不启用，则只能在本地访问。默认的端口是 3306，并默认启用严格的语法设置，单击“Next”按钮以继续配置，如下图所示。

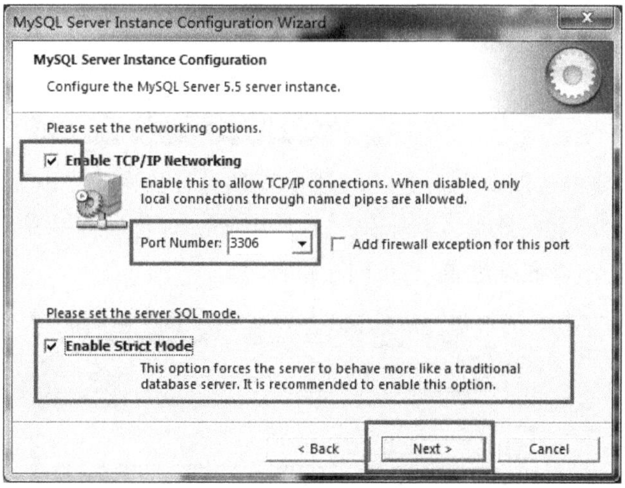

（14）在出现的配置界面中，可以选择默认的字符集，包括“Standard Character Set（标准字符集）”“Best Support For Multilingualism（多语言最佳支持）”“Manual Selected Default Character Set/Collation（手动选择默认字符集/排序规则），我们选择“Manual Selected Default Character Set/Collation”并将其设置为“utf8”，然后单击“Next”按钮以继续配置，如下图所示。

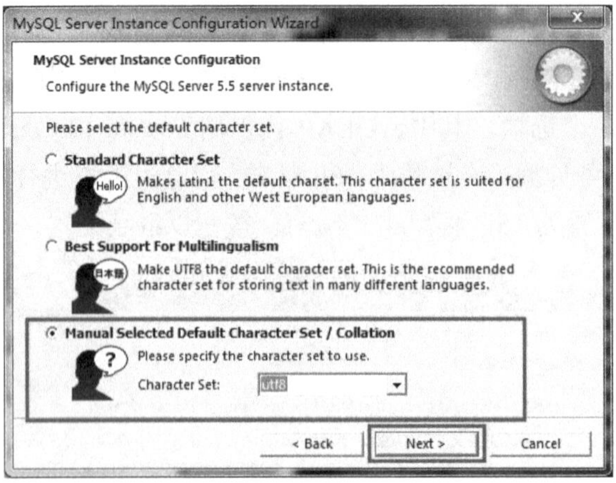

（15）选择是否将 MySQL 安装为 Windows 服务，并指定“Service Name（服务标识名称）”，以及是否将 MySQL 的 Bin 目录加入 Windows 环境变量中，单击“Next”按钮以继续配置，如下图所示。

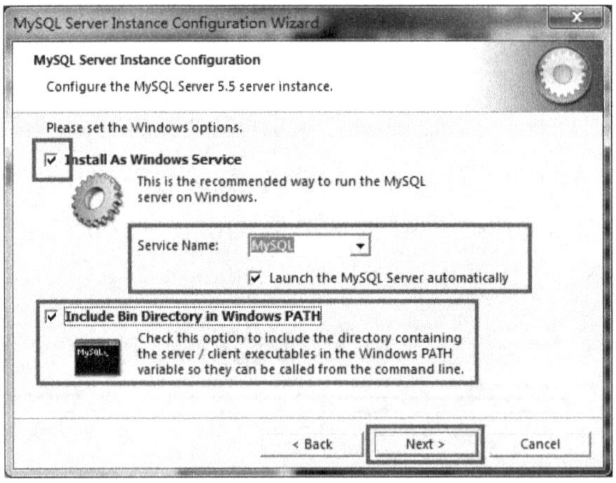

（16）设置是否要修改默认 root 用户（超级管理员）的密码（默认为空），如果要修改“New root password”，就在此填入新密码，并启用 root 远程访问的功能，不要创建匿名用户，单击“Next”按钮以继续配置，如下图所示。

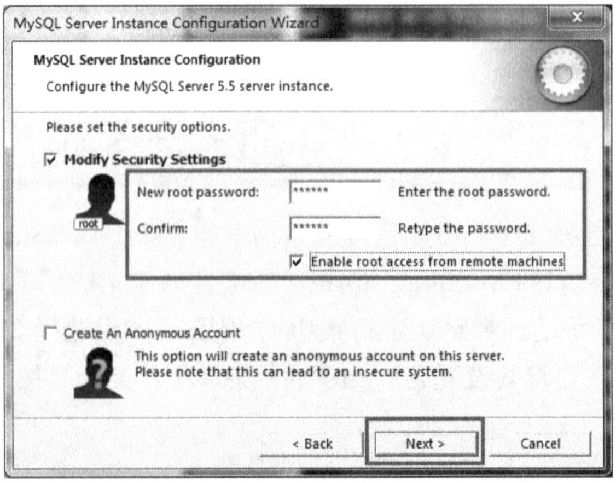

（17）至此所有的配置均已完成，单击“Execute”按钮，可以执行配置，如下图所示。

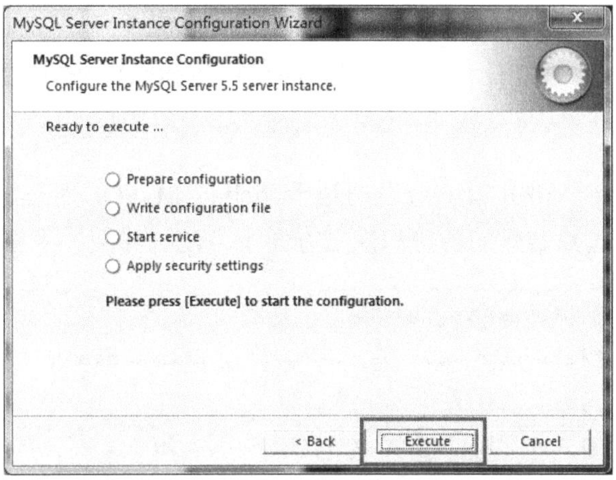

（18）直到出现如下图所示的提示界面，即代表 MySQL 配置已经结束。

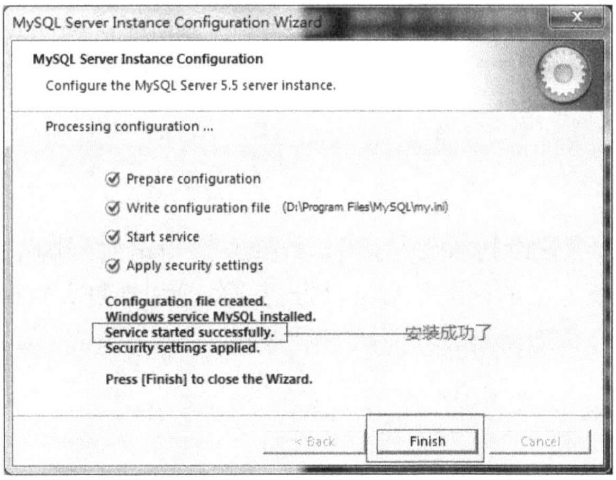

（19）在服务中启动 MySQL，并在命令窗口中输入“mysql -h localhost -u root -p”，接着在出现的提示后输入用户的密码，如下图所示。

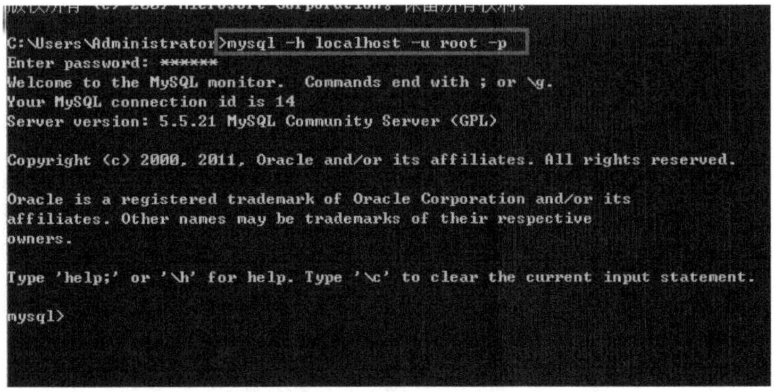

从上图可以看到，在启动 MySQL 之后，即可成功登录 MySQL，然后我们就可以对其进行操作了。

1.2.3 MySQL 图形化管理工具介绍

MySQL 的管理维护工具非常多，除了系统自带的命令行管理工具，还有许多其他的图形化管理工具，方便用户使用。这里介绍几个常用的 MySQL 图形化管理工具。

1. phpMyAdmin

phpMyAdmin 是一个利用 PHP 开发的基于 Web 的 MySQL 管理工具，在数据库管理方面非常方便，但是在大数据库的备份和恢复方面不方便。界面如下图所示。

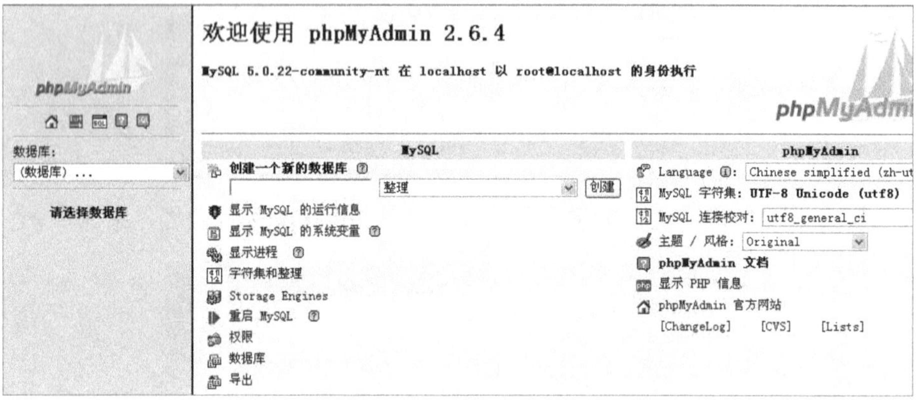

2. mysqldumper

mysqldumper 是一个备份和恢复 MySQL 数据库的 PHP 管理脚本，解决了 phpMyAdmin 在大数据库备份和恢复方面的问题：它可以方便地备份和恢复大数据库，且不用担心网速太慢导致中断的问题，方便易用。界面如下图所示。

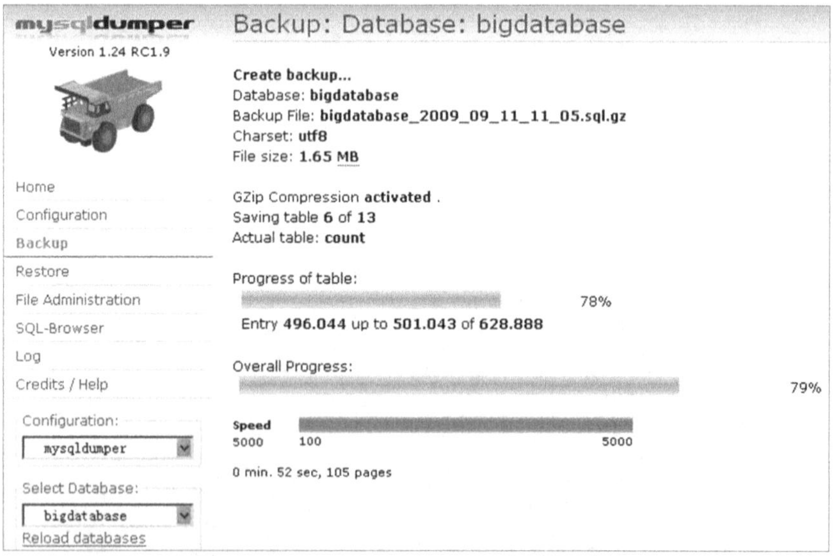

3. Navicat

Navicat 是一个桌面版 MySQL 数据库管理和开发工具，和微软 SQL Server 的管理器界面风格很像，易学易用。Navicat 使用图形化的用户界面，可以让用户更加轻松地使用和管理数据库，是一款好用的 MySQL 图形化管理工具。界面如下图所示。

4．MySQL GUI Tools

MySQL GUI Tools 是 MySQL 官方提供的图形化管理工具，其功能强大，其缺点在于没有中文界面。界面如下图所示。

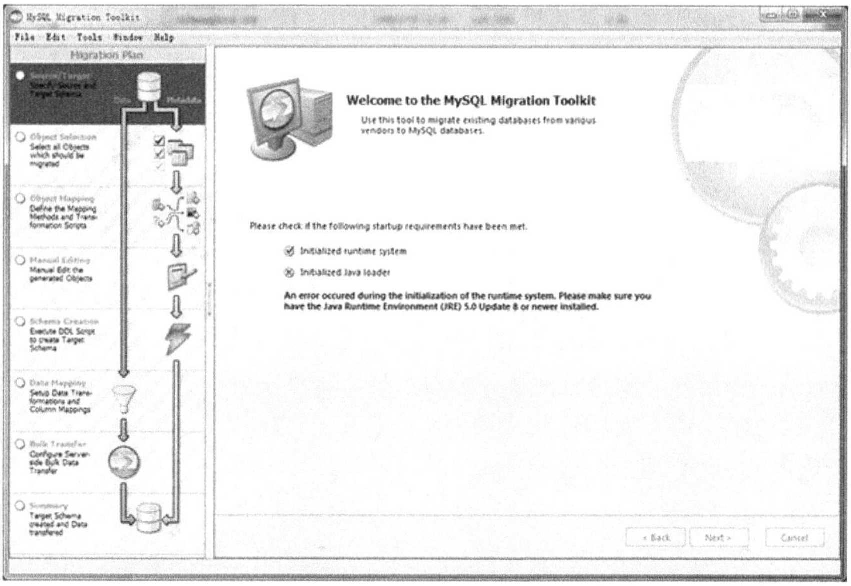

5．MySQL Connector/ODBC

MySQL Connector/ODBC 是 MySQL 官方提供的 ODBC 接口程序，系统在安装这个程序之后，即可通过 ODBC 来访问 MySQL，同时也可以实现 SQL Server、Access 和 MySQL

之间的数据转换，还可以支持 ASP 访问 MySQL。界面如下图所示。

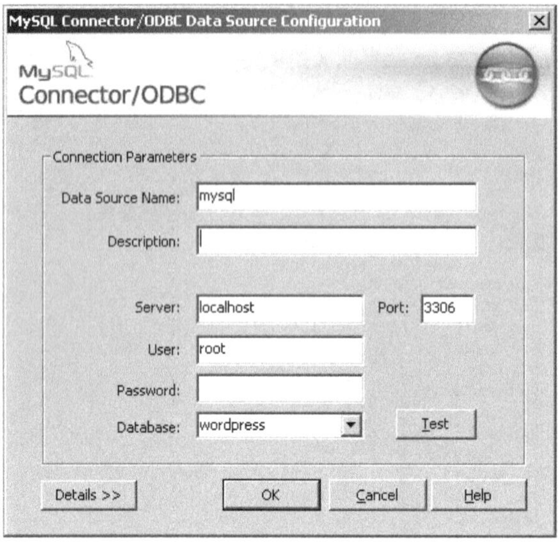

Tips：

ODBC 与 JDBC

ODBC（Open Database Connectivity）是指开放数据库连接，是为解决异构数据库间的数据共享而产生的。现已成为微软 Windows 开放系统组件。

JDBC（Java Database Connectivity）是指 Java 数据库连接，是一种用于执行 SQL 语句的 Java API，可以为多种关系型数据库提供统一访问。JDBC 由一组用 Java 语言编写的类和接口组成。而且 JDBC 提供了一种基准，据此可以构建更高级的工具和接口，使数据库开发人员能够编写数据库应用程序。

1.3 本章小结

本章首先介绍了数据库的概念，数据库是计算机将数据按照一定的数据结构来组织和存储的数据仓库，从而引出数据库的管理软件——数据库管理系统（DBMS），并对其进行了介绍。然后从关系型和非关系型两种类型对数据库进行了分类介绍，从而引出 MySQL 这个关系型开源数据库，并对其特性进行了介绍。最后，详细介绍了 MySQL 的安装和配置方法，以及常用的 MySQL 图形化管理工具。

章节练习

在一台只有操作系统的计算机上搭建 MySQL 5.5。

第 2 章 MySQL 管理

学习任务

【任务 1】掌握 MySQL 数据库管理方法，包括数据库的初始化、创建、查看和删除方法。

【任务 2】掌握 MySQL 数据表管理方法，包括数据表的创建、查看、修改和删除方法。

【任务 3】掌握 MySQL 用户账户管理方法，包括用户的创建与删除、用户权限的授予与回收、用户密码的设置与更改方法。

学习路线

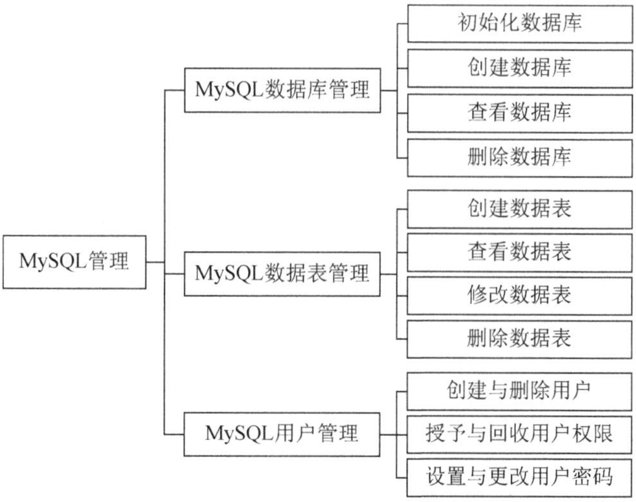

2.1 MySQL 数据库管理

2.1.1 初始化数据库

在安装好 MySQL 数据库后，不能直接启动，要先对数据库进行初始化，初始化的过程包括创建元数据表、数据目录和创建 root 用户等。MySQL 提供数据库命令“mysqld --initialize”进行初始化，具体步骤如下：

（1）按“Windows+R”组合键，即可打开“运行”窗口，在该窗口输入“cmd”并按“Enter”键，即可打开命令行程序；

（2）使用 CD 命令进入 mysql 目录；

（3）执行“bin\mysqld --initialize”命令，进行初始化，并等待结束，如果没有任何提示，则表示初始化成功，如下图所示。

```
E:\dbms\mysql>bin\mysqld --initialize

E:\dbms\mysql>
```

在初始化完成后，即可启动数据库，启动数据库有两种方式：一种方式是利用 Windows 服务管理界面启动；另一种方式是利用 MySQL 命令启动。

首先介绍利用 Windows 服务管理界面方式启动数据库，步骤如下：

（1）按“Windows+R”组合键，即可打开“运行”窗口，在该窗口输入“services.msc”并按“Enter”键，即可打开“服务”管理界面；

（2）找到 MySQL，并单击鼠标右键，即可弹出快捷菜单；

（3）单击“启动”命令，等待启动完成即可，如下图所示。

其次介绍利用 MySQL 命令方式启动数据库，步骤如下：

（1）按“Windows+R”组合键，即可打开“运行”窗口，在该窗口输入“cmd”并按“Enter”键，即可进入命令行程序；

（2）使用 CD 命令进入 mysql 目录；

（3）输入“bin\mysqld”，启动 MySQL 服务。

在初始化完成并启动数据库后，可以使用“bin\mysql -u root -p”命令进入 MySQL 操作环境中，在此可以输入各种操作语句对数据库进行管理。注意：每条 MySQL 操作语句要以分号（;）结束。

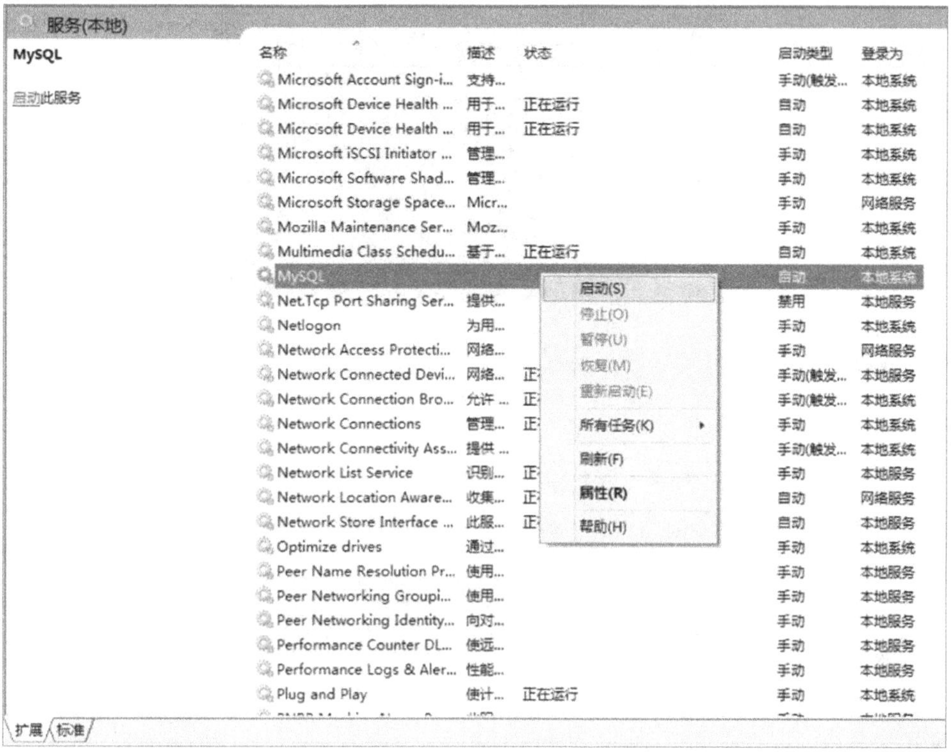

2.1.2 创建数据库

在进入“mysql>”的数据库操作环境后，我们需要先创建一个数据库。CREATE DATABASE 语句用于创建一个新的数据库，并需指定数据库名称作为参数，语法格式如下：

```
CREATE DATABASE [db_name];
```

例如，创建一个名为 auth 的数据库，运行结果如下图所示。

在数据库创建好后，MySQL 的 data 目录下会自动生成一个名为 auth 的目录，该数据库的数据会存储于此目录下。

MySQL 是一个数据库管理系统，支持运行多个数据库，因此，我们可以创建多个数据库。

2.1.3 查看数据库

在数据库创建好后，可以使用 SHOW 语句查看当前 MySQL 中有哪些数据库，语法格式如下：

```
SHOW DATABASES;
```

运行结果如下图所示。

```
mysql> show databases;
+--------------------+
| Database           |
+--------------------+
| information_schema |
| mysql              |
| performance_schema |
| test               |
+--------------------+
4 rows in set (0.55 sec)
```

2.1.4　删除数据库

可以使用 DROP 语句删除数据库，语法格式如下：

```
DROP DATABASE db_name;
```

例如，想要删除上文创建的 auth 数据库，运行结果如下图所示。

```
mysql> drop database auth;        //删除auth 数据库
Query OK, 0 rows affected (0.01 sec)
```

注意，删除数据库是一个不可逆操作，一定要确认其内部所有表数据均可删除，必须慎重执行此命令。

2.2　MySQL 数据表管理

MySQL 的每个数据库相当于一个容器，其中存放着许多表，表中的每行包含一条具体的数据关系信息，即数据记录。数据库的数据文件存放在 MySQL 的 data 目录下，每个数据库对应一个目录，在数据库目录中存储各个数据表文件。每个数据表对应 3 个文件，分别为“.frm”、“.myd”和“.myi”类型的文件。

2.2.1　创建数据表

创建数据表使用 CREATE TABLE 语句。该语句用于在当前库中创建数据表，需要先通过 USE 语句进入某一具体的数据库中。创建数据表语句的语法格式如下：

```
USE 数据库名;
CREATE TABLE 表名 (字段名 类型(长度), 字段名 类型(长度));
```

创建数据表语句要明确数据表的结构、各字段的名称、类型及长度等信息。

2.2.2　查看数据表

查看数据表分为查看某数据库中包含哪些表与查看某一个表的具体结构，分别使用 SHOW 语句和 DESCRIBE 语句。

使用 SHOW 语句可以查看某数据库中有哪些表，语法格式如下：

```
SHOW TABLES;
```

此命令可以列出所有表名，查看结果如下图所示。

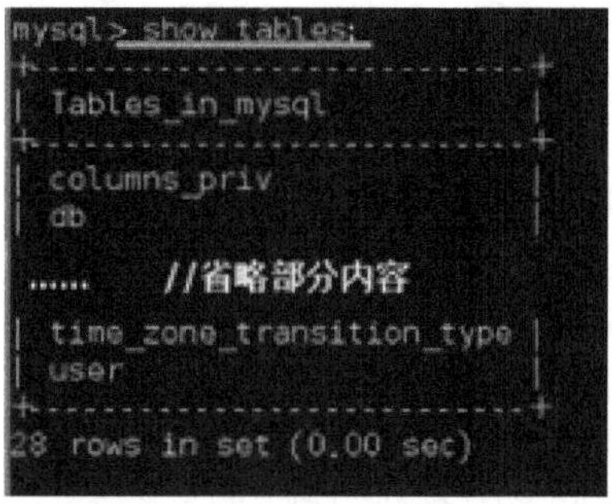

使用 DESCRIBE 语句可以查看某一个表的具体结构，并查看组成表的各字段（列）的信息。该语句需要指定“库名.表名”作为参数，语法格式如下：

```
DESCRIBE 库名.表名;
```

当然，如果使用 USE 语句进入了某个数据库，则也可使用“DESCRIBE 表名”直接查看该库中某表的结构，即无须在表名前加库名。例如，查看某库名为 mysql 的 user 表，查看结果如下图所示。

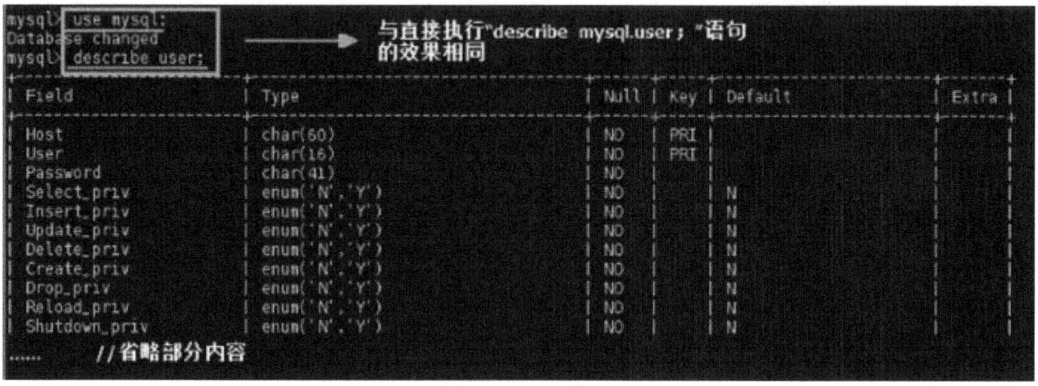

可以看出，使用 DESCRIBE 语句可以查看表的各个字段名称、类型、长度、是否非空、是否有主键、默认值及备注等信息。

2.2.3　修改数据表

修改数据表包括修改表名、字段名、字段类型等表结构，而且这些修改操作均可使用 ALTER 语句来实现。

1. 修改表名

修改表名的语法格式如下：

```
ALTER TABLE 旧表名 RENAME 新表名;
```

例如，想要将数据表 student 改名为 student1，则可以使用如下命令：

```
ALTER TABLE student RENAME student1;
```

2. 修改字段名

修改字段名的语法格式如下：

```
ALTER TABLE 表名 CHANGE 旧属性名 新属性名 新数据类型;
```

例如，student1 表包含 id 和 name 两个字段，类型分别为 INT(10)和 VARCHAR(40)，现要将 name 字段改名为 s_name，并修改其类型为 VARCHAR(50)，则可以使用如下命令：

```
ALTER TABLE student1 CHANGE name s_name varchar(50);
```

可以看出，这里在修改字段名的同时也可以修改该字段的数据类型。如果不想修改该字段的数据类型，则只需写成原来的类型即可。

3. 修改字段类型

修改字段类型的语法格式如下：

```
ALTER TABLE 表名 MODIFY 属性名 数据类型;
```

例如，想要将上例中 student1 表的 name 字段类型改为 VARCHAR(32)，则可以使用如下命令：

```
ALTER TABLE student1 MODIFY name varchar(32);
```

4. 增加字段

增加字段的语法格式如下：

```
ALTER TABLE 表名 ADD 属性名 数据类型
```

例如，想要在上例的 student1 表中增加 sex（性别）字段，类型为 CHAR(1)，则可以使用如下命令：

```
ALTER TABLE student1 ADD sex char(1);
```

5. 删除字段

删除字段的语法格式如下：

```
ALTER TABLE 表名 DROP 属性名;
```

例如，想要删除上例中增加的 sex 字段，则可以使用如下命令：

```
ALTER TABLE student1 DROP sex;
```

2.2.4 删除数据表

使用 DROP 语句可以删除数据库中的表，语法格式如下：

```
USE 数据库名;
DROP 表名;
```

或

```
DROP TABLE 数据库名.表名;
```

可以先使用 USE 语句进入某数据库，然后使用 DROP 语句删除库内某表，也可以采用“DROP TABLE 数据库名.表名”的方式直接删除表。

例如，想要删除 test 数据库中的 student1 表，则可以使用如下命令：

```
USE test;
DROP TABLE student1;
```

或

```
DROP TABLE test.student1;
```

2.3 MySQL 用户管理

为了保证数据库的安全性，MySQL 提供了一套完善的数据库用户及权限管理系统。该系统可以定义不同的用户角色，并且为这些角色赋予不同的数据访问操作权限，对连接到数据库的用户进行权限验证，判断这些用户是否属于合法用户，以及具有哪些数据权限。本节主要介绍 MySQL 创建和授权用户账户的方法。

在初始化 MySQL 后，会默认创建一个 root 用户，这个用户属于数据库超级管理员角色，具有一切权限，但 root 用户“权限太大”，以至于该用户可能误操作或刻意破坏数据库系统，容易造成严重的安全性问题。因此，需要创建一些权限较小的用户，用于对普通数据库的管理运维，以及通过数据库进行开发。MySQL 用户账户的创建、授权及其他管理，均需使用 root 用户。

2.3.1 创建与删除用户

1. 创建用户

使用 CREATE 语句可以创建用户，语法格式如下：

```
CREATE USER 'username'@'host' IDENTIFIED BY 'password';
```

其中，username 表示要创建的用户名；host 指定该用户在哪个主机上可以登录，如果该用户是本地用户，则可以使用 localhost，如果想让该用户从任意远程主机登录，则可以使用通配符%；password 表示该用户的登录密码，密码可以为空，如果密码为空，则该用户可以不需要密码登录服务器。

例如：

```
CREATE USER 'test1'@'localhost' IDENTIFIED BY '123456';
```

表示在本地主机数据库创建用户 test1，其密码为 123456。

```
CREATE USER 'test2'@'192.168.1.2' IDENDIFIED BY '123456';
```

表示在 192.168.1.2 地址的数据库创建用户 test2，其密码为 123456。

```
CREATE USER 'test3'@'%' IDENTIFIED BY '';
```

表示创建用户 test3，其可以在任意远程主机无密码登录服务器。

2. 用户删除

使用 DROP 语句可以删除用户，语法格式如下：

```
DROP USER 'username'@'host';
```

删除用户的语法与创建用户的语法相同。

例如：

```
DROP USER 'test1'@'localhost';
```

表示删除本地主机数据库用户 test1。

2.3.2 授予与回收用户权限

1. 授予用户权限

使用 GRANT 语句可以对用户进行授权，语法格式如下：

```
GRANT privileges ON dbname.tablename TO 'username'@'host';
```

其中，privileges 表示要授予用户的操作权限，如 SELECT、INSERT、UPDATE 等，如果要授予用户所有的权限则使用 ALL；dbname 表示数据库名；tablename 表示数据表名，如果要授予用户对所有数据库和表的相应操作权限，则可用“*”表示，如“*.*”；username 和 host 分别表示用户名和登录主机。例如：

```
GRANT SELECT, INSERT ON mysql.test TO 'test1'@'%';
```

表示授权用户 test1 在所有登录主机均对 mysql 库的 test 表拥有 SELECT 和 INSERT 权限。

```
GRANT ALL ON *.* TO 'test2'@'localhost';
```

表示授权用户 test2 在本地主机数据库的所有库的所有表拥有所有权限。

2. 回收用户权限

使用 REVOKE 语句可以对权限进行回收，语法格式如下：

```
REVOKE privileges ON dbname.tablename FROM 'username'@'host';
```

回收用户权限的语法与授予用户权限的语法相同。

例如：

```
REVOKE SELECT ON *.* FROM ' test2'@'localhost';
```

表示回收用户 test2 在本地主机数据库对所有库的所有表的 SELECT 权限。

2.3.3　设置与更改用户密码

若在创建用户时未指定密码，或者由于某些原因需要更改密码，则可以使用 MySQL 所提供的密码设置与更改语句，语法格式如下：

```
SET PASSWORD FOR 'username'@'host' = PASSWORD('newpassword');
```

其中，username 表示要设置或更改密码的用户名；host 指定该用户的登录主机；newpassword 表示要设置或更改的密码。

例如：

```
SET PASSWORD FOR 'test1'@'localhost' = PASSWORD('654321');
```

表示把本地主机数据库用户 test1 的密码修改为 654321。

2.4　本章小结

本章主要介绍了 MySQL 的常规管理，包括数据库的初始化、创建、查看和删除，数据表的创建、查看、修改和删除，用户的创建与删除，用户权限的授予与回收，以及用户密码的设置与更改等。

章节练习

1. 对刚搭建好的 MySQL 数据库进行初始化，并观察初始化前后数据库目录文件的变化。
2. 创建图书管理数据库 Library。
3. 在图书管理数据库 Library 下创建图书类型表 BookType，包含图书类型号、图书类型名、所属区域等字段。
4. 创建图书管理员账户，并赋予其查询、插入和删除记录的权限。

第3章 SQL 基本语法

学习任务

【任务 1】了解 SQL 语句及 MySQL 基本数据类型。

【任务 2】熟练掌握常见数据插入、修改、删除的 SQL 语句。

【任务 3】熟练掌握 SQL 常规查询语句，以及各类特定的查询语句。

【任务 4】掌握数据库事务的概念、特性及使用方法。

学习路线

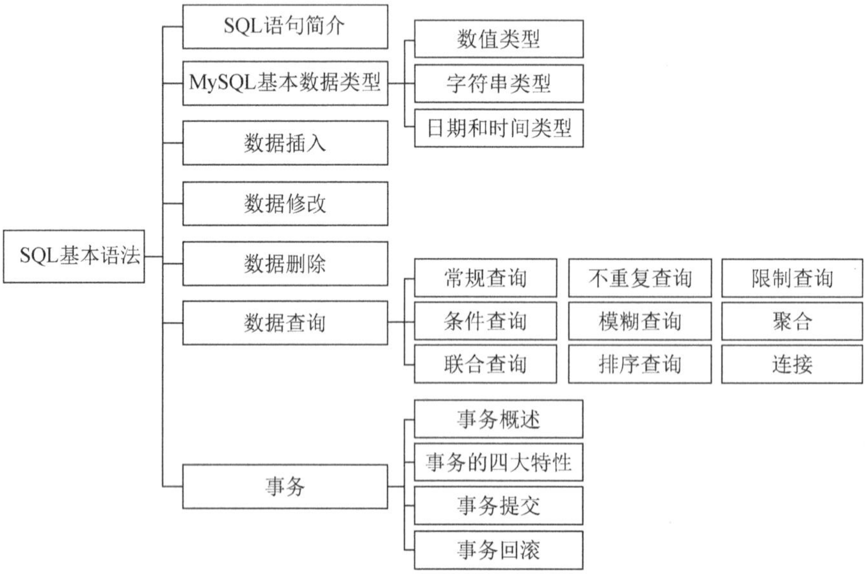

3.1 SQL 语句简介

数据库的建立解决了数据的组织与存储问题，但用户与数据库之间的交互需要一种通用的方式以完成所需工作，此时，SQL 诞生了。

SQL（Structure Query Language，结构化查询语言）是关系型数据库的通用语言，在 20 世纪 70 年代由 IBM 公司开发，最初作为 IBM 的关系型数据库 System R 的关系语言，实现了关系型数据库的信息检索。之后由美国国家标准局制定 SQL 标准，经过多年的发展，SQL 已经成为标准关系型数据库语言。目前，几乎所有的关系型数据库系统都支持 SQL，它已经发展成为跨平台进行交互操作的底层会话语言。

SQL 语句主要划分为以下 3 种类型。

（1）DDL（Data Definition Languages）语句：数据定义语句，定义了不同数据库、表、列、索引等数据库对象。常用的语句关键字包括 CREATE、DROP、ALTER 等。

（2）DML（Data Manipulation Languages）语句：数据操纵语句，用于添加、删除、更新和查询数据库记录，并检查数据完整性。常用的语句关键字包括 INSERT、DELETE、UPDATE、SELECT 等。

（3）DCL（Data Control Languages）语句：数据控制语句，定义了数据库、表、字段、用户的访问权限和安全级别。常用的语句关键字包括 GRANT、REVOKE 等。

3.2 MySQL 基本数据类型

MySQL 提供了多种数据类型，包括数值类型、字符串类型、日期和时间类型，以供用户在不同的场景下使用。

3.2.1 数值类型

MySQL 的数值类型包括整数类型、浮点数类型和定点数类型。整数类型包括 TINY INT、SMALL INT、MEDIUM INT、INT 和 BIG INT，浮点数类型包括 FLOAT 和 DOUBLE，定点数类型包括 DECIMAL。

整数类型的划分是根据存储空间的大小和表示范围的大小来划分的，具体如下表所示。

数 据 类 型	存储空间（Bytes）	表 示 范 围
TINY INT	1	-128～127
SMALL INT	2	-32768～32767
MEDIUM INT	3	-8388608～8388607
INT	4	-2147483648～2147483647
BIG INT	8	$\pm 9.22\times 10^{18}$

浮点数类型是用来表示实数的一种方法，根据位数和精度，浮点数类型又分为单精（FLOAT）浮点数和双精浮点数（DOUBLE），具体如下表所示。

数 据 类 型	存储空间（Bytes）	精　　度
FLOAT(M,D)	4	8 位精度，M 表示数字的总位数，D 表示小数点后面数字的位数
DOUBLE(M,D)	8	16 位精度，M 表示数字的总位数，D 表示小数点后面数字的位数

假设一个字段定义为 FLOAT (6,3)，如果要插入的数为 123.45678，则实际数据库里存的是 123.457，总位数还以实际为准，即 6 位。

定点数类型用来保存确切精度的值。在 DECIMAL(M,D)中，M 表示十进制数字总的位数，D 表示小数点后面数字的位数。

3.2.2　字符串类型

MySQL 提供了多种字符串类型，包括 CHAR、VARCHAR、BINARY、VARBINARY、BLOB、TEXT、ENUM 和 SET，以供用户使用。

1．CHAR 与 VARCHAR

CHAR 和 VARCHAR 用于声明常规字符串，CHAR 定义固定长度字符串，VARCHAR 定义可变长度字符串。

CHAR 的长度固定为创建表时声明的长度，其取值范围为 0～255。当保存 CHAR 值时，可以在它们的右边填充空格以达到指定的长度。当检索到 CHAR 值时，其尾部的空格会被删除，所以在存储时，一般字符串右边不能有空格。如果字符串右边有空格，则在查询出来后会被删除。另外，在存储或检索过程中，不进行大小写转换。

VARCHAR 的长度可以指定为 0～65535，与 CHAR 不同的是，VARCHAR 值在保存时只保存需要的字符数，并另加一个字节来记录长度，所以其值在保存时不进行填充。

2．BINARY 与 VARBINARY

BINARY 和 VARBINARY 用来存储二进制字符串，存储和使用方式与 CHAR 和 VARCHAR 类似。不同的是，它们没有字符集，并且会排序和比较基于列值字节的数值。另外，当保存 BINARY 值时，会在它右边填充 0x00（零字节）值以达到指定长度，而非空格。

3．TEXT 与 BLOB

TEXT 和 BLOB 是以对象类型保存的文本与二进制，功能与 CHAR 和 BINARY 类似，一个用来存储字符串，一个用来存储二进制字符串。在大多数情况下，可以将 TEXT 视为足够大的 VARCHAR，将 BLOB 视为足够大的 VARBINARY。但 TEXT 和 BLOB 与 VARCHAR 和 VARBINARY 的不同之处在于以下几点。

（1）当保存或检索 BLOB 和 TEXT 的值时不删除尾部空格。

（2）在比较时，会用空格对 TEXT 进行扩充以适应比较的对象。

（3）对于 BLOB 和 TEXT 的索引，必须指定索引前缀的长度。CHAR 和 VARCHAR 的索引前缀长度是可选的。

（4）BLOB 和 TEXT 不能有默认值。

TEXT 和 BLOB 对象的最大字符串长度由其类型确定，TEXT 分为 TINYTEXT、TEXT、MEDIUMTEXT 和 LONGTEXT 四种类型，同样，BLOG 分为 TINYBLOB、BLOB、MEDIUMBLOB 和 LONGBLOB。其最大字符串长度及表示范围如下表所示。

TEXT 或 BLOB 类型	最大字符串长度	表 示 范 围
TINYTEXT 或 TINYBLOB	255	2^8-1
TEXT 或 BLOB	65535	$2^{16}-1$
MEDIUM TEXT 或 MEDIUMBLOB	16777215	$2^{24}-1$
LONG TEXT 或 LONGBLOB	4294967295	$2^{32}-1$

4．ENUM

ENUM 表示枚举类型，它的取值范围需要在创建表时通过枚举方式显式指定，对于 1～255 个成员的枚举需要 1 个字节存储；对于 255～65535 个成员的枚举需要 2 个字节存储；最多允许 65535 个成员。ENUM 是忽略大小写的。另外，ENUM 只允许从值集合中选取单个值，不能一次选取多个值。

5．SET

SET 是一个集合对象，可以包含 0～64 个成员，其所占存储空间的大小是因集合成员数量的不同而有所不同的。具体对应情况如下表所示。

集合成员数量	所占存储空间（Bytes）
1～8	1
9～16	2
17～24	3
25～32	4
33～64	8

SET 与 ENUM 功能类似，但二者在存储时有所区别，SET 可以一次选择多个成员，而 ENUM 只能选择一个。

3.2.3　日期和时间类型

MySQL 提供了多种日期和时间类型，包括 YEAR、TIME、DATE、DATETIME、TIMESTAMP，以供用户使用。

类　型	日 期 格 式	范　围	所占存储空间（Bytes）
YEAR	YYYY	1901～2155	1
TIME	HH:MM:SS	-838:59:59～838:59:59	3
DATE	YYYY-MM-DD	1000-01-01～9999-12-31	3

续表

类　型	日期格式	范　围	所占存储空间（Bytes）
DATETIME	YYYY-MM-DD HH:MM:SS	1000-01-01 00:00:01～9999-12-31 23:59:59	8
TIMESTAMP	YYYY-MM-DD HH:MM:SS	1970-01-01 00:00:01 UTC～2038-01-19 03:14:07 UTC	4

不管使用哪种类型的时间，系统都会关注时区问题。在具体使用时，需要根据具体场景来确定。

3.3 数据插入

INSERT 语句就是插入语句，语法格式如下：

```
INSERT INTO 表名 VALUES (值1, 值2, ..);
```

此时，VALUES 后面的值的排列要与该表中存储的列名排列一致。

也可以指定要插入数据的列，语法格式如下：

```
INSERT INTO 表名 (列1, 列2, ...) VALUES (值1, 值2, ....);
```

此时，VALUES 后面的值的排列要与 INTO 子句后面的列名排列一致。

例如，向 emp 表中插入以下记录：ename 为 ssla，hiredate 为 2008-08-08，sal 为 2000，deptno 为 1，命令执行结果如下图所示。

```
mysql> insert into emp(ename,hiredate,sal,deptno)values('ssla','2008-08-08','200
0',1);
Query OK, 1 row affected (0.10 sec)
```

也可以不指定字段名称，此时命令执行结果如下图所示。

```
mysql> insert into emp values('llis','2011-02-12','3000',2);
Query OK, 1 row affected (0.01 sec)
```

可空字段、非空但是含有默认值的字段和自增字段可以不用在 INSERT 语句后的字段列表中出现，VALUES 后面只写对应字段名称的值。这些没写的字段可以自动设置为 NULL、默认值、自增的下一个数字，这样在某些情况下可以大大缩短 SQL 语句的复杂性。

例如，只对 emp 表中的 ename 和 sal 字段插入值，命令执行结果如下图所示。

```
mysql> insert into emp(ename,sal)values('dawu',1000);
Query OK, 1 row affected (0.01 sec)
```

此时查看刚刚插入的值，如下图所示。可以看到设置为可空的两个字段都显示为默认值 NULL。

```
mysql> select * from emp;
+-------+---------------------+--------+--------+
| ename | hiredate            | sal    | deptno |
+-------+---------------------+--------+--------+
| zzxl  | 2018-12-13 21:24:06 | k22222 |      1 |
| skd   | 2011-02-24 00:00:00 | 4556   |      3 |
| ssla  | 2008-08-08 00:00:00 | 2000   |      1 |
| llis  | 2011-02-12 00:00:00 | 3000   |      2 |
| dawu  | NULL                | 1000   |   NULL |
+-------+---------------------+--------+--------+
5 rows in set (0.00 sec)
```

在 MySQL 中，INSERT 语句还有一个很好的特性，即可以一次性插入多条记录，语法格式如下：

```
INSERT INTO 表名 (列 1, 列 2,...) VALUES (值 1, 值 2, ....), (值 1, 值 2, ....),
(值 1, 值 2, ....), (值 1, 值 2, ....), …;
```

需要注意的是，每条记录之间都要用逗号进行分隔。

例如，使用 INSERT 语句可以一次增加两条信息，命令执行结果如下图所示。

```
mysql>insert into class(cname,tname) values('mysql05','赵老师'),('m
ysql2','张老师');
Query OK, 2 row affected (0.00 sec)
```

使用 INSERT 语句还可以逐条增加学生信息，命令执行结果如下图所示。

```
mysql>insert into student(name,age,sex,cid,introduce) value('s9',1
8,'男',5,'学习很努力1');
Query OK, 1 row affected (0.00 sec)
mysql>insert into student(name,age,sex,cid,introduce) value('s10',
19,'女',5,'学习很努力2');
Query OK, 1 row affected (0.00 sec)
```

此时可以发现一次性插入多条记录的方便性。

3.4 数据修改

表里的记录值可以通过 UPDATE 命令进行修改，语法格式如下：

```
UPDATE 表名 SET 列名 = 新值 WHERE 列名 = 某值;
```

例如，将 emp 表中 ename 值为“ssla”的记录的 sal 值从 2000 修改为 4000，命令执行结果如下图所示。

```
mysql> update emp set sal=4000 where ename='ssla';
Query OK, 1 row affected (0.02 sec)
Rows matched: 1  Changed: 1  Warnings: 0

mysql> select * from emp;
+-------+---------------------+--------+--------+
| ename | hiredate            | sal    | deptno |
+-------+---------------------+--------+--------+
| zzxl  | 2018-12-13 21:24:06 | k22222 |      1 |
| ssla  | 2008-08-08 00:00:00 | 4000   |      1 |
| dawu  | NULL                | 1000   |   NULL |
+-------+---------------------+--------+--------+
3 rows in set (0.02 sec)
```

UPDATE 命令还可以同时修改多个表中的数据，语法格式如下：

```
UPDATE 表 1, 表 2, ... SET 表 1.列 1, 表 2.列 2, ... WHERE 条件;
```

例如，同时修改表 emp 中的 sal 字段和表 dept 中的 deptname 字段，命令执行结果如下图所示。

```
mysql> update emp a,dept b set a.sal=a.sal*b.deptno,b.deptname=a.ename where a.d
eptno=b.deptno;
Query OK, 0 rows affected (0.00 sec)
Rows matched: 0  Changed: 0  Warnings: 0
```

多表数据修改的语法通常用在根据一个表的字段动态地修改另外一个表的字段。

3.5 数据删除

如果记录不再需要，则可以用 DELETE 命令进行删除，语法格式如下：

```
DELETE FROM 表名 WHERE 列名 = 值;
```

例如，将 emp 表中 ename 值为 llis 的记录全部删除，命令执行结果如下图所示。

```
mysql> delete from emp where ename='llis';
Query OK, 1 row affected (0.26 sec)
```

删除 cid 值为 5 且性别为男生的记录，命令执行结果如下图所示。

```
mysql>delete from student where sex='男' and cid=5;
Query OK, 1 row affected (0.00 sec)
```

DELETE 命令也可以一次删除多个表的数据，语法格式如下：

```
DELETE 表 1, 表 2, ... FROM 表 1, 表 2, ... WHERE 条件;
```

如果 FROM 后面的表名用别名，则 DELETE 后面也要用相应的别名，否则会提示语法错误。

例如，同时删除 emp 表和 deptno 表中 deptno 值为 3 的记录，命令执行结果如下图所示。

```
mysql> delete a,b from emp a,dept b where a.deptno=b.deptno and a.deptno=3;
Query OK, 2 rows affected (0.19 sec)
```

在删除时，如果不加限制条件，则会把表的所有记录都删除，因此在执行删除操作时要慎重。

3.6 数据查询

3.6.1 常规查询

SQL 数据查询语句是 SELECT 语句，可以进行各种各样的查询，以满足用户的查询需求。最基本的 SELECT 语句的语法格式如下：

```
SELECT 字段 FROM 表名 WHERE 条件;
```

最简单的查询方式是将记录全部选出，可以使用“*”表示要查询所有字段，如下图所示。

```
mysql> select * from emp;
+-------+---------------------+------+--------+
| ename | hiredate            | sal  | deptno |
+-------+---------------------+------+--------+
| ssla  | 2008-08-08 00:00:00 | 4000 |      1 |
| hdun  | 2008-01-21 00:00:00 | 3214 |      2 |
| aebu  | 2006-09-07 00:00:00 | 2203 |      3 |
| dusb  | 2014-07-08 00:00:00 | 4032 |      4 |
| khab  | 2015-03-23 00:00:00 | 2143 |      5 |
+-------+---------------------+------+--------+
5 rows in set (0.00 sec)
```

也可以直接写各字段名，并使用逗号分隔，表明它们是等价的。

例如，以下两个查询方式的结果是相同的，如下图所示。

```
mysql> select * from emp;
+-------+---------------------+------+--------+
| ename | hiredate            | sal  | deptno |
+-------+---------------------+------+--------+
| ssla  | 2008-08-08 00:00:00 | 4000 |      1 |
| hdun  | 2008-01-21 00:00:00 | 3214 |      2 |
| aebu  | 2006-09-07 00:00:00 | 2203 |      3 |
| dusb  | 2014-07-08 00:00:00 | 4032 |      4 |
| khab  | 2015-03-23 00:00:00 | 2143 |      5 |
+-------+---------------------+------+--------+
5 rows in set (0.00 sec)

mysql> select ename,hiredate,sal,deptno from emp;
+-------+---------------------+------+--------+
| ename | hiredate            | sal  | deptno |
+-------+---------------------+------+--------+
| ssla  | 2008-08-08 00:00:00 | 4000 |      1 |
| hdun  | 2008-01-21 00:00:00 | 3214 |      2 |
| aebu  | 2006-09-07 00:00:00 | 2203 |      3 |
| dusb  | 2014-07-08 00:00:00 | 4032 |      4 |
| khab  | 2015-03-23 00:00:00 | 2143 |      5 |
+-------+---------------------+------+--------+
5 rows in set (0.00 sec)
```

使用“*”可以查询所有字段信息，优点在于查询语句很简单，但如果遇到数据量很多的表，则会非常耗时。如果只需要查询部分字段，则必须使用逗号隔开字段名。

除了基本的查询，在实际应用中，还有多种查询方式，用来满足各种各样的查询要求。

3.6.2　条件查询

在大多数情况下，用户并不需要查询表内所有记录，而是需要根据特定条件来查询部分数据，此时，可以用 WHERE 关键字实现条件查询。条件查询的语法格式如下：

```
SELECT 字段 FROM 表名 WHERE 条件;
```

例如，查询所有 deptno 值为 3 的记录，命令执行结果如下图所示。

```
mysql> select * from emp;
+-------+---------------------+------+--------+
| ename | hiredate            | sal  | deptno |
+-------+---------------------+------+--------+
| ssla  | 2008-08-08 00:00:00 | 4000 |      1 |
| hdun  | 2008-01-21 00:00:00 | 3214 |      2 |
| aebu  | 2006-09-07 00:00:00 | 2203 |      3 |
| dusb  | 2014-07-08 00:00:00 | 4032 |      4 |
| khab  | 2015-03-23 00:00:00 | 2143 |      5 |
| jdua  | 2011-09-12 00:00:00 | 2134 |      1 |
+-------+---------------------+------+--------+
6 rows in set (0.00 sec)

mysql> select * from emp where deptno=3;
+-------+---------------------+------+--------+
| ename | hiredate            | sal  | deptno |
+-------+---------------------+------+--------+
| aebu  | 2006-09-07 00:00:00 | 2203 |      3 |
+-------+---------------------+------+--------+
1 row in set (0.00 sec)
```

查询 cid 值为 1 的所有学生的记录，命令执行结果如下图所示。

```
mysql>select * from student where cid=1
+----+------+------+-----+-----+--------------+
| id | name | age  | sex | cid | introduce    |
+----+------+------+-----+-----+--------------+
|  2 | n5   |  55  | 男  |  1  | 学习很努力   |
|  4 | s2   |  19  | 女  |  1  | 学习很努力2  |
+----+------+------+-----+-----+--------------+

2 rows in set (0.00 sec)
```

还可以进行多条件查询，例如，查询所有 deptno 值为 1，并且 sal 值大于 3000 的记录，命令执行结果如下图所示。

```
mysql> select * from emp;
+-------+---------------------+------+--------+
| ename | hiredate            | sal  | deptno |
+-------+---------------------+------+--------+
| ssla  | 2008-08-08 00:00:00 | 4000 |      1 |
| hdun  | 2008-01-21 00:00:00 | 3214 |      2 |
| aebu  | 2006-09-07 00:00:00 | 2203 |      3 |
| dusb  | 2014-07-08 00:00:00 | 4032 |      4 |
| khab  | 2015-03-23 00:00:00 | 2143 |      5 |
| jdua  | 2011-09-12 00:00:00 | 2134 |      1 |
+-------+---------------------+------+--------+
6 rows in set (0.00 sec)

mysql> select * from emp where deptno=1 and sal>3000;
+-------+---------------------+------+--------+
| ename | hiredate            | sal  | deptno |
+-------+---------------------+------+--------+
| ssla  | 2008-08-08 00:00:00 | 4000 |      1 |
+-------+---------------------+------+--------+
1 row in set (0.00 sec)
```

数据库的操作无非是“增删改查”，除“增”外，其他操作都可能会使用 WHERE 子句来定义条件，WHERE 子句在使用时，有以下几个注意事项。

（1）WHERE 子句可以指定任何条件。

（2）WHERE 子句的条件可以是一个，也可以是多个，这些条件可以使用 AND 或 OR 连接，AND 表示多个条件都必须满足，OR 表示满足任意条件就可以。

（3）WHERE 子句条件类似于程序语言中的 if 条件，可以根据 MySQL 表中的字段值来读取指定的数据。在通常情况下，条件的判断会使用比较运算符，MySQL 中常用的比较运算符如下表所示。

比较运算符	说　明
=	等于，检测两个值是否相等，如果相等则返回 true
<>，!=	不等于，检测两个值是否不相等，如果相等则返回 false
>	大于，检测左边的值是否大于右边的值，如果大于则返回 true
<	小于，检测左边的值是否小于右边的值，如果大于则返回 false
>=	大于或等于，检测左边的值是否大于或等于右边的值，如果大于或等于则返回 true，否则返回 false
<=	小于或等于，检测左边的值是否小于或等于右边的值，如果大于则返回 false，否则返回 true

在 MySQL 数据表中对指定的数据进行操作时，WHERE 子句是非常有用的。

例如，在 emp 表中查询工资（sal）为 3000～4000 元的数据，命令运行结果如下图所示。

```
mysql> select * from emp where sal<=4000 and sal>=3000;
+-------+---------------------+------+--------+
| ename | hiredate            | sal  | deptno |
+-------+---------------------+------+--------+
| ssla  | 2008-08-08 00:00:00 | 4000 |      1 |
| hdun  | 2008-01-21 00:00:00 | 3214 |      2 |
| dusb  | 2014-07-08 00:00:00 | 4000 |      4 |
+-------+---------------------+------+--------+
3 rows in set (0.09 sec)
```

在 student 表中查询 15～25 岁的学生，命令运行结果如下图所示。

```
mysql>select * from student where age between 15 and 25;
+----+------+-----+-----+-----+------------+
| id | name | age | sex | cid | introduce  |
+----+------+-----+-----+-----+------------+
|  4 | s2   |  19 | 女  |   1 | 学习很努力2 |
|  5 | s3   |  18 | 女  |   2 | 学习很努力1 |
|  7 | s5   |  18 | 男  |   3 | 学习很努力1 |
|  8 | s6   |  19 | 女  |   3 | 学习很努力2 |
|  9 | s7   |  18 | 男  |   4 | 学习很努力1 |
+----+------+-----+-----+-----+------------+

5 rows in set (0.00 sec)
```

在 student 表中查询 3、5、7 班的学生，命令运行结果如下图所示。

```
mysql> select * from student where cid in(3,5,7);
+----+------+-----+-----+-----+------------+
| id | name | age | sex | cid | introduce  |
+----+------+-----+-----+-----+------------+
|  7 | s5   |  18 | 男  |   3 | 学习很努力1 |
|  8 | s6   |  19 | 女  |   3 | 学习很努力2 |
| 12 | s10  |  19 | 女  |   5 | 学习很努力2 |
+----+------+-----+-----+-----+------------+
3 rows in set (0.00 sec)
```

3.6.3　联合查询

UNION 操作符用于合并两个或多个 SELECT 语句的结果集，以实现联合查询，语法格式如下：

```
SELECT 条件 FROM 表 1
UNION
SELECT 条件 FROM 表 2;
```

UNION 和 UNION ALL 的主要区别：UNION ALL 用于将结果集直接合并在一起，而 UNION 用于将 UNION ALL 后的结果进行一次 DISTINCT，以删除重复结果记录。

例如，将 emp 表和 dept 表中的部门编号的集合显示出来，命令运行结果如下图所示。

```
mysql> select * from emp;
+-------+---------------------+------+--------+
| ename | hiredate            | sal  | deptno |
+-------+---------------------+------+--------+
| ssla  | 2008-08-08 00:00:00 | 4000 |      1 |
| hdun  | 2008-01-21 00:00:00 | 3214 |      2 |
| aebu  | 2006-09-07 00:00:00 | 2203 |      3 |
| dusb  | 2014-07-08 00:00:00 | 4000 |      4 |
| khab  | 2015-03-23 00:00:00 | 2143 |      5 |
| jdua  | 2011-09-12 00:00:00 | 2134 |      1 |
+-------+---------------------+------+--------+
6 rows in set (0.00 sec)

mysql> select * from dept;
+--------+----------+
| deptno | deptname |
+--------+----------+
|      1 | tech     |
|      2 | sale     |
|      3 | hr       |
|      4 | cook     |
|      5 | ceo      |
+--------+----------+
5 rows in set (0.00 sec)

mysql> select deptno from emp
    -> union all
    -> select deptno from dept;
+--------+
| deptno |
+--------+
|      1 |
|      2 |
|      3 |
|      4 |
|      5 |
|      1 |
|      1 |
|      2 |
|      3 |
|      4 |
|      5 |
+--------+
11 rows in set (0.07 sec)
```

此时可以看到结果中有很多重复项，可以使用 UNION 操作符来删除重复项，实现联合查询，命令运行结果如下图所示。

```
mysql> select deptno from emp
    -> union
    -> select deptno from dept;
+--------+
| deptno |
+--------+
|      1 |
|      2 |
|      3 |
|      4 |
|      5 |
+--------+
5 rows in set (0.01 sec)
```

查询两个表中包含“学习”的记录，命令运行结果如下图所示。

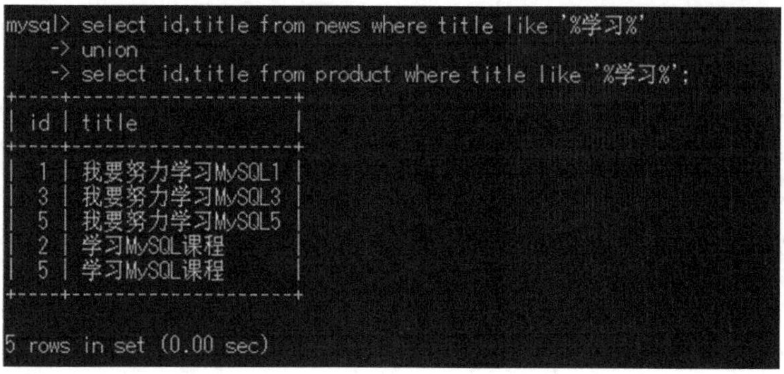

```
mysql> select id,title from news where title like '%学习%'
    -> union
    -> select id,title from product where title like '%学习%';
+----+--------------------+
| id | title              |
+----+--------------------+
|  1 | 我要努力学习MySQL1 |
|  3 | 我要努力学习MySQL3 |
|  5 | 我要努力学习MySQL5 |
|  2 | 学习MySQL课程      |
|  5 | 学习MySQL课程      |
+----+--------------------+

5 rows in set (0.00 sec)
```

3.6.4　不重复查询

不重复查询的语法格式如下：

```
SELECT DISTINCT 字段 FROM 表名;
```

例如，emp 表中的 deptno 值有重复，使用 DISTINCT 进行不重复查询，命令运行结果如下图所示。

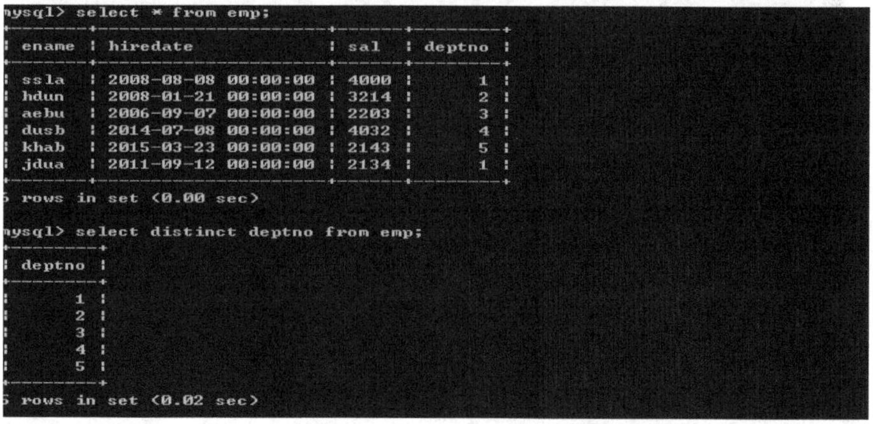

```
mysql> select * from emp;
+-------+---------------------+------+--------+
| ename | hiredate            | sal  | deptno |
+-------+---------------------+------+--------+
| ssla  | 2008-08-08 00:00:00 | 4000 |      1 |
| hdun  | 2008-01-21 00:00:00 | 3214 |      2 |
| aebu  | 2006-09-07 00:00:00 | 2203 |      3 |
| dusb  | 2014-07-08 00:00:00 | 4032 |      4 |
| khab  | 2015-03-23 00:00:00 | 2143 |      5 |
| jdua  | 2011-09-12 00:00:00 | 2134 |      1 |
+-------+---------------------+------+--------+
6 rows in set (0.00 sec)

mysql> select distinct deptno from emp;
+--------+
| deptno |
+--------+
|      1 |
|      2 |
|      3 |
|      4 |
|      5 |
+--------+
5 rows in set (0.02 sec)
```

使用 DISTINCT 进行不重复查询通常用于获取某个字段的所有值。比如，一家公司的合作数据都在数据库中，其中有的合作公司可能合作多次，此时想看这家公司究竟和哪些公司合作过，就可以使用 DISTINCT 进行不重复查询。

3.6.5　模糊查询

在 MySQL 中，有时需要使用模糊查询，这时就需要用到 LIKE 关键字了，语法格式如下：

```
SELECT 字段 FROM 表名 WHERE 字段 LIKE 值;
```

由于这里的值是模糊的，因此需要用到通配符，有以下两种匹配方式。

1. “%”的使用

“%”用来匹配 0 个或多个字符，可以匹配任意类型和长度的字符，对长度没有限制。

例如，在 emp 表中查询 ename 中带有字母 u 的记录，命令运行结果如下图所示。

```
mysql> select * from emp where ename like '%u%';
+-------+---------------------+------+--------+
| ename | hiredate            | sal  | deptno |
+-------+---------------------+------+--------+
| hdun  | 2008-01-21 00:00:00 | 3214 |      2 |
| aebu  | 2006-09-07 00:00:00 | 2203 |      3 |
| dusb  | 2014-07-08 00:00:00 | 4000 |      4 |
| jdua  | 2011-09-12 00:00:00 | 2134 |      1 |
+-------+---------------------+------+--------+
4 rows in set (0.00 sec)
```

在 student 表中查询学生简介中出现“很努力”的所有记录，命令运行结果如下图所示。

```
mysql>select * from student where introduce like '%很努力%';
+----+------+------+------+------+--------------+
| id | name | age  | sex  | cid  | introduce    |
+----+------+------+------+------+--------------+
|  2 | n5   |   55 | 男   |    1 | 学习很努力   |
|  4 | s2   |   19 | 女   |    1 | 学习很努力2  |
|  5 | s3   |   18 | 女   |    2 | 学习很努力1  |
|  7 | s5   |   18 | 男   |    3 | 学习很努力1  |
|  8 | s6   |   19 | 女   |    3 | 学习很努力2  |
|  9 | s7   |   18 | 男   |    4 | 学习很努力1  |
+----+------+------+------+------+--------------+

6 rows in set (0.00 sec)
```

2．“_”的使用

“_”用来匹配任意单个字符，常用来限制表达式的字符长度。

例如，在 emp 表中查询 ename 的值长度为 4，并且第 3 个字符为 u 的记录，命令运行结果如下图所示。

```
mysql> select * from emp where ename like '__u_';
+-------+---------------------+------+--------+
| ename | hiredate            | sal  | deptno |
+-------+---------------------+------+--------+
| hdun  | 2008-01-21 00:00:00 | 3214 |      2 |
| jdua  | 2011-09-12 00:00:00 | 2134 |      1 |
+-------+---------------------+------+--------+
2 rows in set (0.00 sec)
```

在 student 表中查询学生姓名以 s 开头，并且后面有 1 个字符的记录，命令运行结果如下图所示。

```
mysql> select * from student where name like 's_';
+----+------+------+------+------+--------------+
| id | name | age  | sex  | cid  | introduce    |
+----+------+------+------+------+--------------+
|  4 | s2   |   19 | 女   |    1 | 学习很努力2  |
|  5 | s3   |   18 | 女   |    2 | 学习很努力1  |
|  7 | s5   |   18 | 男   |    3 | 学习很努力1  |
|  8 | s6   |   19 | 女   |    3 | 学习很努力2  |
|  9 | s7   |   18 | 男   |    4 | 学习很努力1  |
| 10 | s8   |   19 | 女   |    4 | 学习很努力2  |
+----+------+------+------+------+--------------+
6 rows in set (0.00 sec)
```

3.6.6　排序查询

在查询时，查询出来的结果集中记录个数可能有很多，通常我们会使用 ORDER BY 关键字来进行排序，语法格式如下：

```
SELECT 字段 FROM 表名 WHERE 条件 ORDER BY FIELD1 DESC/ASC, FIELD2 DESC/ASC, ...;
```

这里的排序方式仅有两种：DESC 表示降序排列，ASC 表示升序排列，如果排序方式省略不写，则表示使用默认值 ASC。ORDER BY 后面可以跟多个不同的排序字段，每个排序字段都可以有不同的排序顺序。如果排序字段的值一样，则相同的字段按照第 2 个排序字段进行排序。如果只有一个排序字段，则字段相同的记录将会无序排列。

例如，把 emp 表中的记录按照工资（sal）从高到低进行排序，如果 sal 值相同，则按照 deptno 值从高到低进行排序，命令运行结果如下图所示。

```
mysql> select * from emp order by sal desc,deptno desc;
+-------+---------------------+------+--------+
| ename | hiredate            | sal  | deptno |
+-------+---------------------+------+--------+
| dusb  | 2014-07-08 00:00:00 | 4000 |      4 |
| ssla  | 2008-08-08 00:00:00 | 4000 |      1 |
| hdun  | 2008-01-21 00:00:00 | 3214 |      2 |
| aebu  | 2006-09-07 00:00:00 | 2203 |      3 |
| khab  | 2015-03-23 00:00:00 | 2143 |      5 |
| jdua  | 2011-09-12 00:00:00 | 2134 |      1 |
+-------+---------------------+------+--------+
6 rows in set (0.00 sec)
```

3.6.7　限制查询

在使用查询语句时，经常要返回前几条或者中间某几条数据，这时就需要使用 LIMIT 关键字进行限制查询，语法格式如下：

```
SELECT 字段 LIMIT 起始偏移量,行数;
```

在默认情况下，起始偏移量为 0，这时只写要返回的行数即可。由于 MySQL 查询结果集顺序的不确定性，通常限制查询要配合排序查询使用。

例如，显示 emp 表中按照 sal 值升序排序后的前 3 行记录，命令运行结果如下图所示。

```
mysql> select * from emp order by sal limit 3;
+-------+---------------------+------+--------+
| ename | hiredate            | sal  | deptno |
+-------+---------------------+------+--------+
| jdua  | 2011-09-12 00:00:00 | 2134 |      1 |
| khab  | 2015-03-23 00:00:00 | 2143 |      5 |
| aebu  | 2006-09-07 00:00:00 | 2203 |      3 |
+-------+---------------------+------+--------+
3 rows in set (0.00 sec)
```

显示 emp 表中按照 sal 值升序排序后从第 2 条记录开始的 3 条记录，命令运行结果如下图所示。

```
mysql> select * from emp order by sal limit 1,3;
+--------+---------------------+------+--------+
| ename  | hiredate            | sal  | deptno |
+--------+---------------------+------+--------+
| khab   | 2015-03-23 00:00:00 | 2143 |      5 |
| aebu   | 2006-09-07 00:00:00 | 2203 |      3 |
| hdun   | 2008-01-21 00:00:00 | 3214 |      2 |
+--------+---------------------+------+--------+
3 rows in set (0.00 sec)
```

在 student 表中找出年龄最小的 3 个人，命令运行结果如下图所示。

```
mysql> select id,name,sex from student order by age asc limit 0,3;
+----+------+------+
| id | name | sex  |
+----+------+------+
|  9 | s7   |  男  |
|  5 | s3   |  女  |
|  7 | s5   |  女  |
+----+------+------+

3 rows in set (0.00 sec)
```

3.6.8 聚合

在很多情况下，用户需要进行一些汇总操作，如统计地区数、商品数等，这时就要用到 SQL 的聚合操作了。聚合语句的语法格式如下：

```
SELECT 字段 OP_NAME FROM 表名 WHERE 条件 GROUP BY FILED1, FILED2, ... WITH
ROLLUP HAVING 条件;
```

其中，OP_NAME 表示要进行的聚合操作，也就是聚合函数，常用聚合函数包括 SUM（求和）、COUNT(*)（记录数）、MAX（最大值）、MIN（最小值）；GROUP BY 表示要进行分类聚合的字段；WITH ROLLUP 表示是否对分类聚合后的结果进行再汇总，这个关键字是可选的；HAVING 表示对分类后的结果进行条件过滤。

例如，统计人数大于 1 的部门（deptno），命令运行结果如下图所示。

```
mysql> select deptno,count(1) from emp group by deptno having count(1)>1;
+--------+----------+
| deptno | count(1) |
+--------+----------+
|      1 |        2 |
+--------+----------+
1 row in set (0.16 sec)
```

统计公司所有员工的工资（sal），以及最高和最低工资，命令运行结果如下图所示。

```
mysql> select * from emp;
+-------+---------------------+------+--------+
| ename | hiredate            | sal  | deptno |
+-------+---------------------+------+--------+
| ssla  | 2008-08-08 00:00:00 | 4000 |      1 |
| hdun  | 2008-01-21 00:00:00 | 3214 |      2 |
| aebu  | 2006-09-07 00:00:00 | 2203 |      3 |
| dusb  | 2014-07-08 00:00:00 | 4000 |      4 |
| khab  | 2015-03-23 00:00:00 | 2143 |      5 |
| jdua  | 2011-09-12 00:00:00 | 2134 |      1 |
+-------+---------------------+------+--------+
6 rows in set (0.00 sec)

mysql> select sum(sal),max(sal),min(sal) from emp;
+----------+----------+----------+
| sum(sal) | max(sal) | min(sal) |
+----------+----------+----------+
|    17694 | 4000     | 2134     |
+----------+----------+----------+
1 row in set (0.02 sec)
```

查询每个班级各有多少人，命令运行结果如下图所示。

```
mysql> select count(*),cid from student group by cid;
+----------+-----+
| count(*) | cid |
+----------+-----+
|        2 |   1 |
|        1 |   2 |
|        2 |   3 |
|        2 |   4 |
|        1 |   5 |
+----------+-----+
5 rows in set (0.00 sec)
```

查询班级人数小于 2 的班级，命令运行结果如下图所示。

```
mysql> select count(*) as num,cid from student group by cid having num<2;
+-----+-----+
| num | cid |
+-----+-----+
|   1 |   2 |
|   1 |   5 |
+-----+-----+
2 rows in set (0.00 sec)
```

3.6.9　连接

在 SELECT 语句中，如果 FROM 子句引用了多个表源或视图，则可以使用 JOIN 关键字指示指定的连接操作应在指定的表源或视图之间执行。

1. 内连接

在使用数据库查询语句时，单表的查询有时不能满足项目的业务需求，在项目开发过程中，有很多需求都要涉及多表的连接查询。内连接查询是指所有查询的结果都能够在连接的表中有对应记录。在默认情况下是内连接，此时可以不写 JOIN 关键字，或者写 INNER JOIN。

例如，查询 emp 表中所有用户名和所在部门名称，命令运行结果如下图所示。

```
mysql> select * from emp;
+-------+---------------------+------+--------+
| ename | hiredate            | sal  | deptno |
+-------+---------------------+------+--------+
| ssla  | 2008-08-08 00:00:00 | 4000 |      1 |
| hdun  | 2008-01-21 00:00:00 | 3214 |      2 |
| aebu  | 2006-09-07 00:00:00 | 2203 |      3 |
| dusb  | 2014-07-08 00:00:00 | 4000 |      4 |
| khab  | 2015-03-23 00:00:00 | 2143 |      5 |
| jdua  | 2011-09-12 00:00:00 | 2134 |      1 |
+-------+---------------------+------+--------+
6 rows in set (0.10 sec)

mysql> select * from dept;
+--------+----------+
| deptno | deptname |
+--------+----------+
|      1 | tech     |
|      2 | sale     |
|      3 | hr       |
|      4 | cook     |
|      5 | ceo      |
+--------+----------+
5 rows in set (0.00 sec)

mysql> select ename,deptname from emp,dept where emp.deptno=dept.deptno;
+-------+----------+
| ename | deptname |
+-------+----------+
| ssla  | tech     |
| hdun  | sale     |
| aebu  | hr       |
| dusb  | cook     |
| khab  | ceo      |
| jdua  | tech     |
+-------+----------+
6 rows in set (0.14 sec)
```

查询 student 表中 id 为 5 的学生的班级名称，命令运行结果如下图所示。

```
mysql>select s.*,c.cname,c.tname from student as s innerjoin class as c on
s.cid = c.cid where s.id=5;
+----+------+-----+-----+-----+-----------+---------+--------+
| id | name | age | sex | cid | introduce | cname   | tname  |
+----+------+-----+-----+-----+-----------+---------+--------+
| 5  | s3   | 18  | 女  |   2 | 学习很努力1 | mysql02 | 张老师 |
+----+------+-----+-----+-----+-----------+---------+--------+

1 rows in set (0.00 sec)
```

2. 左连接与右连接

左连接是指以左边的表的数据为基准，去匹配右边的表的数据。如果匹配到相应数据，则显示匹配结果；如果匹配不到相应数据，则显示为NULL。左连接的关键字是LEFT JOIN。

例如，查询 emp 表中所有用户名和所在部门名称，命令运行结果如下图所示。

```
mysql> select * from emp;
+-------+---------------------+------+--------+
| ename | hiredate            | sal  | deptno |
+-------+---------------------+------+--------+
| ssla  | 2008-08-08 00:00:00 | 4000 |      1 |
| hdun  | 2008-01-21 00:00:00 | 3214 |      2 |
| aebu  | 2006-09-07 00:00:00 | 2203 |      3 |
| dusb  | 2014-07-08 00:00:00 | 4000 |      4 |
| khab  | 2015-03-23 00:00:00 | 2143 |      5 |
| jdua  | 2011-09-12 00:00:00 | 2134 |      1 |
+-------+---------------------+------+--------+
6 rows in set (0.00 sec)

mysql> select * from dept;
+--------+----------+
| deptno | deptname |
+--------+----------+
|      1 | tech     |
|      2 | sale     |
|      3 | hr       |
|      4 | cook     |
|      5 | ceo      |
+--------+----------+
5 rows in set (0.00 sec)
```

```
mysql> select ename,deptname from emp left join dept on emp.deptno=dept.deptno;
+-------+----------+
| ename | deptname |
+-------+----------+
| ssla  | tech     |
| hdun  | sale     |
| aebu  | hr       |
| dusb  | cook     |
| khab  | ceo      |
| jdua  | tech     |
+-------+----------+
6 rows in set (0.00 sec)
```

右连接是指以右边的表的数据为基准，去匹配左边的表的数据，如果匹配到相应数据，则显示匹配结果；如果匹配不到相应数据，则显示为 NULL。右连接的关键字是 RIGHT JOIN。左连接与右连接的语法和使用方式类似，也可以互相进行转化。

例如，查询 emp 表中所有用户名和所在部门名称，也可以使用右连接实现，命令运行结果如下图所示。

```
mysql> select ename,deptname from dept right join emp on dept.deptno=emp.deptno;

+-------+----------+
| ename | deptname |
+-------+----------+
| ssla  | tech     |
| hdun  | sale     |
| aebu  | hr       |
| dusb  | cook     |
| khab  | ceo      |
| jdua  | tech     |
+-------+----------+
6 rows in set (0.00 sec)
```

3.7 事务

3.7.1 事务概述

假设这样一个场景：我们去买东西，一般都是先付钱，卖家收到钱再发货。将这个场景用数据库来表示就是，第一步，从用户的账户中减去一部分金额；第二步，把减去的金额添加到商家的账户上。但是万一遇到特殊的情况，我们已经成功完成了第一步，从用户的账户中扣除了钱，这时突然停电，系统出现了故障，没有完成第二步。这就产生了一个问题：用户账户的钱被扣除了，商家账户中却没有增加扣除的钱。

为了解决上述问题，在数据库中引入了事务的概念。事务就是一组由 SQL 语句组成的业务逻辑，这组 SQL 语句要么全执行，要么全不执行，不存在部分执行的情况。也就是说，只有事务内的所有 SQL 语句都成功执行，整个事务才算成功，否则就算失败。失败意味着整个数据操作都没有意义，需要把数据恢复到执行事务操作之前的状态。事务有效地保证了数据库中数据的一致性和并发性。

3.7.2 事务的四大特性

数据库的事务具有四大特性——ACID，分别为原子性（Atomicity）、一致性（Consistency）、隔离性（Isolation）、持久性（Durability）。如果一个数据库声称支持事务的操作，那么该数据库必须要具备上述四大特性。

1．原子性（Atomicity）

原子性是指事务包含的所有操作要么全部成功，要么全部失败，这和事务概述中介绍的是一样的，因此，如果事务的操作成功，则必须要完全应用到数据库中；如果事务的操作失败，则不能对数据库有任何影响。

2．一致性（Consistency）

一致性是指事务必须使数据库从一个一致性状态变换到另一个一致性状态，也就是说，一个事务在执行之前和执行之后都必须处于一致性状态。

以概述中的付款场景为例，假设买家有 1000 元钱，0 个商品；商家有 5 件商品，0 元钱。那么不管买家与卖家之间发生几次交易，在事务结束后，买家与卖家的钱的总额应该还是 1000 元，商品总数还是 5 件，这就是事务的一致性。

3．隔离性（Isolation）

隔离性是指当多个用户并发访问数据库时，比如，在操作同一个表时，数据库为每一个用户开启的事务不能被其他事务的操作所干扰，多个并发事务之间要相互隔离。隔离效果为：对于任意两个并发的事务 S1 和 S2 来说，在事务 S1 看来，事务 S2 要么在事务 S1 开始之前就已经结束，要么在事务 S1 结束之后才开始，这样每个事务都感觉不到有其他事务在并发执行。

4．持久性（Durability）

持久性是指一个事务一旦被提交了，那么其对数据库中的数据的改变就是永久性的，即使在数据库系统遇到故障的情况下也不会丢失提交事务的操作。

例如，在 Java EE 开发中使用某些框架访问和操作数据库时，在提交事务方法后，会提示用户事务操作完成；在框架中数据库执行完成后，会提示用户事务已经正确提交。这时即使数据库出现故障，也必须要保证提示完成的事务执行完成，即事务的结果是持久性的。

3.7.3 事务提交

我们仍然回到本节开始提到的场景，用户去商家买东西，从用户的账户中扣除钱后发生了系统故障，导致扣钱成功但商家未收到钱。采用事务的解决办法分为两步：

第一步，执行扣除钱和增加钱操作；

第二步，将执行结果“提交”给数据库。

这就引出了事务提交的概念，即 SQL 执行结果通过提交操作才可写入数据库中。

在 MySQL 默认情况下，SQL 语句是“自动提交”的，即每条 SQL 语句在执行完毕后会自动提交事务。所以，如果我们想要多条 SQL 语句在全部执行完毕后统一提交事务，则需要先关闭 MySQL 的自动提交功能。

可以通过如下命令查看数据库是否开启自动提交功能：

```
show variables like 'autocommit';
```

在默认情况下，如果开启了自动提交功能，则此时返回的结果为 ON。

可以使用如下命令关闭自动提交功能：

```
set autocommit=0;
```

在关闭自动提交功能后，SQL 语句在执行完成后不会自动提交事务至数据库，导致记录的改变，需要执行如下命令手动进行事务提交：

```
commit;
```

于是，可以在多条 SQL 语句全部执行完毕后，统一使用该命令进行事务提交。

3.7.4 事务回滚

与事务提交结合使用的，是事务的回滚操作。当事务中多条 SQL 语句在执行过程中由于系统故障等原因，导致部分语句执行不成功时，事务中已执行成功的语句结果应该回退至未执行状态，这个操作称为事务回滚。

事务回滚使用如下命令：

```
rollback;
```

如本节开始的场景，当用户账户扣钱成功，但由于故障，扣除的钱没有增加到商家账户时，可以使用事务回滚操作，将用户账户回滚至未扣钱状态，从而保证事务的一致性。

3.8 本章小结

本章主要介绍了 SQL 基本语法，从 SQL 语句的使用范围和类型方面引入，介绍了数据的“增删改查”四种操作语句的语法结构与实际使用方法，其中，数据查询语句除了介绍常规查询，还介绍了多种特定条件下的查询方式，丰富了查询应用场景。除此之外，本章还介绍了数据库中事务的概念与四大特性，以及事务的使用方法。

章节练习

数据库部分表描述如下：

1.部门表 dept (deptno INT PRIMARY KEY, dname VARCHAR(14), loc VARCHAR(13))

deptno：部门编号。

dname：部门名称。

loc：部门地址。

2.员工表 emp(empno INT PRIMARY KEY, ename VARCHAR(10), job VARCHAR(9), mgr INT, hiredate DATE, sal DOUBLE, comm DOUBLE, deptno INT)

empno：员工编号。

ename：员工姓名。

job：职位。

mgr：直属领导编号。

hiredate：入职时间。

sal：工资。

deptno：所属部门编号。

请完成以下数据库操作任务：

（1）在部门表中插入人资部、财务部、业务 1 部、业务 2 部，部门编号和部门地址自拟；

（2）为每个部门插入两条员工记录；

（3）查询所有员工的姓名及所属部门名称；

（4）按员工工资进行排序查询。

第4章 索引、分区与视图

学习任务

【任务1】了解数据库索引的概念、类型及实现原理，掌握常见索引的使用方法。

【任务2】了解数据库分区的概念及常见类型。

【任务3】了解数据库视图的概念，熟练掌握视图的操作方法。

学习路线

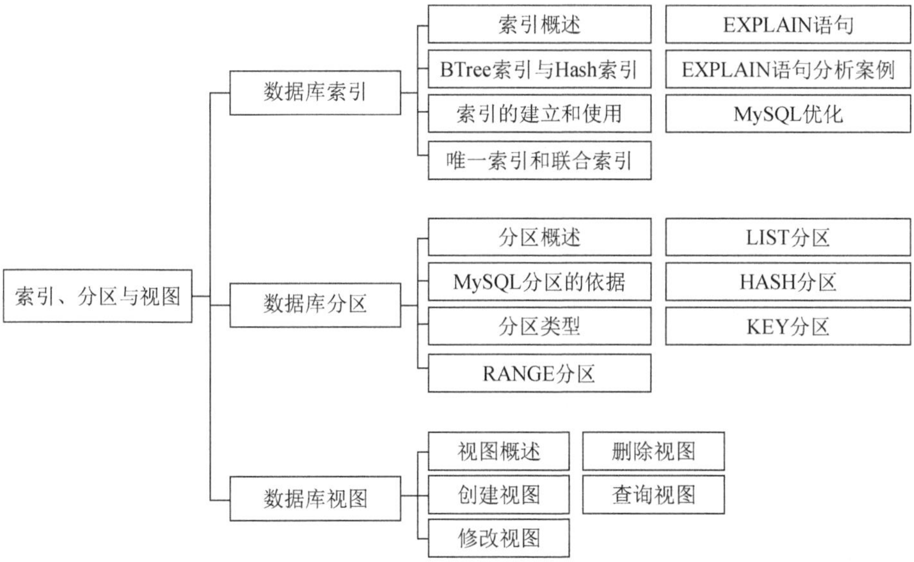

4.1 数据库索引

4.1.1 索引概述

假设我们遇见了一个陌生的汉字，正巧手边有两本字典，如果我们需要知道这个生字的汉字拼音，或者我们需要知道这个汉字怎么读，我们会想到的方法是查找字典。当我们拿起第一本字典时，却发现第一本字典是没有目录的，并且字典中的汉字是乱序的，那么我们只能从字典的第一页起，将每一个汉字与我们需要查找的汉字进行比对。可想而知，如果字典有 10 万个汉字，则最坏的情况就是我们会查找 10 万次，而且就算不是最坏情况，那么采用这种方式查找某个陌生汉字的查找次数也是一个非常大的数据。我们将这个问题与数据库类比，也是同样的道理，甚至在我们日常的生活场景中，数据库中的数据量往往可以达到百万、千万甚至上亿级别，因此人们引入了一种叫作目录或索引的结构来解决这一问题，本章将会详细讲解 MySQL 中索引的原理，以及相关的操作。

在关系型数据库中，索引是对数据库表中一列或多列的值进行排序并生成的一个单独的、物理的数据结构，存放在硬盘上。而且，这个值对应一个地址指针，指向记录所在的磁盘位置，从而能够快速定位到记录。索引的作用相当于图书的目录，可以根据目录中的页码快速找到所需的内容。简单来说，数据库索引就是数据库的一种数据结构。进一步来说，该数据结构存储了一个表中某一列的所有值，也就是说索引是基于数据表中的某一列创建的。总而言之，索引是对数据库表中一列或多列的值进行排序的一种结构，使用索引可快速访问数据库表中的特定信息，可以将索引类比为字典的目录。

索引一般以文件形式存在磁盘中（也可以存在内存中），存储索引的原理可以大致概括为以空间换时间：我们可以这样想，字典在没有目录的情况下，页数只有 400 页，但是我们平均查找一个字可能需要 2 小时，但是如果我们花费 50 页做出一个目录，则我们平均查找一个字可能就只需要 5 分钟，这就是以空间换时间。类比到计算机中，我们就可以把页数想象为计算机的外存。数据库在未添加索引时进行查询，默认进行的是全局搜索，也就是进行全表扫描，有多少条数据就要进行多少次查询比对，然后找到相匹配的数据就把它放到结果集中，直到全表扫描完毕。

数据库的索引可以划分为几种类型，如下表所示。

索引类型	特　点
普通索引	任何字段都可以创建
唯一索引	字段的值必须具有唯一性才可以创建，效率高于普通索引
主键索引	主键的值必须具有唯一性才可以创建
全文索引	只针对文本类型
复合索引	多个字段联合创建

4.1.2　BTree 索引与 Hash 索引

1. BTree 索引

MySQL 的 BTree 索引是建立在 n 叉树（BTree）之上的一种索引方式。将建立索引的列值放在一个 BTree 上，或者其他高效的数据结构中，由于 BTree 的特点就是适合在磁盘等直接存储设备上组织动态查找，因此在每次以索引进行条件查询时，会根据列值直接进行搜索。MongoDB 是文档型的数据库，通常使用 B-树来做索引；而 MySQL 作为关系型数据库，普遍使用 B+树来做索引，如下图所示就是一个 B+树。

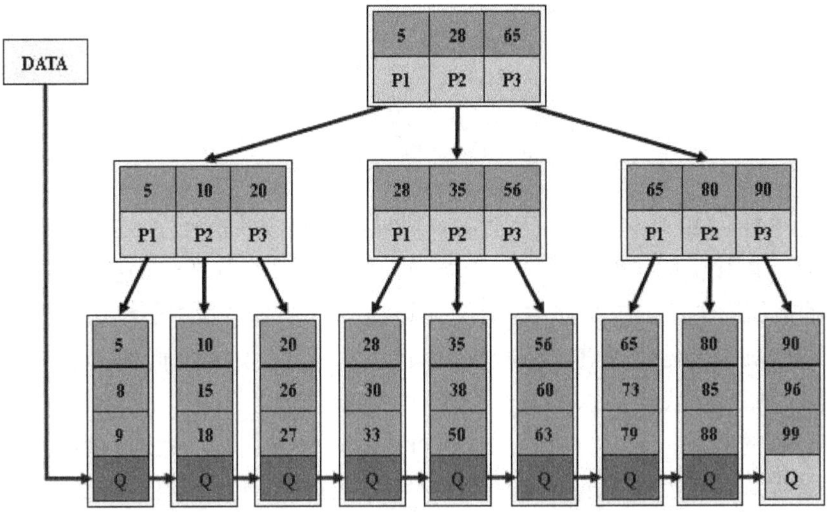

举个例子来简单说明索引的作用。假设有一个人员名单表 Employee，该表有 3 列，如下图所示。

```
Employee_Name,Employee_Age,Employee_Address
```

现在要查找出所有名字叫“Fezzi”的员工的详细信息，命令如下图所示。

```
SELECT * FROM Employee
WHERE Employee_Name = 'Fezzi'
```

图 4-3

如果没有数据库索引功能，则数据库系统会逐行遍历整个表，对每一行都要检查其 Employee_Name 字段是否等于“Fezzi”。因为我们要查找所有名字为“Fezzi”的记录，所以数据库系统在发现一条名字是“Fezzi”的记录后，并不能停止查找，因为可能有其他员工也叫“Fezzi”。这就意味着，对于表中的几万条记录来说，数据库都要检查，这就是所谓的全表扫描。因为所有的数据都是存储在磁盘上的，只有即将需要使用的数据我们才通过 I/O 操作将其从磁盘上读入内存，而计算机的磁盘是非常大的，所以我们对磁盘进行了物理上的分区，比如，将一个磁盘分为几个扇区，不同的数据可能存储在不同的扇区。每次取数据时只是将需要的数据所处的扇区的所有数据读入内存，而不是将所有的数据库数据读入内存。计算机的扇区示意图如下图所示。

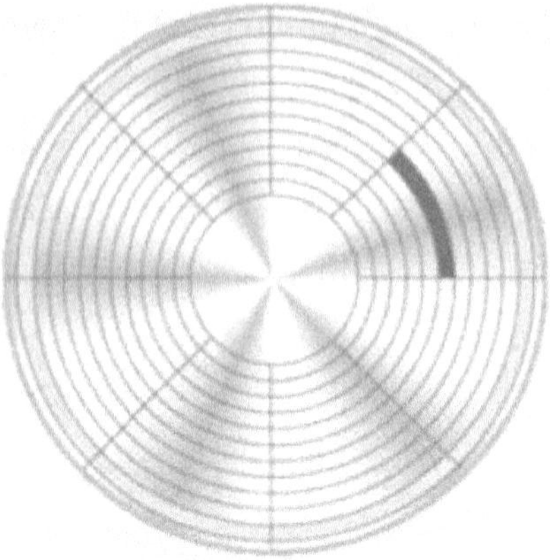

正是因为这样，I/O 操作是非常耗时的，所以如果我们要执行全表扫描，那么所带来的时间延迟将是难以接受的（假想这样一个场景，我们在银行取钱时需要核对我们的身份信息，而银行的数据库中的记录是非常多的，应该是上亿级别的，如果不停地进行 I/O 操作，那么银行每天也就只能给几个客户进行相关操作）。但是，如果我们将 Employee_Name 的列作为索引，则相当于我们单独做了一个关于姓名排序的“目录”，这样在查找时我们就可以利用顺序查找的算法，如二分查找算法进行查找，这样就会极大地减少比较次数和磁盘的 I/O 操作次数，因为目录只记录某一列或少数几列的信息，所以用极少的磁盘块就可以存储所有数据的信息，甚至可以将目录存储在内存中。

MySQL 支持将任何数据类型的列作为索引。通过上文所述，我们知道索引可以极大地提高查询的效率，减少查询的耗时。根据存储引擎的不同（如 InnoDB、MyISAM、BDB、MEMORY）可以定义每个表的最大索引数和最大索引长度，但是每种存储引擎都支持一个表至少 16 个索引，总索引长度至少为 256 字节，大多数存储引擎有更高的限制。

在 MySQL 中，常用的两种存储引擎 InnoDB 和 MyISAM 默认创建的是 BTree 索引，但是同时支持前缀索引、全文索引和哈希索引。前缀索引是取字段的前 N 个字符作为索引，通常可以取开始的部分字符作为索引，这样可以大大节约索引空间，从而提高索引效率，但这样会降低索引的选择性。前缀索引的最大长度与存储引擎相关，对于使用 InnoDB 存储引擎的数据库表来说，其前缀索引的最大长度可达 767 字节；对于使用 MyISAM 存储引擎的数据库表来说，其前缀索引的最大长度可达 1000 字节。

MySQL 还支持全文索引（注意 InnoDB 存储引擎只有 5.6 及其以上版本才支持全文索引），该索引可以用于全文搜索，全文索引（也称全文检索）是目前存储引擎使用的一种关键技术。它能够利用分词技术等多种算法智能分析出文本文字中关键字词的频率及重要性，然后按照一定的算法规则智能地筛选出我们想要的搜索结果。在使用 MySQL 全文索引时需要注意：全文索引只限于 CHAR、VARCHAR 和 TEXT 列，索引总是针对整个列进行的，不支持前缀索引。此外，MySQL 自带的全文索引只能对英文进行全文检索，目前无法对中文进行全文检索。如果需要对包含中文在内的文本数据进行全文检索，则我们需要采用 Sphinx（斯芬克斯）/Coreseek 技术来处理中文。

2. Hash 索引

MySQL 的哈希索引（Hash 索引）是基于哈希表实现的，只有精确匹配索引列的查询才有效，对于每一行数据，存储引擎都会对所有的索引列计算一个哈希码（Hash code），哈希码是一个较小的值，大部分情况下不同键值计算出来的哈希码是不同的，但是也会有例外，也存在不同键值计算出来的哈希码是一样的（即所谓的 Hash 冲突，这时就需要用到一些解决冲突的方法）。Hash 索引将所有的哈希码存储在索引中，同时在哈希表中保存指向每一个数据行的指针。为某一列或几列建立 Hash 索引，就可以利用这一列或几列的值通过一定的算法计算出一个哈希码，对应一行或几行数据。Hash 索引的实现原理如下图所示。

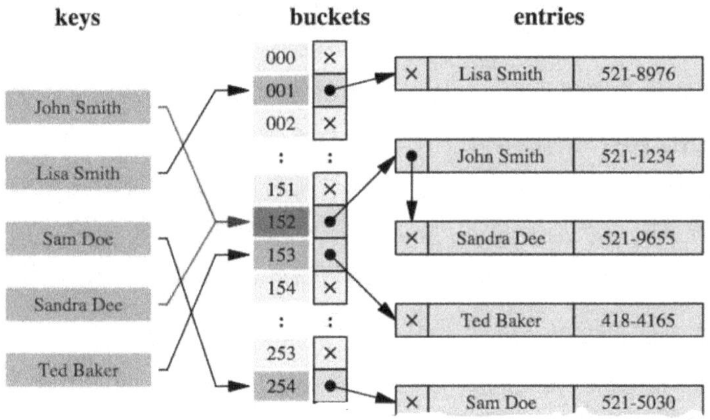

图中的 keys 代表创建索引的列值；buckets 就是计算出来的哈希码和对应的数据的物理位置组成的哈希表；entries 代表具体的数据行。

在创建 Hash 索引后，会为每个键值通过特定的算法计算出一个哈希码，需要注意的是，不同的键值计算出来的哈希码可能是相同的，如上图中的 John Smith 和 Sandra Dee 算出来的哈希码都是 152，然后在哈希表中找到哈希码为 152 的存储数据的物理位置，这个哈希码对应着两条数据，也就是 John Smith 521-1234 和 Sandra Dee 521-9655，最后再次遍历这两条数据，找到需要的数据，这就是 Hash 冲突严重，Hash 索引效率降低的原因。

Hash 索引检索数据的过程如下所述。

当我们为某一列或某几列建立 Hash 索引时（目前就只有 MEMORY 存储引擎显式地支持这种索引），会在硬盘上生成如下表所示的文件。

哈 希 码	存 储 地 址
12d23cd477b2	77#23ab
5a5c4d21bb7c3	74#35cd,57#65dc…

哈希码是通过特定的算法计算出来的，算法参数为指定列数据，存储地址为所在数据行存储在硬盘上的地址或存储在内存中的地址。例如，当进行条件查询“WHERE salary = 5000”时，会将 5000 通过相同的算法计算出一个哈希码，然后在哈希表中找到对应的存储地址，再根据存储地址取得数据，最后确定这行数据是否是需要查询的数据。在每次查询时都要遍历哈希表，找到对应的哈希码存储地址，因此，在数据量不断增大后，哈希表也会变得越来越大，从而导致查找性能下降，遍历耗时增加。

在默认情况下，MEMORY 存储引擎使用 Hash 索引，但也支持 BTree 索引。

4.1.3 索引的建立和使用

索引的建立有多种时机，可以在创建表的同时进行创建，也可以在创建表之后进行添加。

在创建表的同时创建索引的语法格式如下：

```
CREATE TABLE 表名 (字段名 数据类型 [完整性约束条件], [UNIQUE | FULLTEXT |
SPATIAL] INDEX | KEY [索引名] (字段名 1 [(长度) [ASC | DESC]])]);
```

其中，UNIQUE 表示索引为唯一性索引，是可选的；FULLTEXT 表示索引为全文索引，是可选的；SPATIAL 表示索引为空间索引，是可选的；INDEX 和 KEY 用于指定字段为索引，二者选其一；索引名是给创建的索引取一个新名称，是可选的；字段名是指定索引对应的字段名称，该字段必须是前面定义好的字段；长度指索引的长度，只有字符串类型才可以使用，是可选的；ASC 表示升序排列，是可选的；DESC 表示降序排列，是可选的。

例如，使用如下代码可以在创建 index1 表的同时创建普通索引：

```
CREATE TABLE index1(id INT, name VARCHAR(20), sex BOOLEAN, INDEX(id));
```

使用如下代码可以在创建 index1 表的同时创建唯一性索引：

```
CREATE TABLE index1(id INT, name VARCHAR(20), sex BOOLEAN, UNIQUE INDEX
index1_id(id ASC));
```

使用如下代码可以在创建 index1 表的同时创建全文索引：

```
CREATE TABLE index1(id INT, name VARCHAR(20), sex BOOLEAN, info
VARCHAR(20), FULLTEXT INDEX index1_info(info));
```

也可以使用 ALTER TABLE 语句在创建表之后添加索引。

例如，使用如下代码可以添加普通索引：

```
ALTER TABLE 'index' ADD INDEX index_name('column');
```

使用如下代码可以添加主键索引：

```
ALTER TABLE 'index' ADD PRIMARY KEY ('column');
```

使用如下代码可以添加唯一索引：

```
ALTER TABLE 'index' ADD UNIQUE ('column');
```

使用如下代码可以添加全文索引：

```
ALTER TABLE 'index' ADD FULLTEXT ('column');
```

使用如下代码可以添加多列索引：

```
ALTER TABLE 'index' ADD INDEX index_name('column1', 'column2', 'column3');
```

除了使用 ALTER TABLE 语句，还可以使用 CREATE INDEX 语句添加索引，CREATE INDEX 语句的语法格式如下：

```
CREATE 索引类型 INDEX 索引名 ON 表名 (字段名 1, 字段名 2, …);
```

例如，使用如下代码可以添加唯一索引：

```
CREATE UNIQUE INDEX index_1 ON Test (name);
```

若不想将某列作为索引了，可以采用 DROP INDEX 语句删除索引，DROP INDEX 语句的语法格式如下：

```
DROP INDEX 索引名 ON 表名;
```

例如，使用如下代码可以添加 id 索引：

```
DROP INDEX id ON person;
```

有了索引就有查看索引的语句，查看索引可以使用 SHOW INDEX 语句，SHOW INDEX 语句的语法格式如下：

```
SHOW INDEX FROM 表名;
```

下面举例说明该语句如何使用。假设要创建一个 person 表，该表含有 id、name、sex 等字段，需要将其 id 字段作为普通索引，然后实现“增删改查”操作。

首先，使用如下代码创建这个 person 表，并且增加一条数据：

```
CREATE TABLE person(id INT, name VARCHAR(20), sex BOOLEAN, INDEX(id));
INSERT INTO person VALUES(1,"RICHARD", false);
```

此时查看设置的索引信息，如下图所示。

```
mysql> SHOW INDEX FROM person;
```

Table	Non_unique	Key_name	Seq_in_index	Column_name	Collation	Cardinality	Sub_part	Packed	Null	Index_type	Comment	Index_comment	Visible	Expression
person	1	id	1	id	A	1	NULL	NULL	YES	BTREE			YES	NULL

```
1 row in set (0.00 sec)
```

然后，使用如下代码删除索引：

```
DROP INDEX id ON person;
```

此时查看设置的索引信息，如下图所示。

```
mysql> SHOW INDEX FROM person;
Empty set (0.00 sec)
```

最后，使用如下代码再次创建全文索引：

```
ALTER TABLE person ADD FULLTEXT(name);
```

此时查看设置的索引信息，如下图所示。

```
mysql> SHOW INDEX FROM person;
+--------+------------+----------+--------------+-------------+-----------+-------------+----------+--------+------+------------+---------+---------------+---------+------------+
| Table  | Non_unique | Key_name | Seq_in_index | Column_name | Collation | Cardinality | Sub_part | Packed | Null | Index_type | Comment | Index_comment | Visible | Expression |
+--------+------------+----------+--------------+-------------+-----------+-------------+----------+--------+------+------------+---------+---------------+---------+------------+
| person |          1 | name     |            1 | name        | NULL      |           1 |     NULL |   NULL | YES  | FULLTEXT   |         |               | YES     | NULL       |
+--------+------------+----------+--------------+-------------+-----------+-------------+----------+--------+------+------------+---------+---------------+---------+------------+
1 row in set (0.00 sec)
```

4.1.4 唯一索引和联合索引

创建唯一索引不仅可以提高访问速度，还可以避免数据出现重复。唯一索引可以有多个但索引列的值必须唯一，同时索引列的值允许有空值。如果能确定某个数据列只包含彼此各不相同的值，则在为这个数据列创建索引时应该使用关键字 UNIQUE，并将其定义为唯一索引。

例如，使用如下代码可以在创建表的同时创建唯一索引：

```
CREATE TABLE wb_blog (id smallint(8) unsigned NOT NULL, catid smallint(5) unsigned NOT NULL DEFAULT 0, title VARCHAR(80) NOT NULL DEFAULT '', content text NOT NULL, PRIMARY KEY(id), UNIQUE KEY catename (catid));
```

联合索引又叫复合索引，将两个或更多个列的索引称作复合索引。对于复合索引，MySQL 从左到右地使用索引中的字段，一个查询可以只使用索引中的一部分，但只能是最左侧部分。例如索引为 key index (a,b,c)，则 MySQL 可以支持“a”“a,b”“a,b,c” 3 种组合进行查找，但不支持“b,c”进行查找。当最左侧字段是常量引用时，索引就十分有效。

利用索引中的附加列可以缩小搜索的范围，但使用一个具有两列的索引不同于使用两个单独的索引。复合索引的结构与电话簿类似，人名由姓氏和名字构成，电话簿首先按姓氏对人名进行排序，然后按名字对有相同姓氏的人进行排序。如果我们知道一个人的姓氏，电话簿就很有用；如果我们知道一个人的姓氏和名字，电话簿就更有用；但如果我们只知道一个人的名字却不知道他的姓氏，电话簿就没有用处。

所以，在创建复合索引时，应该仔细考虑列的顺序。在对索引中的所有列执行搜索或仅对前几列执行搜索时，复合索引非常有用；在仅对后面的任意列执行搜索时，复合索引没有用处。

值得注意的是，在使用复合索引时，只要某列中包含 NULL 值，该列就不会被包含在索引中。也就是说，复合索引中只要有一列含有 NULL 值，那么这一列对于此复合索引就是无效的。

例如，使用如下代码可以在创建表的同时创建复合索引：

```
CREATE TABLE test(id INT, name VARCHAR(16) NOT NULL, age INT, KEY mul_index(id, name, age));
```

4.1.5 EXPLAIN 语句

使用 EXPLAIN 语句可以模拟优化器执行 SQL 语句，从而了解 MySQL 是如何处理

SQL 语句的，这样就可以分析查询语句或表结构的性能瓶颈。换句话来说，EXPLAIN 语句可以显示 MySQL 如何使用索引来处理 SELECT 语句和连接表，可以帮助我们选择更好的索引和写出更优化的查询语句。

使用方法：在 SELECT 语句前加上 EXPLAIN，如下图所示。

```
mysql> EXPLAIN SELECT * FROM test;
+----+-------------+-------+--------+---------------+------+---------+------+------+---------------------+
| id | select_type | table | type   | possible_keys | key  | key_len | ref  | rows | Extra               |
+----+-------------+-------+--------+---------------+------+---------+------+------+---------------------+
|  1 | SIMPLE      | test  | system | NULL          | NULL | NULL    | NULL |    0 | const row not found |
+----+-------------+-------+--------+---------------+------+---------+------+------+---------------------+
1 row in set (0.00 sec)
```

EXPLAIN 语句的列的各个值的解释如下表所示。

列　名	说　明
id	执行编号，标识 SELECT 语句所属的行。如果在语句中没有子查询或关联查询，只有唯一的查询，则每行都将显示 1。否则，内层的 SELECT 语句一般会顺序编号，对应于其在原始语句中的位置
select_type	显示本行是简单或复杂查询。如果查询有任何复杂的子查询，则最外层标记为 PRIMARY（DERIVED、UNION、UNION RESUlT）
table	访问引用哪个表（引用某个查询，如 derived3）
type	数据访问/读取操作类型（ALL、index、range、ref、eq_ref、const、system、NULL）
possible_keys	显示哪一些索引可能有利于高效的查找
key	显示 MySQL 决定采用哪个索引来优化查询
key_len	显示 MySQL 在索引里使用的字节数
ref	显示之前的表在 key 列记录的索引中查找值所用的列或常量
rows	显示为了找到所需的行而需要读取的行数，属于估算值，不精确。通过把所有 rows 列值相乘，可粗略估算整个查询会检查的行数
Extra	显示额外信息，如 Using index、Using filesort 等

1. id

id 列是用来顺序标识整个查询中的 SELECT 语句的，在嵌套查询中 id 值越大的语句越先执行。该值可能为 NULL，表示这一行用来说明的是其他行的联合结果。

2. select_type

select_type 列表示查询的类型，该列可能的值如下表所示。

类　型	说　明
SIMPLE	简单查询，不包含子查询和 UNION 查询
PRIMARY	包含 UNION 或者子查询，最外层的部分标记为 PRIMARY
SUBQUERY	一般子查询中的子查询被标记为 SUBQUERY，也就是位于 SELECT 列表中的查询
DERIVED	派生表，该临时表是从子查询派生出来的，位于 FROM 中的子查询
UNION	位于 UNION 中第二个及其以后的子查询被标记为 UNION，第一个被标记为 PRIMARY，如果是 UNION 位于 FROM 中，则标记为 DERIVED
UNION RESULT	用来从匿名临时表里检索结果的 SELECT 被标记为 UNION RESULT

续表

类　　型	说　　明
DEPENDENT UNION	顾名思义，需要满足 UNION 的条件，以及 UNION 中第二个及其后面的 SELECT 语句，同时该语句依赖外部的查询
SUBQUERY	子查询中第一个 SELECT 语句
DEPENDENT SUBQUERY	和 DEPENDENT UNION 相对 UNION 一样

3．table

table 列对应行正在访问的表，值为表名或别名。关联优化器会为查询选择关联顺序，左侧深度优先。

当 FROM 中有子查询时，表名是“derivedN”的形式，“N”指向子查询，也就是 EXPLAIN 结果中的下一列。

当 FROM 中有 UNION RESULT 时，表名是“union 1,2”等的形式，“1,2”表示参与 UNION 的查询 id。

4．type

type 列显示的是访问类型，是较为重要的一个指标。type 列常见的类型如下表所示。

类型	说　　明
All	最坏的情况，全表扫描
index	和全表扫描一样。只是在扫描表时按照索引次序进行而不是按照行进行。主要优点就是避免了排序，但是开销仍然非常大。如在 Extra 列看到 Using index，说明正在使用覆盖索引，只扫描索引的数据，它比按索引次序进行全表扫描的开销要小很多
range	范围扫描，一个有限制的索引扫描。key 列显示使用了哪个索引。当使用=、<>、>、>=、<、<=、IS NULL、<=>、BETWEEN 或 IN 操作符，用常量比较关键字列时，可以使用 range 类型
ref	一种索引访问，它返回所有匹配某个单个值的行。此类索引访问只有在使用非唯一性索引或唯一性索引非唯一性前缀时才会发生。ref 类型与 eq_ref 所不同的是，它用于在关联操作中只使用索引的最左前缀，或者索引不是 UNIQUE 和 PRIMARY KEY 的情况。ref 可以用于使用“=”或“<=>”操作符的带索引的列
eq_ref	最多只返回一条符合条件的记录，在使用唯一性索引或主键查找时会发生（高效）
const	当确定最多只会有一行匹配时，MySQL 优化器会在查询前读取它而且只读取一次，因此非常快。当主键放入 WHERE 子句时，MySQL 把这个查询转为一个常量（高效）
system	这是 const 连接类型的一种特例，表中仅有一行满足条件
NULL	表示 MySQL 能在优化阶段分解查询语句，在执行阶段甚至用不到访问表或索引（高效）

5．possible_keys

possible_keys 列显示查询使用了哪些索引，表示该索引可以进行高效的查找，但是列出来的索引对于后续优化过程可能是没有用的。

6．key

key 列显示 MySQL 实际使用的键（索引）。如果没有选择索引，则键是 NULL。如果要强制 MySQL 使用或忽视 possible_keys 列中的索引，则在查询中使用 FORCE INDEX、

USE INDEX 或 IGNORE INDEX 类型。

7. key_len

key_len 列显示 MySQL 使用的键长度。如果键是 NULL，则长度为 NULL。在不损失精确性的情况下，使用的索引的长度越短越好。

8. ref

ref 列显示使用哪个列或常数与 key 列一起从表中选择行。

9. rows

rows 列显示 MySQL 在执行查询时必须检查的行数。注意这是一个预估值。

10. Extra

Extra 列是 EXPLAIN 语句中另外一个很重要的列，该列显示 MySQL 在查询过程中的一些详细信息，以及 MySQL 查询优化器在执行查询的过程中对查询计划的重要补充信息。常见的类型如下表所示。

类　型	说　明
Using filesort	MySQL 有两种方式可以生成有序的结果，即通过排序操作或者使用索引，当 Extra 列中出现了 Using filesort 时，说明 MySQL 使用了后者。需要注意的是，虽然名称为 filesort 但并不是说明就是用了文件来进行排序，排序都是在内存里完成的。大部分情况下利用索引排序更快，所以一般这时要考虑优化查询。使用文件完成排序操作，可能是 ORDER BY 或 GROUP BY 语句的执行结果。这可能是一个 CPU 密集型的过程，可以通过选择合适的索引来改进性能，用索引来为查询结果排序
Using temporary	用临时表保存中间结果，常用于 GROUP BY 和 ORDER BY 语句操作中，一般看到它说明查询需要优化，就算避免不了临时表的使用也要尽量避免硬盘临时表的使用
Not exists	MySQL 优化了 LEFT JOIN，一旦它找到了匹配 LEFT JOIN 标准的行，就不再搜索了
Using index	说明查询是覆盖索引的，不需要读取数据文件，从索引树（索引文件）中即可获得信息。如果同时出现 Using where，则表明索引被用来执行索引键值的查找；如果没有出现 Using where，则表明索引用来读取数据而非执行查找动作。这是由 MySQL 服务层完成的，无须再回表查询记录
Using index condition	这是 MySQL 5.6 的新特性，叫作“索引条件推送”。简单来说，就是 MySQL 原来在索引上是不能执行如 LIKE 子句这样的操作的，但是现在可以了，这样就减少了不必要的 I/O 操作，但是只能用在二级索引上
Using where	使用了 WHERE 子句来限制哪些行将与下一张表匹配，或者是返回给用户。注意：Extra 列出现 Using where 表示 MySQL 服务器将存储引擎返回服务层以后再应用 WHERE 条件过滤
Using join buffer	使用了连接缓存：Block Nested Loop，连接算法是块嵌套循环连接；Batched Key Access，连接算法是批量索引连接
impossible where	WHERE 子句的值总是 false，不能用来获取任何元组
select tables optimized away	在没有 GROUP BY 子句的情况下，基于索引优化 MIN/MAX 操作，或者对于 MyISAM 存储引擎优化 COUNT(*)操作，不必等到执行阶段再进行计算，查询执行计划生成的阶段即完成优化
distinct	优化 DISTINCT 操作，在找到第一匹配的元组后即停止查找同样值的动作

4.1.6 EXPLAIN 语句分析案例

首先来看 EXPLAIN 语句是如何得出一条语句的执行顺序的，语法格式如下：

```
explain select d1.name, (select id from t3) d2 from (select id,name from
t1 where other_column = '') d1 union (select name,id from t2);
```

执行结果如下图所示。

```
mysql> explain select d1.name, (select id from t3) d2
    -> from (select id, name from t1 where other_column = '') d1
    -> union
    -> (select name, id from t2);
+------+--------------+------------+--------+---------------+---------+---------+------+------+-------------+
| id   | select_type  | table      | type   | possible_keys | key     | key_len | ref  | rows | Extra       |
+------+--------------+------------+--------+---------------+---------+---------+------+------+-------------+
|    1 | PRIMARY      | <derived3> | system | NULL          | NULL    | NULL    | NULL |    1 |             |
|    3 | DERIVED      | t1         | ALL    | NULL          | NULL    | NULL    | NULL |    1 | Using where |
|    2 | SUBQUERY     | t3         | index  | NULL          | PRIMARY | 4       | NULL |    1 | Using index |
|    4 | UNION        | t2         | ALL    | NULL          | NULL    | NULL    | NULL |    1 |             |
| NULL | UNION RESULT | <union1,4> | ALL    | NULL          | NULL    | NULL    | NULL | NULL |             |
+------+--------------+------------+--------+---------------+---------+---------+------+------+-------------+
5 rows in set (0.01 sec)
```

上面的执行结果解释如下所述。

（1）id 列的值表示整个查询的第几个 SELECT 语句。

（2）第 1 行 id 为 1，表示第 1 个 SELECT 语句；select_type 列值为 PRIMARY，表示为最外层的查询；table 列为 derived3，表示查询结果来自第 3 个 SELECT 查询的衍生表。

（3）第 2 行 id 为 3，表示第 3 个 SELECT 语句部分，即“select id, name from t1 where …”；select_type 列为 DERIVED，是因为查询包含在 FROM 中；table 列为 t1。

（4）第 3 行 id 为 2，表示第 2 个 SELECT 语句部分，即“select id from t3”；select_type 列为 SUBQUERY，表示为子查询；table 列为 t3。

（5）第 4 行 id 为 4，表示第 4 个 SELECT 语句部分，即“select name, id from t2”；select_type 列为 UNION，表示是连接查询的后一个查询；table 列为 t2。

（6）第 5 行 id 为 NULL，表示非某个实际的 SELECT 语句，是临时表查询；select_type 列为 UNION RESULT，表示从 UNION 的临时表中读取结果；table 列为<union1,4>，表示用第 1 个和第 4 个 SELECT 的结果进行 UNION 操作。

4.1.6.1 案例一

通过学习前文对 EXPLAIN 语句的讲解，下面我们来举例说明，如何使用 EXPLAIN 语句对 SQL 语句进行优化。为了方便地演示 EXPLAIN 语句的使用，创建两个测试用表，并添加相应的数据。

测试表一建表语句为：

```
create table user_info(
id BIGINT(20) NOT NULL AUTO_INCREMENT,
name VARCHAR(50),
```

```
age INT(11),
PRIMARY KEY (id),
KEY name_index(name)
)
ENGINE = InnoDB
DEFAULT CHARSET = utf8
```

随后插入几条数据，语句如下：

```
insert into user_info (name,age)  values ('xys',20);
insert into user_info (name,age)  values ('a',21);
insert into user_info (name,age)  values ('b',23);
insert into user_info (name,age)  values ('c',50);
insert into user_info (name,age)  values ('d',15);
insert into user_info (name,age)  values ('e',20);
insert into user_info (name,age)  values ('f',21);
insert into user_info (name,age)  values ('g',23);
insert into user_info (name,age)  values ('h',50);
insert into user_info (name,age)  values ('i',15);
```

测试表二建表语句为：

```
create table order_info(
id BIGINT(20) NOT NULL AUTO_INCREMENT,
user_id BIGINT(20),DEFAULT NULL,
product_name VARCHAR(50),
productor VARCHAR(30),
PRIMARY KEY (id),
KEY user_porduct_detail_index (user_id, product_name, productor)
)
ENGINE = InnoDB
DEFAULT CHARSET = utf8
```

随后插入几条数据，语句如下：

```
insert into order_info (user_id,product_name,productor) values (1,'p1',
'WHH');
insert into order_info (user_id, product_name,productor) values (1,'p2',
'WL');
insert into order_info (user_id, product_name,productor) values (1,'p1',
'DX');
insert into order_info (user_id, product_name,productor) values (1,'p1',
'WHH');
insert into order_info (user_id, product_name,productor) values (1,'p5',
'WL');
insert into order_info (user_id, product_name,productor) values (1,'p3',
'MA');
insert into order_info (user_id, product_name,productor) values (1,'p1',
'WHH');
insert into order_info (user_id, product_name,productor) values (1,'p1',
```

```
'WHH');
   insert into order_info (user_id, product_name,productor) values (1,'p8',
'TE');
```

然后使用 EXPLAIN 语句，语法格式如下：

```
EXPLAIN SELECT * FROM user_info WHERE id = 2\G
```

输出结果如下图所示。

```
mysql> explain select * from user_info where id = 2\G
*************************** 1. row ***************************
           id: 1
  select_type: SIMPLE
        table: user_info
   partitions: NULL
         type: const
possible_keys: PRIMARY
          key: PRIMARY
      key_len: 8
          ref: const
         rows: 1
     filtered: 100.00
        Extra: NULL
1 row in set, 1 warning (0.00 sec)
```

在上图中，EXPLAIN 语句输出结果中的 select_type 字段表示查询的类型，它的常用取值参见上一节相关内容。

最常见的查询类别是 SIMPLE，比如，当我们的查询没有子查询，也没有 UNION 查询时，那么通常就是 SIMPLE 类型，如上面的案例。而如果我们使用了 UNION 查询，则 EXPLAIN 语句输出的结果如下图所示。

id	select_type	table	type	possible_keys	key	key_len	ref	rows	Extra
1	PRIMARY	user_info	range	PRIMARY	PRIMARY	8	NULL	3	Using where
2	UNION	user_info	range	PRIMARY	PRIMARY	8	NULL	3	Using where
NULL	UNION RESULT	<union1,2>	ALL	NULL	NULL	NULL	NULL	NULL	Using temporary

3 rows in set (0.00 sec)

上面使用 UNION 查询，EXPLAIN 语句输出结果中的 table 字段表示查询涉及的表或衍生表；type 字段比较重要，它提供了判断查询是否高效的重要依据。通过 type 字段的值，我们可以判断此次查询是全表扫描还是索引扫描。

type 字段的常用类型参见上一节相关内容。其结果值从好到坏依次为：

system > const > eq_ref > ref > fulltext > ref_or_null > index_merge > unique_subquery > index_subquery > range > index > ALL

接下来，对 type 字段的几种常用取值做详细说明。

- system：表中只有一条数据，这个类型是特殊的 const 类型。
- const：针对主键或唯一索引的等值查询扫描，最多只返回一行数据。const 查询速度非常快，因为它只需读取一次即可。比如，WHERE ID = 2（ID 是主键，值为 2 的要么有一条要么一条也没有）。

- eq_ref：参与连接运算的表是内表（在代码实现的算法中，在两表连接时作为循环中的内循环遍历的对象，这样的表被称为内表）。基于索引（连接字段上存在唯一索引或主键索引，且操作符必须是“=”，索引值不能为 NULL）做扫描，使得内表只有唯一一条元素与外表的一条元素对应。
- ref：可以用于单表扫描或连接。参与连接运算的表是内表。基于索引（连接字段上的索引是非唯一索引，操作符必须是“=”，连接字段值不可为 NULL）做扫描，使得内表可有若干条元素与外表的一条元素对应。
- range：表示使用索引范围查询，通过索引字段范围获取表中部分数据记录。这个类型通常出现在 =、<>、>、>=、<、<=、IS NULL、<=>、BETWEEN、IN()等操作中。当 type 字段的值是 range 时，EXPLAIN 语句输出的 ref 字段的值为 NULL，并且 key_len 字段的值是此次查询中使用到的索引中最长的那个。
- index：表示全索引扫描（full index scan），和 ALL 类型类似，只不过 ALL 类型是全表扫描，而 index 类型仅扫描所有的索引不扫描数据。index 类型通常出现以下情况：所要查询的数据直接在索引树中就可以获取到，而不需要扫描数据。当发生这种情况时，Extra 字段会显示 Using index，如下图所示。

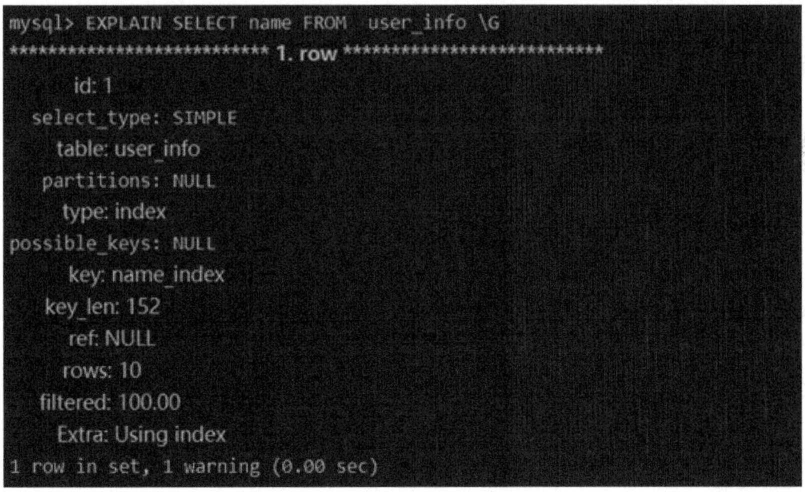

```
mysql> EXPLAIN SELECT name FROM  user_info \G
*************************** 1. row ***************************
           id: 1
  select_type: SIMPLE
        table: user_info
   partitions: NULL
         type: index
possible_keys: NULL
          key: name_index
      key_len: 152
          ref: NULL
         rows: 10
     filtered: 100.00
        Extra: Using index
1 row in set, 1 warning (0.00 sec)
```

在上述例子中，我们查询的 name 字段恰好是一个索引，因此我们直接从索引中获取数据就可以满足查询需求，而不需要查询表中的数据。因此，在这样的情况下，type 字段的值是 index，并且 Extra 字段的值是 Using index。

- ALL：表示全表扫描，这个类型的查询是性能较差的查询之一。通常来说，我们的查询不应该出现 ALL 类型的查询，因为这样的查询在数据量大的情况下，对数据库的性能是巨大的“灾难”。如果一个查询是 ALL 类型查询，那么一般来说可以对相应的字段添加索引来避免。

下图所示的查询是一个全表扫描的例子，可以看到，在全表扫描时，possible_keys 和 key 字段的值都是 NULL，表示没有使用索引。

```
mysql> EXPLAIN SELECT age FROM  user_info WHERE age = 20 \G
*************************** 1. row ***************************
           id: 1
  select_type: SIMPLE
        table: user_info
   partitions: NULL
         type: ALL
possible_keys: NULL
          key: NULL
      key_len: NULL
          ref: NULL
         rows: 10
     filtered: 10.00
        Extra: Using where
1 row in set, 1 warning (0.00 sec)
```

在 EXPLAIN 语句输出结果中，possible_keys 字段表示 MySQL 在查询时能够使用到的索引。需要注意的是，即使有些索引在 possible_keys 字段中出现，但是并不表示此索引会被 MySQL 使用。MySQL 在查询时具体使用了哪些索引，由 key 字段决定。key 字段是 MySQL 在当前查询时所使用的索引。key_len 字段表示查询优化器使用了索引的字节数。这个字段可以评估组合索引是否完全被使用，或者只有最左部分字段被使用。key_len 字段的计算规则如下所述。

字符串类型长度计算规则如下表所示。

类　型	长　度
CHAR(n)	n 字节长度
VARCHAR(n)	如果是 utf8 编码，则是 3n+2 字节；如果是 utf8mb4 编码，则是 4n+2 字节

数值类型长度计算规则如下表所示。

类　型	长　度
TINYINT	1 字节
SMALLINT	2 字节
MEDIUMINT	3 字节
INT	4 字节
BIGINT	8 字节

时间类型长度计算规则如下表所示。

类　型	长　度
DATE	3 字节
TIMESTAMP	4 字节
DATETIME	8 字节

在字段属性中，NULL 属性占用一个字节，如果一个字段是 NOT NULL 的，则没有此属性。

例如下图所示的查询。

```
mysql>EXPLAIN SELECT * FROM order_info WHERE user_id < 3 AND product_name = 'p1'
 AND productor = 'pr1'
************************ 1,row ************************

           id: 1
  select_type: SIMPLE
        table: order_info
   partitions: NULL
         type: range
possible_keys: user_product_detail_index
          key: user_product_detail_index
      key_len: 9
          ref: NULL
         rows: 5
     filtered: 11.11
        Extra: Using where; Using index
1 rows in set, 1 waring (0.00 sec)
```

上述示例是从表 order_info 中查询指定的内容，而我们从此表的建表语句中可以知道，表 order_info 有一个联合索引，代码如下：

```
KEY user_product_detail_index (user_id, product_name, productor)
```

然而，在查询语句“WHERE user_id < 3 AND product_name = 'p1' AND productor = 'WHH'”中，因为先进行 user_id 的范围查询，而根据最左前缀匹配原则，当遇到范围查询时，就停止索引的匹配，所以我们实际上使用的索引的字段只有 user_id，而且在 EXPLAIN 语句中，显示的 key_len 字段的值为 9。因为 user_id 字段类型为 BIGINT，占用 8 个字节，而 NULL 属性占用 1 个字节，所以一共是 9 个字节。若我们将 user_id 字段改为 BIGINT(20) NOT NULL DEFAULT '0'，则 key_len 字段的值应该是 8。

上述示例由于最左前缀匹配原则，我们的查询仅仅使用了联合索引的 user_id 字段，因此效率不算高。接下来，我们看下一个示例，如下图所示。

```
mysql>EXPLAIN SELECT * FROM order_info WHERE user_id = 1 AND product_name = 'p1'

************************ 1,row ************************

           id: 1
  select_type: SIMPLE
        table: order_info
   partitions: NULL
         type: ref
possible_keys: user_product_detail_index
          key: user_product_detail_index
      key_len: 161
          ref: const,const
         rows: 2
     filtered: 100.00
        Extra: Using index
1 rows in set, 1 waring (0.00 sec)
```

在这次的查询中，我们没有使用范围查询，key_len 字段的值为 161，为什么呢？因为在查询条件“WHERE user_id = 1 AND product_name = 'p1'”中，仅仅使用了联合索引中的前两个字段，所以“key_len(user_id) + key_len(product_name) = 9 + 50 * 3 + 2 = 161”。

在 EXPLAIN 语句的执行结果中，rows 也是一个重要的字段。此字段代表 SQL 语句要查找到结果集需要扫描读取的数据行数，MySQL 会根据查询优化器的统计信息进行估算。通过此字段的值可以判断 SQL 语句的效率高低，原则上 rows 字段的值越小越好。

EXPLAIN 语句中的很多额外信息会在 Extra 字段显示，常见的有以下几种内容。

- Using filesort：当 Extra 字段中有 Using filesort 时，表示 MySQL 需要额外的排序操作，不能通过索引顺序达到排序效果。一般有 Using filesort 都建议删除，因为这样的查询对 CPU 资源消耗大。

例如下图所示的查询。

```
mysql> EXPLAIN SELECT * FROM order_info ORDER BY product_name \G
*************************** 1. row ***************************
           id: 1
  select_type: SIMPLE
        table: order_info
   partitions: NULL
         type: index
possible_keys: NULL
          key: user_product_detail_index
      key_len: 253
          ref: NULL
         rows: 9
     filtered: 100.00
        Extra: Using index; Using filesort
1 row in set, 1 warning (0.00 sec)
```

设置的索引如下：

```
KEY user_product_detail_index (user_id, product_name, productor)
```

但是上面的查询是根据 product_name 来排序的，因此不能使用索引进行优化，从而会产生 Using filesort 。

如果我们将排序依据改为“ORDER BY user_id, product_name”，则不会出现 Using filesort。

- Using index：“覆盖索引扫描”表示查询在索引树中就可查找所需数据，不用扫描表数据文件，往往说明性能不错。
- Using temporary：查询有使用临时表，一般出现在排序、分组和多表 JOIN 的情况下，查询效率不高，建议优化。

4.1.6.2 案例二

假设我们有一个学生信息表 student，其中包含主键 id、学生姓名 sname、性别 sex、年龄 age、班级 id、身份证号码 idnumber 和学历 education 字段。同时我们还有一个班级表 class，其中包含班级 id 和班级名字 cname 字段。我们首先创建表，创建语句可以参考前面小节的内容。下面我们来解决以下 5 个问题。

（1）查询 5 班的班级人数。

（2）查询 5 班男生人数。

（3）查询 5 班男生中年龄最小的 10 人。

（4）查询 5 班男生和女生各多少人。

（5）查询学生 id 为 99999 的班级名称。

解决方案如下所述。

执行 EXPLAIN 查询语句：

```
EXPLAIN SELECT COUNT(*) as num FROM student WHERE classid=5;
```

但是在数据量比较大的情况下，上述方法的查询效率会比较低，所以我们先创建索引，语句如下：

```
CREATE INDEX classid_i ON student(classid);
```

然后再使用正常的查询语句，这样效率就会大大提高。

接着执行查询语句：

```
EXPLAIN SELECT COUNT(*) FROM student WHERE classid=5 AND sex=1;
```

通过使用 EXPLAIN 语句可以发现，查询速度不算慢，但是可不可以继续优化呢？有人想到再创建一个索引在 sex 字段上。但是遗憾的是 SQL 语句在利用索引查询时，只允许同时使用一个索引，也就是选择了 classid 的索引就不能选择 sex 的索引，选择了 sex 的索引就不能选择 classid 的索引。此时该怎么解决呢？我们可以使用复合索引（联合索引），创建联合索引语句如下：

```
CREATE INDEX classid_i ON student(classid, sex);
```

然后再使用正常的查询语句。其实此时我们就可以得出一个结论：在关键字 WHERE 后出现的字段应该创建索引，如果出现多个字段，则可以创建联合索引。

接着再执行如下查询语句：

```
EXPLAIN SELECT * FROM student WHERE classid=5 AND sex=1 ORDER BY age ASC
LIMIT 10;
```

通过使用 EXPLAIN 语句可以发现，这样会出现一个问题——表外排序，和前面案例一是同一种情况，那么我们怎么解决呢？可以通过创建一个包含 age 字段的联合索引来解决这个问题。语句如下：

```
CREATE INDEX classid_sex_age_i ON student(classid, sex,age);
```

然后再执行正常的查询语句。所以这里也可以总结出一个结论：在关键字 ORDER BY 后出现的字段应该添加索引，如果出现多个字段，则应该创建联合索引。

然后执行如下查询语句：

```
EXPLAIN SELECT COUNT(*),sex FROM student WHERE classid=5 GROUP BY sex;
```

通过使用 EXPLAIN 语句可以发现，该查询语句的性能是非常高的，因为这个查询语句使用了索引，使用的索引是 classid_sex_age 这个索引。由此我们可以得出一个结论：在关键字 GROUP BY 后出现的字段应该添加索引，如果出现多个字段，则要添加联合索引。

最后执行如下语句：

```
EXPLAIN SELECT c.cname FROM student AS s JOIN class AS c ON s.classid =
c.id WHERE s.id = 99999;
```

通过使用 EXPLAIN 语句可以发现，该语句使用了主键索引，执行查询效率是非常高的。由此可知，表的外键要创建索引，因为我们在进行查询时，一般都是根据外键进行联合查询的。

4.1.7 MySQL 优化

MySQL 的优化大体可以分为 3 部分，即索引的优化、SQL 语句的优化和表的优化。下面分别介绍这 3 种优化。

1. 索引优化

（1）只要列中含有 NULL 值，就最好不要在此列设置索引，这是因为在复合索引中如果有 NULL 值，则此列在使用时不会使用索引。

（2）尽量使用短索引，如果可以，应该制定一个前缀长度。

（3）最佳左前缀法则：如果索引了多列，则查询要从最左前列开始且不跳过索引中的列。

（4）尽量不在索引列上做任何运算操作（计算、函数、自动或手动转化），会导致索引失效而转向全表扫描。

（5）储存引擎不能使用索引中范围条件右边的列。

（6）尽量使用覆盖索引，减少“select*”。覆盖索引指的是查询列要被所建的索引覆盖，也就是说，查询的数据列从索引中就可以全部获得，不必读取数据行。覆盖索引包括了数据查询 SELECT、JOIN 和 WHERE 语句用到的所有列，即索引的字段正好是覆盖查询条件中所涉及的所有字段。

（7）MySQL 在使用不等于（“！=”或“<>”）时无法使用索引，而且会导致全表扫描（MySQL 5.7 后此条失效）。

（8）“IS NULL”“IS NOT NULL”也无法使用索引。

（9）对于 LIKE 语句，以通配符开头（如'%abc...'）会使 MySQL 索引失效并变成全表扫描的操作，以“%”结尾会使用索引。

（10）字符串不加单引号，索引会失效。如果字符串列中的值是数字，则可以通过整型查询出结果，因为底层会自动进行类型转换，但是不进行索引。如果这条语句加锁了，则会从行锁变成表锁，严重影响性能。

（11）尽量不要使用“not in”和“<>”操作。

（12）对于 MySQL 索引的使用有如下几点建议。

- 对于单值索引，尽量选择针对当前 query 过滤性更好的索引。
- 在选择组合索引时，当前 query 中过滤性更好的索引在字段顺序中越靠前越好。
- 在选择组合索引时，尽量选择能够包含当前 query 中的 WHERE 子句中更多的索引。
- 选择合适索引可以通过分析统计信息和调整 query 的写法来实现。

2. SQL 语句优化

（1）在查询时，能不用“*”就不用“*”，尽量写全字段名。

（2）在多表连接时，尽量利用小表驱动大表，即小表 JOIN 大表。

（3）在千万级分页时，尽量使用 LIMIT 语句。

（4）使用 EXPLAIN 语句优化 SQL 语句的注意事项如下。

- id 列的值相同，执行顺序由上而下。
- id 列的值不同，id 列的值越大优先级越高，越先被执行（嵌套查询括号越深，越先执行）。
- type 列：结论最好到最差依次为 system > const > eq_ref>ref >range > index > ALL，最好能优化到 range 级别或 ref 级别。
- key 列：在查询中真正使用的索引，如果该列的值为 NULL，则不使用索引。
- key_len 列：索引中使用的字节数越短越好，可通过该列计算查询中使用的索引的最大可能长度。
- ref 列：显示索引的哪一列被使用了，如果可能的话，是一个常数。
- rows 列：根据表统计信息及索引选用的情况，估算出所需记录要读取的行数（有多少行记录被优化器读取），行数越少估算速度就越快，是一个重要的优化指标。
- Extra 列：Using filesort 是 MySQL 中一种速度比较慢的外部排序，尽量避免出现 Using filesort，通常我们可以通过优化索引来尽量避免出现 Using filesort，从而提高速度。

（5）使用 JOIN 语句优化 SQL 语句的注意事项如下所述。

- 尽可能减少 JOIN 语句中嵌套循环的总次数，永远用小的结果集驱动大的结果集。
- 优先优化 Nested Loop 的内层循环。

- 保证 JOIN 语句中被驱动表上 JOIN 条件字段已经被索引。
- 当无法保证被驱动表的 JOIN 条件字段被索引且内存资源充足的前提下，可以调高 join buffer 设置。

3. SQL 表优化

（1）表的字段尽可能用 NOT NULL。

（2）字段长度固定的表在查询时会更快。

（3）把数据库的大表按时间或一些标志分成小表。

（4）将表分区。

4.2 数据库分区

4.2.1 分区概述

如果一个表的数据量太大，不仅查找数据的效率低，而且难以找到一块集中的存储空间来存放。为了解决这个问题，数据库推出了分区的功能。分区是在物理层面将一个表分割成许多个小块进行存储，这样我们在查找数据时，就不需要进行全表查找了，只需要知道这条数据所在的块号，然后根据块号直接定位后，去相应的块号找即可。另外，分区也可以将数据分配到不同的磁盘中，以解决一块磁盘放不下整个表的问题。

例如，每个人的 QQ 空间中都有一个日志功能，每个人每天都可以发表很多条日志。

假设有 100 万人（实际人数更多）每天只发表一条日志，那么 3 年的日志数据量为 100 万×365×3=109500 万，也就是大约 11 亿的数据量。此时，只使用索引无法提高查询性能，所以要使用表的分区存储功能。

MySQL 从 5.1 版本开始支持数据库表的分区。分区是指按照一定的规则，将一个表分解成多个小的、易于管理的部分。通俗来讲，分区是将一个大表根据条件分割成若干个小表。例如，3 年的 QQ 空间日志数据量大约为 11 亿条，那么就可以根据日期将其进行分区储存，也可以根据用户所在地将其进行分区储存等。

MySQL 分区的优点和缺点如下表所示。

优　点	缺　点
可以存储更多的数据； 优化查询； 对于不需要的数据可通过删除区块快速删除； 跨多个磁盘来分散数据查询，可获得更大的查询吞吐量； 易于管理数据量大的表	一个表最多只能有 1024 个分区； 在 MySQL 5.1 中，分区表达式必须为整数或返回整数，而在 MySQL 5.5 以后可以使用非整数，即其他的数据类型（并不是所有的数据类型）来分区； 分区表无法使用外键约束

MySQL 可以通过以下命令来确定当前的 MySQL 是否支持分区。

（1）对于 MySQL 5.6 以下的版本要使用如下命令：

```
show variables like '%partition%';
```

如果看到变量 have_partition_engine 的值为 YES，则数据库支持分区，如下图所示。

```
mysql> SHOW VARIABLES LIKE '%partition%';
+-----------------------+-------+
| Variable_name         | Value |
+-----------------------+-------+
| have_partition_engine | YES   |
+-----------------------+-------+
1 row in set (0.00 sec)
```

（2）对于 MySQL 5.6 及以上版本要使用如下命令：

```
show plugins;
```

当看到有 partition 且 status 是 ACTIVE 时，表示支持分区，如下图所示。

```
| INNODB_SYS_FIELDS          | ACTIVE | INFORMATION_SCHEMA | NULL | GPL |
| INNODB_SYS_FOREIGN         | ACTIVE | INFORMATION_SCHEMA | NULL | GPL |
| INNODB_SYS_FOREIGN_COLS    | ACTIVE | INFORMATION_SCHEMA | NULL | GPL |
| INNODB_SYS_TABLESPACES     | ACTIVE | INFORMATION_SCHEMA | NULL | GPL |
| INNODB_SYS_DATAFILES       | ACTIVE | INFORMATION_SCHEMA | NULL | GPL |
| PERFORMANCE_SCHEMA         | ACTIVE | STORAGE ENGINE     | NULL | GPL |
| partition                  | ACTIVE | STORAGE ENGINE     | NULL | GPL |
```

4.2.2 MySQL 分区的依据

我们来看以下示例，创建一个 QQ 空间的日志表，建表语句如下：

```
CREATE table blog(
id int unsigned key auto_increment,
title varchar(255);
content text,
userid int,
pubtime int
);
```

插入部分数据，语句如下：

```
INSERT INTO blog(title,content,userid,pubtime) values('t1', 'c1',1,
1526549948);
INSERT INTO blog(title,content,userid,pubtime) values('t2', 'c2',2,
1526549948);
INSERT INTO blog(title,content,userid,pubtime) values('t3', 'c3',3,
1526549948);
INSERT INTO blog(title,content,userid,pubtime) values('t4', 'c4',4,
1526549948);
INSERT INTO blog(title,content,userid,pubtime) values('t5', 'c5',5,
1526549948);
INSERT INTO blog(title,content,userid,pubtime) values('t6', 'c6',6,
1526549948);
```

```
INSERT  INTO  blog(title,content,userid,pubtime)  values('t7',  'c7',7,
1526549948);
INSERT  INTO  blog(title,content,userid,pubtime)  values('t8',  'c8',8,
1526549948);
......
```

假设根据表的 id 进行分区，1～5 存在表 blog_1 中，6～10 存在表 blog_2 中，11～15 存在表 blog_3 中，分区信息如下图所示。

id	title	content	userid	pubtime
1	t1	c1	1	1526549948
2	t2	c2	2	1526549948
3	t3	c3	3	1526549948
4	t4	c4	3	1526549948
5	t5	c5	5	1526549948
6	t6	c6	4	1526549948
7	t7	c7	4	1526549948
8	t8	c8	3	1526549948
9	t9	c9	3	1526549948
10	t10	c10	1	1526549948
11	t11	c11	2	1526549948
12	t12	c12	3	1526549948
13	t13	c13	4	1526549948
14	t14	c14	5	1526549948
15	t15	c15	1	1526549948

然后查询 userid=3 的记录，查询语句如下：

```
SELECT * FROM blog_1 WHERE userid=3
union
SELECT * FROM blog_2 WHERE userid=3
union
SELECT * FROM blog_3 WHERE userid=3;
```

采用 UNION 连接符的方法查询字段 userid=3 的记录，由于我们是根据表 id 进行的分区，此时在分区表中查询字段 userid=3 的记录会创建多个临时表，造成性能下降。因此，要想提高查询性能，必须保证一个人的信息在一个表中。

所以，分区存储的原则为：页面展示数据根据哪个字段查询就根据相应字段拆分。这样可以保证在查询时只查一个表，而不是查多个表。

4.2.3 分区类型

MySQL 分区主要包括以下 4 种类型。

1．RANGE 分区

RANGE 分区是基于一个给定连续区间范围，把数据分配到不同的分区。

示例 1：根据 userid 的范围进行 RANGE 分区。

根据 userid 的范围：

userid<=3;

userid<=6;

RANGE 分区使用前提：分区字段的值增量不是很大。

id	title	content	userid	pubtime
1	t1	c1	1	1526549948
2	t2	c2	2	1526549948
3	t3	c3	3	1526549948
4	t4	c4	3	1526549948
5	t5	c5	5	1526549948
6	t6	c6	4	1526549948
7	t7	c7	4	1526549948
8	t8	c8	3	1526549948
9	t9	c9	3	1526549948
10	t10	c10	1	1526549948
11	t11	c11	2	1526549948
12	t12	c12	3	1526549948
13	t13	c13	4	1526549948
14	t14	c14	5	1526549948
15	t15	c15	1	1526549948

2. LIST 分区

LIST 分区类似于 RANGE 分区，区别在于 LIST 分区是基于列值匹配一个离散值集合中的某个值来选择分区，RANGE 分区是基于给定连续区间范围来选择分区。

示例 2：根据 userid 的值进行 LIST 分区。

根据userid中的某个值分区：

userid=1

userid=2

userid=3

userid=4

userid=5

保障值不重新扩展

id	title	content	userid	pubtime
1	t1	c1	1	1526549948
2	t2	c2	2	1526549948
3	t3	c3	3	1526549948
4	t4	c4	3	1526549948
5	t5	c5	5	1526549948
6	t6	c6	4	1526549948
7	t7	c7	4	1526549948
8	t8	c8	3	1526549948
9	t9	c9	3	1526549948
10	t10	c10	1	1526549948
11	t11	c11	2	1526549948
12	t12	c12	3	1526549948
13	t13	c13	4	1526549948
14	t14	c14	5	1526549948
15	t15	c15	1	1526549948

LIST 分区使用前提：分区所依据的字段的值不增加，且值的个数比较少。

3. HASH 分区

HASH 分区是基于用户定义的表达式返回值来选择分区，该表达式对要插入到表中的行的列值进行哈希计算（Hash 计算）。

示例 3：对 userid 进行 Hash 计算，并根据余数进行分区存储。

根据userid中的Hash值运算结果：

Hash(userid)%3=0 ⟶

Hash(userid)%3=1 ⟶

Hash(userid)%3=2 ⟶

扩展性好

id	title	content	userid	pubtime
1	t1	c1	1	1526549948
2	t2	c2	2	1526549948
3	t3	c3	3	1526549948
4	t4	c4	3	1526549948
5	t5	c5	5	1526549948
6	t6	c6	4	1526549948
7	t7	c7	4	1526549948
8	t8	c8	3	1526549948
9	t9	c9	3	1526549948
10	t10	c10	1	1526549948
11	t11	c11	2	1526549948
12	t12	c12	3	1526549948
13	t13	c13	4	1526549948
14	t14	c14	5	1526549948
15	t15	c15	1	1526549948

4．KEY 分区

KEY 分区类似于 HASH 分区，但是 HASH 分区允许用户使用自定义表达式，而 KEY 分区不允许，它需要使用 MySQL 提供的 HASH 函数，同时 HASH 分区只支持整数类型，而 KEY 分区支持除 BLOB 和 TEXT 类型外的其他类型。

示例 4：根据 userid key 函数的运行结果进行分区。

根据userid key函数运行的结果：

key(userid)%3=0

key(userid)%3=1

key(userid)%3=2

id	title	content	userid	pubtime
1	t1	c1	1	1526549948
2	t2	c2	2	1526549948
3	t3	c3	3	1526549948
4	t4	c4	3	1526549948
5	t5	c5	5	1526549948
6	t6	c6	4	1526549948
7	t7	c7	4	1526549948
8	t8	c8	3	1526549948
9	t9	c9	3	1526549948
10	t10	c10	1	1526549948
11	t11	c11	2	1526549948
12	t12	c12	3	1526549948
13	t13	c13	4	1526549948
14	t14	c14	5	1526549948
15	t15	c15	1	1526549948

但是无论是哪一种分区类型，分区表的主键/唯一键都必须包含分区键，也就是说，分区所依据的字段必须出现在主键中，否则会报错。例如：

```
CREATE TABLE emp (
id INT NOT NULL,
firstname VARCHAR(50),
lastname VARCHAR(50),
hired DATE NOT NULL DEFAULT '1970-01-01',
separated DATE NOT NULL DEFAULT '9999-12-31',
job_code INT NOT NULL,
part_id INT NOT NULL,
```

```
PRIMARY KEY (id)
 );
partition BY RANGE (part_id) (
partition part0 VALUES LESS THAN (8),
partition part1 VALUES LESS THAN (16),
partition part2 VALUES LESS THAN (24)
 );
```

emp 表的主键是 id，当使用 part_id 字段分区时，会显示如下错误：

```
A PRIMARY KEY must include all columns in the table's partitioning
function
```

4.2.4 RANGE 分区

RANGE 分区即范围分区，根据区间来判断位于哪个分区。这些区间要连续且不能相互重叠，可以使用 VALUES LESS THAN 操作符进行定义。

例 1：创建 test 表，并以日期作为分区列。建表语句如下：

```
CREATE TABLE test(
id INT DEFAULT NULL,
name char(30),
datedata date
)
PARTITION BY RANGE (year(datedata)) (
PARTITION part1 VALUES LESS THAN (1990) ,
PARTITION part2 VALUES LESS THAN (1995) ,
PARTITION part3 VALUES LESS THAN (2000) ,
PARTITION part4 VALUES LESS THAN MAXVALUE );
```

在上述语句中，在 1990 年前雇佣的所有雇员的记录保存在分区 part1 中，1991 年到 1995 年雇佣的所有雇员的记录保存在分区 part2 中，1996 年到 2000 年雇佣的所有雇员的记录保存在分区 part3 中，2000 年后雇佣的所有雇员的信息保存在分区 part4 中。

上面分区语句中“VALUES LESS THAN MAXVALUE”表示将大于 2000 的记录都插入分区 part4 中，MAXVALUE 代表最大可能整数值，否则当我们插入一条记录包含 2001 时会报错，因为服务器不知道该把记录保存在哪里。

RANGE 分区的区间要连续且不能相互重叠，因此如果将分区 part2 设为 2000，而将分区 part3 设为 1995 时，会显示如下错误：

```
VALUES LESS THAN value must be strictly icreasing for each partition
```

MySQL 5.1 支持整数列分区，如果想要对其他类型的列进行分区，则可以使用函数进行转换，MySQL 5.1 分区在日期处理上使用的函数有 year()和 to_days()，如例 1。而 MySQL 5.5 改进了 RANGE 分区功能，提供了 RANGE COLUMNS 分区，这样创建日期分区就无须再进行函数转换了。而且 MySQL 5.5 在分区日期处理上增加了支持函数 to_seconds()，可将日期转换成秒，从而实现更细化的区分。

RANGE COLUMNS 是 RANGE 分区的一种特殊类型，它与 RANGE 分区的区别在于以下几点。

- RANGE COLUMNS 不接受表达式，只能是列名。而 RANGE 分区则要求分区的对象是整数。
- RANGE COLUMNS 允许多个列，在底层实现上，它比较的是元组（多个列值组成的列表），而 RANGE 比较的是标量，即数值的大小。
- RANGE COLUMNS 不限于整数对象，date、datetime、string 都可作为分区列。

例 3：使用 RANGE COLUMNS 进行分区。

```
create table test(
id int DEFAULT null,
name char(30),
datedata date
)
PARTITION BY RANGE COLUMNS (datedata) (
PARTITION part1 VALUES LESS THAN (1980) ,
PARTITION part2 VALUES LESS THAN (1990) ,
PARTITION part3 VALUES LESS THAN (2000) ,
PARTITION part4 VALUES LESS THAN MAXVALUE
 );
```

RANGE 分区的适用场合主要有以下两个。

- 当需要删除一个分区上的“旧的”数据时，只删除分区即可。如果要使用例 1 给出的分区方案，则只需简单地使用“ALTER TABLE test DROP PARTITION part1;”语句即可删除 datedata 在 1991 年前对应的所有行。对于有大量数据行的表来说，对比运行类似于“DELETE FROM test WHERE year (datedata) <=1990;”这样的 DELETE 语句要有效得多。
- 经常执行包含分区键的查询。例如，当执行查询语句“SELECT COUNT(*) FROM test WHERE year(datedata) <1980 GROUP BY id;”时，MySQL 可以迅速确定只有分区 part1 需要扫描，这是因为其他的分区不可能包含符合该 WHERE 条件的任何记录。

4.2.5 LIST 分区

LIST 分区类似于 RANGE 分区，区别在于 LIST 分区是基于列值匹配一个离散值集合中的某个值来进行分区。LIST 分区通过使用“PARTITION BY LIST(expr)”来实现，其中“expr”是某列值或基于某列值返回一个整数值的表达式，然后通过“VALUES IN (value_list)”的方式来定义每个分区，其中“value_list”是一个通过逗号分隔的整数列表。使用 LIST 分区的注意事项如下所述。

- 在 MySQL 5.1 中，当使用 LIST 分区时，有可能只能匹配整数列表。

- LIST 分区不必声明任何特定顺序。

例 1：创建员工表，并进行 LIST 分区。建表语句如下：

```
create table test1(
id int not null,
name char(30),
career VARCHAR(30)
)
PARTITION BY LIST (id) (
PARTITION part0 VALUES IN (1,5) ,
PARTITION part1 VALUES IN (11,15) ,
PARTITION part2 VALUES IN (6,10) ,
PARTITION part3 VALUES IN (16,20)
);
```

如上所述，可以看出和 RANGE 分区不同的是，我们不必遵循特定的顺序，LIST 分区不像 RANGE 分区有“VALUES LESS THAN MAXVALUE”这样包含其他值在内的定义，如果我们试图插入的列值（或分区表达式的返回值）不在分区值列表中，则 INSERT 插入语句会失败并报错。

例 2：假定有 20 个音像店，分布在 5 个有经销权的地区，如下表所示。

地　区	商店 ID 号
北区	3, 5, 6, 9, 17
东区	1, 2, 10, 11, 19, 20
西区	4, 12, 13, 14, 18
中心区	6, 8, 15, 16

根据以上字段信息，建表语句如下：

```
CREATE TABLE employees (
id INT NOT NULL,
firstname VARCHAR(30),
lastname VARCHAR(30),
hired DATE NOT NULL DEFAULT '1970-01-01',
separated DATE NOT NULL DEFAULT '9999-12-31',
job_code INT,
store_id INT )
PARTITION BY LIST(store_id)(
PARTITION North VALUES IN (3,5,6,9,17),
PARTITION East VALUES IN (1,2,10,11,19,20),
PARTITION West VALUES IN (4,12,13,14,18),
PARTITION Central VALUES IN (7,8,15,16)
 );
```

当执行以下插入语句时会报错，这是因为“store_id”列值“21”不能在用于定义分区 North、East、West 或 Central 的值列表中找到。LIST 分区没有类似于“VALUES LESS THAN

MAXVALUE”这样的包含其他值在内的定义，匹配的任何值都必须在值列表中找到。

```
INSERT INTO employees VALUES(202, 'xins', 'Torwald', '2012-02-02', '2018-10-14', 37, 21);
```

在 MySQL 5.1 中，LIST 分区只能匹配整数列表，而在 MySQL 5.5 中支持非整数分区——LIST COLUMNS 分区，LIST COLUMNS 分区同样是 LIST 分区的一种特殊类型，它和 RANGE COLUMNS 分区较为相似，同样不接受表达式，且支持多个列，如 string、date 和 datetime 都可作为分区列。

例如，利用非整数字段进行分区，建表语句如下：

```
create table test2(
id int not null,
name char(5),
career VARCHAR(30)
)
PARTITION BY LIST COLUMNS(career) (
PARTITION p0 VALUES IN (chairman,president) ,
PARTITION p1 VALUES IN (manager,director) ,
PARTITION p2 VALUES IN (worker,staff)
);
```

4.2.6 HASH 分区

HASH 分区是基于用户定义的表达式的返回值进行选择的分区，该表达式使用将要插入到表中的这些行的列值进行计算。这个函数可以包含 MySQL 中有效的、产生非负整数值的任何表达式。

如果要使用 HASH 分区来分割一个表，则应在 CREATE TABLE 语句上添加一个“PARTITION BY HASH (expr)”语句，其中“expr”可以是一个基于某个列值返回一个整数的表达式，也可以是字段类型为 MySQL 整型的某个字段。此外，也可以在后面再添加一个“PARTITIONS num”子句，其中 num 是一个非负的整数，它表示表将要被分割成分区的数量。如果没有包含“PARTITIONS num”语句，那么分区的数量会默认为 1。

例 1：创建员工表，利用表的整型字段“store_id”进行分区，分区数量为 4。建表语句如下：

```
CREATE TABLE employees (
 id INT NOT NULL,
firstname VARCHAR(30),
lastname VARCHAR(30),
hired DATE NOT NULL DEFAULT '1970-01-01',
separated DATE NOT NULL DEFAULT '9999-12-31',
job_code INT,
store_id INT
 )
```

```
PARTITION BY HASH(store_id) PARTITIONS 4;
```

MySQL 支持两种 HASH 分区，即常规 HASH 分区和线性 HASH 分区。常规 HASH 分区使用的是取模的算法（MOD(expr，num)算法），线性 HASH 分区采用的是线性的 2 的幂（powers-of-two）的运算法则。例 1 采用的就是常规 HASH 分区，在进行插入运算时，执行如下语句：

```
INSERT INTO employees VALUES(20, 'xins', 'Tor', '2012-02-02', '2018-10-14', 37, 234);
```

插入运算字段 store_id 值为 234，执行取模运算 MOD(234,4)=2，也就是说 store_id=234 这条记录将被保存到第二个分区中。

需要注意的是，在常规 HASH 分区中，在每次进行数据的插入、更新、删除时，都需要重新计算，故表达式“expr”不能太过复杂，否则容易引起性能问题。

常规 HASH 分区虽然计算简便，查询效率较高，但是当我们增加或合并分区时就会出现问题。比如：原来有 4 个 HASH 分区，现在我们需要增加 2 个 HASH 分区，变为 6 个分区，则根据 MOD(expr,num)算法，num 由原来的 4 变成 6，所有的数据都要重新进行计算并分区，管理代价太大。为减少管理代价，MySQL 提供了线性 HASH 分区。

线性 HASH 分区和常规 HASH 分区在语法上的唯一区别为：在“PARTITION BY”语句中添加“LINEAR”关键字。

例 2：使用线性 HASH 分区，创建员工表，分区个数为 13。建表语句如下：

```
CREATE TABLE employees (
id INT NOT NULL,
firstname VARCHAR(30),
lastname VARCHAR(30),
hired DATE NOT NULL DEFAULT '1970-01-01',
separated DATE NOT NULL DEFAULT '9999-12-31',
job_code INT,
store_id INT
)
PARTITION BY LINEAR HASH(YEAR(hired)) PARTITIONS 4;
```

线性 HASH 分区的优点在于增加、删除、合并和拆分分区变得更加快捷，有利于处理含有大量数据（1000G）的表。但与常规 HASH 分区得到的数据分布相比，线性 HASH 分区的各个区间数据的分布可能不均衡。线性 HASH 分区的具体算法可参考 MySQL 的官方文档，这里就不具体介绍了，其网址如下：

```
http://dev.mysql.com/doc/refman/5.6/en/partitioning-linear-hash.html
```

4.2.7 KEY 分区

KEY 分区类似 HASH 分区，区别在于以下几点。

- KEY 分区允许多列，而 HASH 分区只允许一列。
- 如果在有主键或唯一键的情况下，KEY 分区列可不指定，默认为主键或唯一键，如果没有主键或唯一键，则必须显性指定列。
- KEY 分区对象必须为列，而不能是基于列的表达式。
- KEY 分区和 HASH 分区的算法不一样，PARTITION BY HASH (expr)，MOD 取值的对象是 expr 返回的值，而 PARTITION BY KEY (column_list)基于的是列的 MD5 值。

例如，创建 KEY 分区表，分区个数为 3，建表语句如下：

```
CREATE TABLE tk (
col1 INT NOT NULL,
col2 CHAR(5),
col3 DATE,
PRIMARY KEY(col1)
) PARTITION BY  KEY (col1) PARTITIONS 3;
```

在创建 KEY 分区表时，可不指定分区键，默认会选择主键作为分区键。例如，创建 KEY 分区表，默认使用主键 col1 作为分区键，建表语句如下：

```
CREATE TABLE tk (
col1 INT NOT NULL,
col2 CHAR(5),
col3 DATE,
PRIMARY KEY(col1)
) PARTITION BY  KEY ( ) PARTITIONS 3;
```

需要注意的是，在按照 KEY 分区的分区表上，不能通过执行"ALTER TABLE DROP PRIMARY KEY"语句来删除主键。

在创建 KEY 分区表时，在没有主键的情况下，默认会选择非空唯一键作为分区键。例如，创建 KEY 分区表，当没有主键，有唯一键时，默认使用唯一键 col1 作为分区键，建表语句如下：

```
CREATE TABLE tk (
col1 INT NOT NULL,
col2 CHAR(5),
col3 DATE,
UNIQUE KEY(col1)
) PARTITION BY  KEY ( ) PARTITIONS 3;
```

需要注意的是，作为分区键的唯一键必须是非空的，否则会报错。

在创建 KEY 分区表时，在没有主键和唯一键的情况下，必须指定分区键。例如，创建 KEY 分区表，当唯一键有多个时，KEY 中分区列默认不指定主键，此时创建 KEY 分区表会报错，建表语句如下：

```
CREATE TABLE tk (
col1 INT NOT NULL,
```

```
    col2 CHAR(5),
    col3 DATE,
    UNIQUE KEY(col1, col3)
    )
     PARTITION BY KEY ( ) PARTITIONS 3;
```

报错信息如下：

```
ERROR: Field in list of fields for partition function not found in table
```

4.3 数据库视图

4.3.1 视图概述

视图是从一个或几个基本表（或视图）中导出的虚拟的表。在系统的数据字典中仅存放视图的定义，不存放视图对应的数据。

视图是原始数据库数据的一种变换，是查看表中数据的另外一种方式。可以将视图看作一个移动的窗口，通过它可以看到感兴趣的数据。视图是从一个或多个实际表中获得的，这些表的数据存放在数据库中。那些用于产生视图的表叫作该视图的基表。另外，一个视图也可以从另一个视图中产生。

视图的定义存在数据库中，而与此定义相关的数据并没有存在数据库中。通过视图看到的数据存放在基表中。

在数据库中，视图是一个重要的概念，其优势在于以下几点。

- 安全：有的数据是需要保密的，如果直接给出表让用户进行操作会造成泄密，那么可以通过创建视图来限制用户的权限，从而保证数据的安全性。
- 高效：复杂的连接查询在每次执行时效率会比较低，而在建立视图后，每次从视图中获取数据的效率会提高。
- 定制数据：可以将常用的字段放置在视图中。

4.3.2 创建视图

在数据库中，视图的创建语句的语法格式如下：

```
    CREATE VIEW view_name AS SELECT column_name(s) FROM table_name WHERE
condition;
```

其中，view_name 为欲创建的视图名，column_name(s)为查询的列名，table_name 为查询的表名，condition 为查询条件。

视图总是显示最新的数据，每当用户查询视图时，数据库引擎都会使用 SQL 语句来重建数据。需要注意的是，MySQL 视图的创建语句中，FROM 关键字后不能包含子查询。例如，某工资表 Salary 的内容如下表所示。

Eno（工号）	Income（工资）
10001	5200 元
10002	6000 元
10003	6500 元
10004	4300 元

由于纳税起征点为 5000 元，现欲建立收入大于 5000 元的数据视图，创建语句如下：

```
CREATE VIEW Salary_5000 AS SELECT Eno, Income FROM Salary WHERE Income>5000;
```

创建的视图内容如下表所示。

Eno（工号）	Income（工资）
10001	5200 元
10002	6000 元
10003	6500 元

可以发现，视图中筛选出了工资收入大于 5000 元的记录。

4.3.3 修改视图

修改视图可以使用 ALTER 语句或 CREATE OR REPLACE 语句。

ALTER 语句的语法格式如下：

```
ALTER VIEW view_name AS SELECT column_name(s) FROM table_name WHERE condition;
```

CREATE OR REPLACE 语句的语法格式如下：

```
ALTER VIEW view_name AS SELECT column_name(s) FROM table_name WHERE condition;
```

4.3.4 删除视图

删除视图可以使用 DROP 语句，用户可以一次删除一个或多个视图，语法格式如下：

```
DROP view_name;
```

4.3.5 查询视图

查询视图包括查询数据库中包含哪些视图，以及查询某一视图中包含哪些数据内容等。其中，查询视图中包含哪些数据的方式与查询表数据一样，可以使用 SELECT 语句，这里不再赘述，只简要介绍查询数据库中包含哪些视图及查看视图的定义方式。

早期的 MySQL 版本中存在 SHOW VIEWS 命令和 SHOW VIEW STATUS 命令，用来查看数据库中有哪些视图及其具体信息，但从 MySQL 5.1 开始，删除了这两个命令，而且将视图查看命令并入到了表查看命令中。目前视图查看命令的语法格式如下：

```
SHOW TABLES;
SHOW TABLE STATUS;
```

这两个命令不仅可以显示表名及表信息，而且可以显示所有视图名称及视图信息。

除此之外，使用 SHOW CREATE VIEW 命令可以查看某个视图的定义，格式如下：

```
SHOW CREATE VIEW view_name;
```

4.4　本章小结

本章主要介绍了数据库的索引、分区和视图的相关概念、原理、类型和使用方法。其中，索引提升了数据查询效率，第 4.1 节介绍了索引的建立和使用方法，并以案例分析了索引的优势所在；分区解决了数据库横向扩展问题，第 4.2 节介绍了几类数据库分区方法；视图解决了用户数据访问安全性与便利性问题，第 4.3 节在介绍视图概念的基础上，详细介绍了视图的创建、删除、修改和查询方法。

章节练习

有数据库部分表描述如下：

1．部门表 dept (deptno INT PRIMARY KEY, dname VARCHAR(14), loc VARCHAR(13))

deptno：部门编号。

dname：部门名称。

loc：部门地址。

2．员工表 emp(empno INT PRIMARY KEY, ename VARCHAR(10), job VARCHAR(9), mgr INT, hiredate DATE, sal DOUBLE, COMM DOUBLE, deptno INT)

empno：员工编号。

ename：员工姓名。

job：职位。

mgr：直属领导编号。

hiredate：入职时间。

sal：工资。

deptno：所属部门编号。

请完成以下数据库操作任务：

（1）对员工表的员工编号字段添加主键索引，对所属部门编号字段建立普通索引；

（2）创建员工-部门视图，字段包括员工编号、员工姓名、职位、直属领导姓名、所属部门名称。

第 5 章 存储过程与触发器

学习任务

【任务 1】了解数据库存储过程的概念，掌握存储过程的创建、查看、修改与删除方法，掌握存储过程的调用方法。

【任务 2】掌握存储过程中的参数、变量、运算符、流程控制语句和函数的使用方法。

【任务 3】了解数据库中触发器的概念，掌握触发器的创建、查询与删除方法，掌握触发器的执行顺序。

学习路线

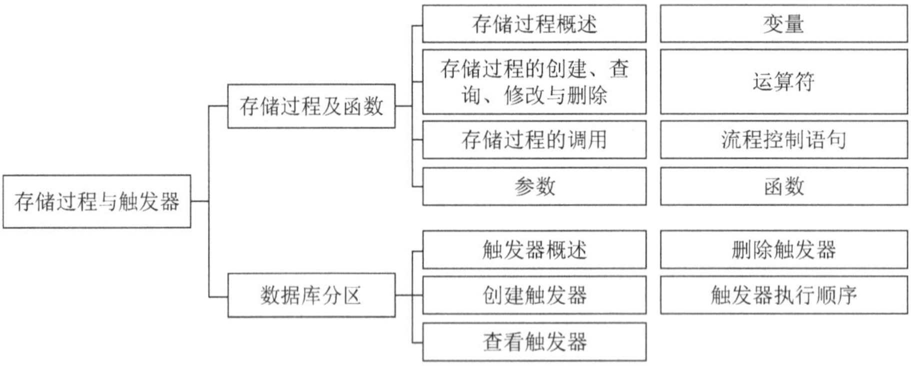

5.1 存储过程及函数

5.1.1 存储过程概述

存储过程（Stored Procedure）是 MySQL 5.0 及其更高版本所支持的功能。存储过程是一种在数据库中存储复杂程序，以便由外部程序调用的数据库对象。可以说，存储过程是为了完成特定功能的 SQL 语句集，经编译创建并保存在数据库中，可以通过指定存储过程的名字并给定参数（需要时）来调用执行。

存储过程的思想很简单，就是数据库 SQL 语句在语言层面的代码封装与重用，其优缺点如下表所示。

优　点	缺　点
存储过程可封装，并隐藏复杂的商业逻辑； 存储过程可以回传值，并可以接受参数； 存储过程无法使用 SELECT 指令来运行，因为它是子程序，与查看表、数据或用户定义函数不同； 存储过程可以用在数据检验，强制实行商业逻辑等	存储过程往往定制化于特定的数据库上，因为支持的编程语言不同，当切换到其他厂商的数据库系统时，需要重写原有的存储过程； 存储过程的性能调校与撰写，受限于各种数据库系统

5.1.2　存储过程的创建、查询、修改与删除

1. 创建

存储过程就是具有名字的一段代码，用来完成一个特定的功能。创建的存储过程保存在数据库的数据字典中。MySQL 中存储过程创建的语法格式如下：

```
create procedure 存储过程名称(in|out|inout 参数名称 参数类型,......)
begin
过程体;
end
```

过程体包含在存储过程调用时必须执行的语句，例如，DML、DDL 语句，IF-THEN-ELSE 和 WHILE-DO 语句，以及声明变量的 DECLARE 语句等。过程体格式：以 BEGIN 开始，以 END 结束（可嵌套），示例代码如下：

```
BEGIN
    BEGIN
        BEGIN
            statements;
        END
    END
END
```

需要注意的是，每个嵌套块及其中的每条语句，必须以分号结束，而表示过程体的 BEGIN-END 块（又叫作复合语句 COMPOUND STATEMENT）不需要以分号结束。

过程体中的每个语句块也可以贴标签，示例代码如下：

```
label1: BEGIN
    label2: BEGIN
        label3: BEGIN
            statements;
```

```
        END label3 ;
    END label2;
END label1
```

标签的作用主要有以下两个。

- 增强代码的可读性。
- 在某些语句（如 LEAVE 和 ITERATE 语句）中，需要用到标签。

例如，使用存储过程获取 8 班的人数，代码如下：

```
create procedure getStudentCount()
begin
    select count(*) as num from student where classid=8;
end
```

创建的存储过程的名称为 getStudentCount，其后的括号内可存放参数。

2. 查询

MySQL 存储过程查询包括存储过程状态查询，存储过程详细代码查询等。下面分别介绍存储过程状态查询和存储过程详细代码查询格式。

查询所有存储过程状态的语法格式如下：

```
SHOW PROCEDURE STATUS;
```

查询对应数据库下所有存储过程状态的语法格式如下：

```
SHOW PROCEDURE STATUS WHERE DB='数据库名';
```

查询名称包含 Student 的存储过程状态的语法格式如下：

```
SHOW PROCEDURE STATUS WHERE name LIKE '%Student%';
```

查询存储过程详细代码的语法格式如下：

```
SHOW CREATE PROCEDURE 过程名;
```

3. 修改

MySQL 存储过程修改的语法格式如下：

```
ALTER PROCEDURE 过程名 ([过程参数[,...]]) 过程体;
```

MySQL 存储过程修改实例如下：

```
mysql> DELIMITER //
mysql> ALTER PROCEDURE GetAllStudents()
    -> BEGIN
    -> SELECT name FROM students;
    -> END
    -> //
mysql> DELIMITER ;
```

需要注意的是，“PROCEDURE 过程名 ([过程参数[,...]]) 过程体”语句只能改变存储过程的特征，不能修改存储过程的参数和过程体。如果想做这样的修改，则必须先使用“DROP PROCEDURE”删除存储过程，然后使用“CREATE PROCEDURE”重建过程。

4．删除

MySQL 存储过程删除的语法格式如下：

```
DROP PROCEDURE 过程名;
```

例如，删除存储过程 getStudentCount，代码如下：

```
DROP PROCEDURE getStudentCount;
```

需要注意的是，不能在一个存储过程中删除另一个存储过程，只能调用另一个存储过程。

5.1.3　存储过程的调用

MySQL 存储过程通过 CALL、存储过程名和一个括号调用，括号里面可以根据需要加入参数，参数包括输入参数、输出参数、输入输出参数，语法格式如下：

```
CALL 存储过程名 ([过程参数[,...]])
```

例如，调用 5.1.2 中创建的存储过程，调用结果如下图所示。

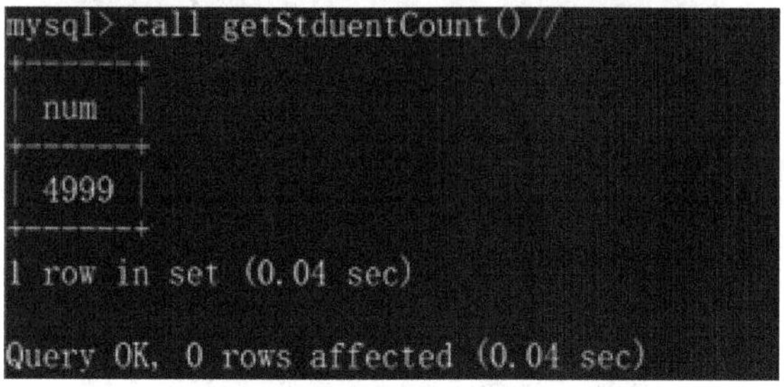

5.1.4　参数

MySQL 存储过程的参数用在存储过程的定义中，共有 3 种参数约束，即 IN、OUT、INOUT，语法格式如下：

```
CREATE PROCEDURE 存储过程名([[IN |OUT |INOUT ] 参数名 数据类型...])
```

MySQL 存储过程的参数说明如下表所示。

参　数	说　　明
IN	输入参数，表示必须在调用存储过程时传入该参数，在存储过程中修改该参数的值不能被返回，为默认值
OUT	输出参数，该参数值可在存储过程内部被改变，并且可返回
INOUT	输入输出参数，在调用时指定，并且可被改变和返回

1．IN 参数实例

```
mysql > DELIMITER //
mysql > CREATE PROCEDURE demo_in (IN x int)
```

```
-> BEGIN
-> SELECT x;
-> SET x=2;
-> SELECT x;
-> END;
-> //
```

调用结果如下图所示。

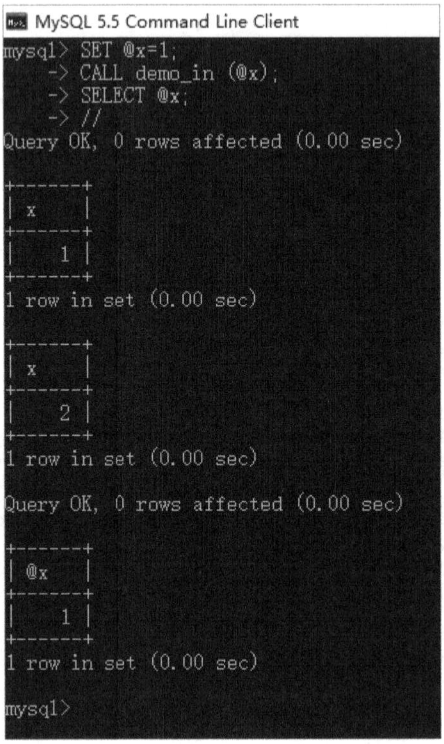

可以看出，x 的值虽然在存储过程中被修改，但并不影响@x 的值，因为前者为局部变量，后者为全局变量。

2. OUT 参数实例

```
mysql > DELIMITER //
mysql > CREATE PROCEDURE demo_out (OUT y int)
-> BEGIN
-> SELECT y;
-> SET y=2;
-> SELECT y;
-> END;
-> //
```

调用结果如下图所示。可以看出，y 的值只能在存储过程中被修改，并返回值给@y。

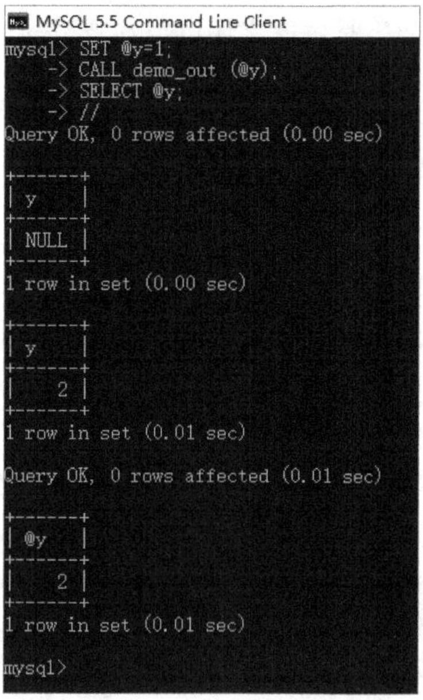

3．INOUT 参数实例

```
mysql > DELIMITER //
mysql > CREATE PROCEDURE demo_inout (INOUT z int)
-> BEGIN
-> SELECT z;
-> SET z=2;
-> SELECT z;
-> END;
-> //
```

调用结果如下图所示。

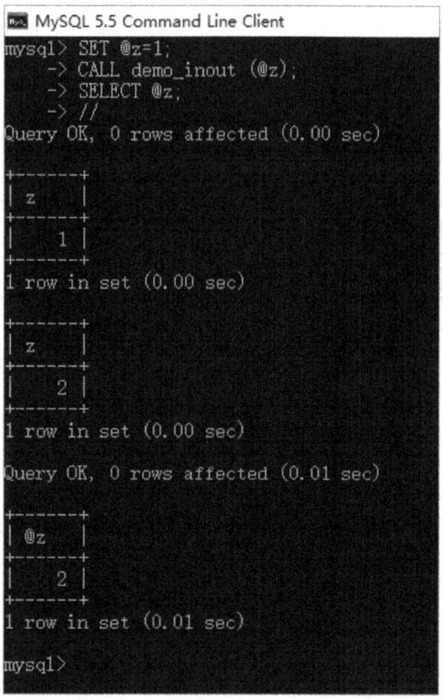

可以看出，z 的值可以在调用时传入，还可以在存储过程中被修改，并返回值给@z。

4. 示例

前文介绍了存储过程参数 IN、OUT、INOUT，以及各自的使用实例，接下来使用参数 IN、OUT、INOUT 分别演示示例。

例 1：获取某班的班级人数。创建存储过程语句如下：

```
create procedure getStudentCount(in classid1 int)
begin
   select count(*) as num from student where classid=classid1;
end
```

调用结果如下图所示。

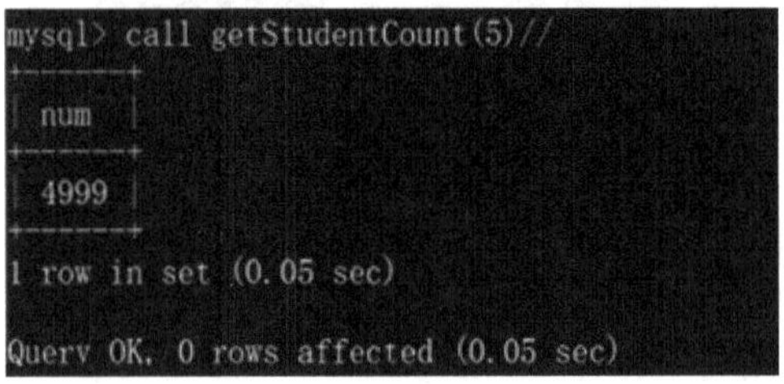

例 2：获取某班的班级人数，用第二个参数把班级人数的值传出。创建存储过程语句如下：

```
create procedure getStudentCount1(in classid1 int,out studentnum int)
begin
   select count(*)  into studentnum from student where classid=classid1;
end
```

调用结果如下图所示。

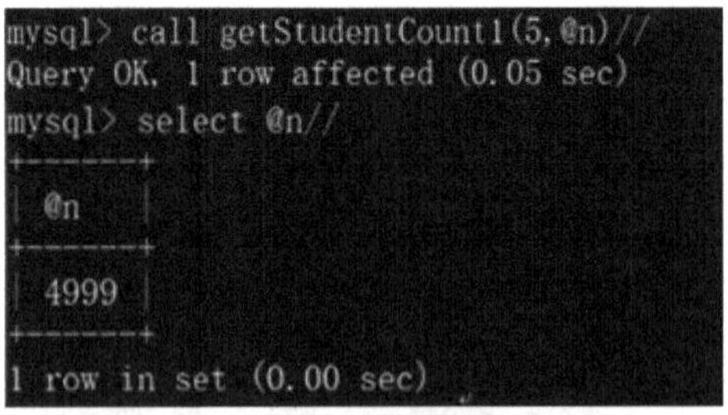

例 3：获取某班的班级人数，并用一个参数实现。创建存储过程语句如下：

```
create procedure getStudentCount2(inout num int)
begin
   select count(*)  into num from student where classid=num;
end
```

调用结果如下图所示。

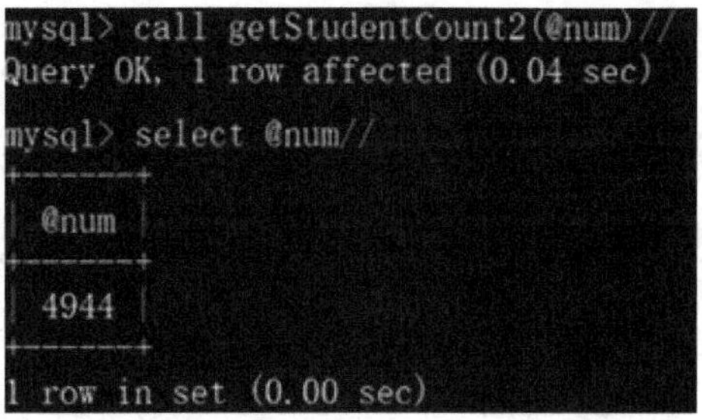

5.1.5　变量

变量是用来临时存放一个数值的内存空间，它可用来在存储过程中保存结果，必须先声明才可使用。需要注意：变量在 MySQL 5.1 中是不区分大小写的。

1. 声明变量

```
DECLARE 变量名 1 [,变量名 2...] 变量类型 [DEFAULT 默认值]
```

变量类型表示 MySQL 的数据类型，如 INT、FLOAT、DATE、VARCHAR(length)等。例如：

```
DECLARE l int unsigned DEFAULT 4000000;
```

2. 变量赋值

```
SET 变量名 1 =变量值 1 [,变量名 2 =变量值 2...]
```

在为变量赋值时，变量值可以是常量和表达式。例如：

```
SET l = 400;
```

3. 变量作用域

变量具有自己的作用域，在 BEGIN-END 块内声明的变量，其作用域仅在该块内；在存储过程中定义的变量，其作用域在 END 语句之前；变量名以@开头的是会话变量（也叫用户变量），其作用域为本次会话结束前。

例题：获取某个班级学生年龄最小者和最大者的年龄差。创建存储过程语句如下：

```
create procedure getAgeNum (in classidin int,out valuen tinyint)
begin
    declare maxAge tinyint;
    declare minAge tinyint;
    select age into maxAge from student where classid=classidin order by
age desc limit 1;
    select age into minAge from student where classid=classidin order by
age asc limit 1;
    set valuen = maxAge - minAge;
end
```

调用结果如下图所示。

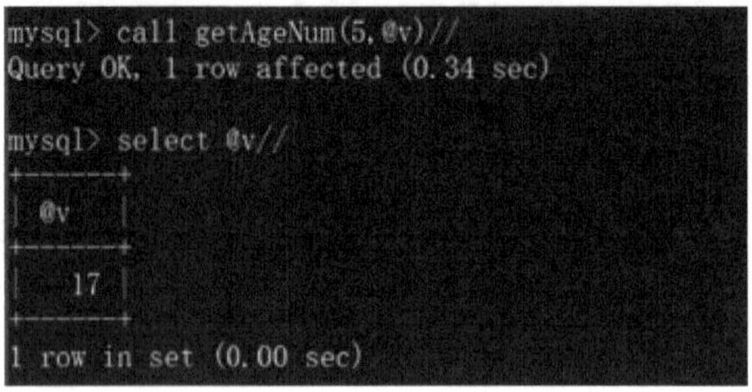

5.1.6 运算符

MySQL 的运算符主要有算术运算符、比较运算符、逻辑运算符、位运算符。

1. 算术运算符

MySQL 中常用的算术运算符如下表所示。

运 算 符	作 用
+	加法
-	减法
*	乘法
/,div	除法
%,mod	取余

需要注意的是，除法的除数不能为零，取余运算的正负与“%”前的数字有关。算术运算符的使用方法如下图所示。

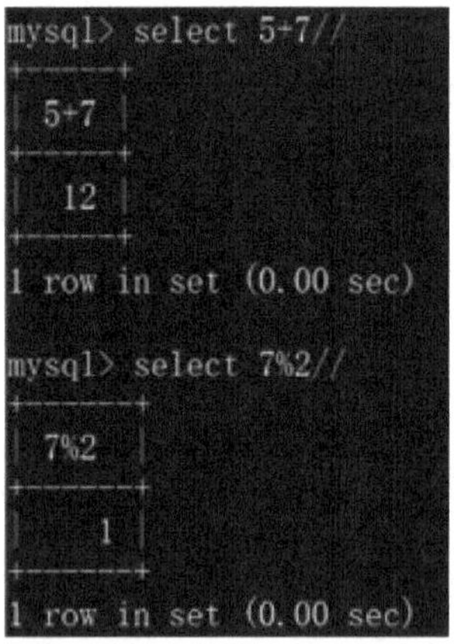

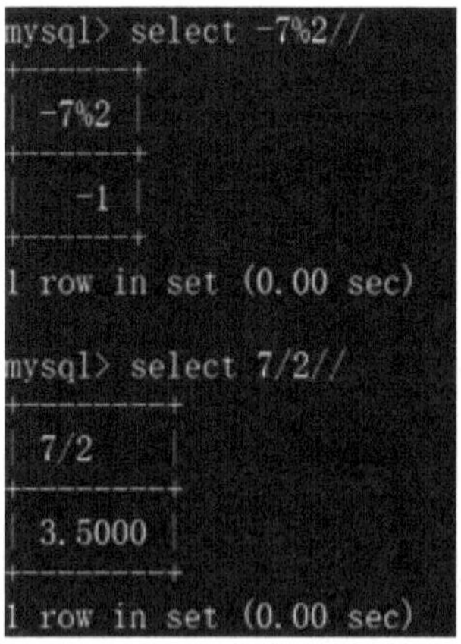

2. 比较运算符

MySQL 中常用的比较运算符如下表所示。

运 算 符	作 用
=	等于
<=>	安全等于
!=,<>	不等于

续表

运　算　符	作　　用
>=	大于或等于
>	大于
<=	小于或等于
<	小于
BETWEEN	在指定范围内
IN	在指定集合中
IS NULL	为 NULL
IS NOT NULL	不为 NULL
LIKE	通配符匹配
REGEXP,RLIKE	正则表达式

比较运算符可用于比较数字、字符串、表达式，如果比较结果为真，则返回 1；如果比较结果为假，则返回 0。字符串的比较不区分大小写，只有“<=>”可以用来比较 NULL，如果使用其他比较运算符来比较 NULL，则会返回 NULL。

3．位运算符

位运算符是将操作数先转化为二进制数，再进行逻辑运算，并在计算完成后将结果转换为十进制数返回。MySQL 中常见的位运算符如下表所示。

运　算　符	作　　用
&	位与
|	位或
^	位异或
~	位取反
>>	位右移（左边补零）
<<	位左移（右边补零）

需要注意的是，MySQL 中常量数字默认是 8 字节，因此将其转换成二进制是 64 位的。

4．逻辑运算符

MySQL 中常见的逻辑运算符如下表所示。

运　算　符	作　　用
NOT，!	逻辑非
AND，&&	逻辑与
OR，||	逻辑或
XOR	逻辑异或

5.1.7　流程控制语句

在 MySQL 中，常见的过程式 SQL 语句可以用在一个存储过程中。其中包括 IF 语句、CASE 语句、WHILE 语句、LOOP 语句、REPEAT 语句等，它们可以进行流程控制。

1. IF 语句

IF 语句用来进行条件判断，并根据不同的条件执行不同的操作。该语句在执行时首先判断 IF 后的条件是否为真，如果为真，则执行 THEN 后的语句；如果为假，则继续判断 IF 语句，直到为真为止；如果以上条件都不满足，则执行 ELSE 后的内容。IF 语句的语法格式如下：

```
IF condition THEN
    ...
ELSE condition THEN
    ...
ELSE
    ...
END IF
```

例 1：获取两个数值中的较大值。创建存储过程语句如下：

```
create procedure getMax(in num1 int,in num2 int)
begin
    if num1 > num2 then
        select num1;
    else
        select num2;
end if
end
```

调用结果如下图所示。

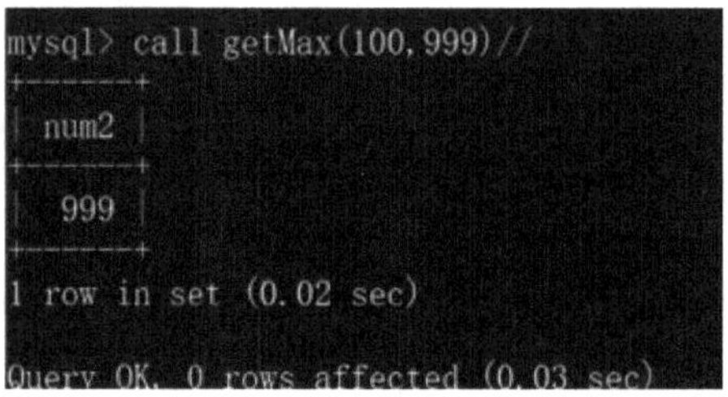

例 2：根据年龄值提示“未成年（<18）”“青年（<28）”“壮年（<50）”“中老年（<65）”老年。创建存储过程语句如下：

```
create procedure getAgeMessage(in age int tinyint)
begin
    if age < 18 then
        select '未成年';
    elseif  age < 28 then
        select '青年';
elseif age < 50 then
        select '壮年';
    elseif age < 65 then
        select '中老年';
```

```
else
        select '老年';
end if
end
```

调用结果如下图所示。

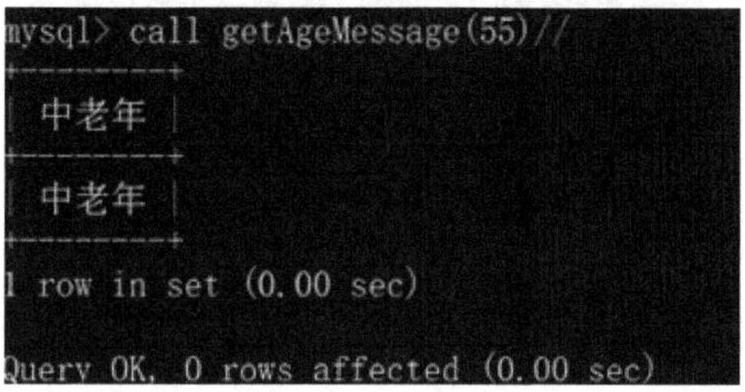

2. CASE 语句

CASE 语句为多分支语句结构，该语句先从 WHEN 后的 value 中查找与 CASE 后的 value 相等的值，如果查找到则执行该分支的内容，否则执行 ELSE 后的内容。CASE 语句的语法格式如下：

```
CASE value
    WHEN value THEN ...
    WHEN value THEN ...
    ELSE ...
END CASE
```

CASE 语句另一种语法格式如下：

```
CASE
    WHEN value THEN ...
    WHEN value THEN ...
    ELSE ...
END CASE
```

例如，根据学生性别 sex 字段的值提示相关信息，如果该字段值为 1，则提示“男生”；如果该字段值为 2，则提示“女生”；否则提示“保密”。创建存储过程语句如下：

```
create procedure getSexMessage(in studentid int)
begin
    declare sexn tinyint default 0;
    select sex into sexn from student where id=studentid;
    case sexn
        when 1 then
            select '男生';
when 2 then
            select '女生';
        else
            select '保密';
    end case;
```

```
end
```

调用结果如下图所示。

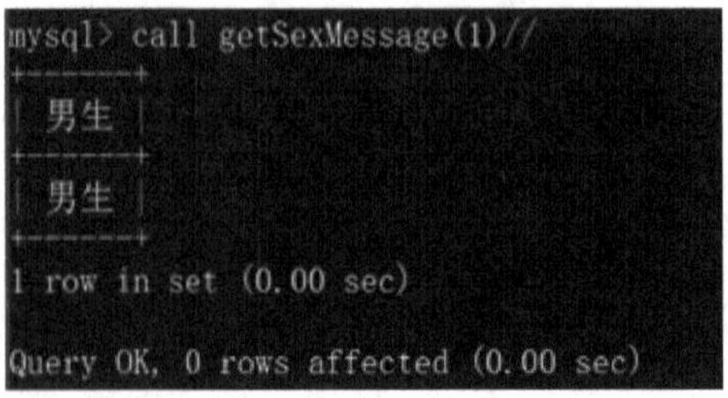

3．WHILE 语句

WHILE 语句在执行时先判断 condition 条件是否为真，如果该条件为真，则执行循环体，否则退出循环。该语句的语法格式如下：

```
WHILE condition DO
循环体
END WHILE;
```

例如，循环输出 1～100 的偶数（使用 WHILE 循环）。创建存储过程语句如下：

```
create procedure getOushu()
begin
    declare i tinyint default 1;
    while i <= 100 do
        if i % 2 = 0 then
            select i;
        end if;
        set i = i+1;
    end while;
end
```

4．REPEAT 语句

REPEAT 语句先执行一次循环体，之后判断 condition 条件是否为真，如果该条件为真，则退出循环，否则继续执行循环体。REPEAT 语句的语法格式如下：

```
REPEAT
循环体
UNTIL condition
END REPEAT;
```

例如，创建存储过程语句如下：

```
-- 创建存储过程
CREATE PROCEDURE example_repeat(OUT sum INT)
BEGIN
    DECLARE i INT DEFAULT 1;
    DECLARE s INT DEFAULT 0;
```

```
    REPEAT
       SET s = s+i;
       SET i = i+1;

       UNTIL i > 100
    END REPEAT;

    SET sum = s;
END;

-- 调用存储过程
CALL example_repeat(@sum);
SELECT @sum;
```

5. LOOP 语句

LOOP 语句没有内置的循环条件，但可以通过 LEAVE 语句退出循环。LOOP 语句的语法格式如下：

```
LOOP_LABLE: LOOP
    循环体
END LOOP;
```

需要注意的是，LOOP 语句的循环体可使用“leave LOOP_LABLE;”来跳出循环，或者使用“iterate LOOP_LABLE;”跳过本轮循环。

例如，创建存储过程代码如下：

```
mysql > CREATE PROCEDURE stu ()
     -> begin
     -> declare var int;
     -> set var=0;
     -> LOOP_LABLE:loop
     -> insert into stu values(var);
     -> set var = var +1;
     -> if var >=5 then
     -> leave LOOP_LABLE;
     -> end if;
     -> if var >=10 then
     -> iterate LOOP_LABLE;
     -> end if;
     -> end loop;
     -> end;
     -> //
```

5.1.8　函数

MySQL 中提供了很丰富的函数，包括字符串函数、数学函数、日期和时间函数、聚合函数等。通过这些函数可以简化用户的操作。例如，使用字符串函数可以很方便地将多个字符串连接在一起。

下面对字符串函数、数学函数、日期和时间函数、聚合函数等函数的使用范围和作用进行介绍。

1. 字符串函数

（1）拼接字符串函数，语法格式如下：

```
concat(string2 [,... ]) //连接字符串
```

运行结果如下图所示。

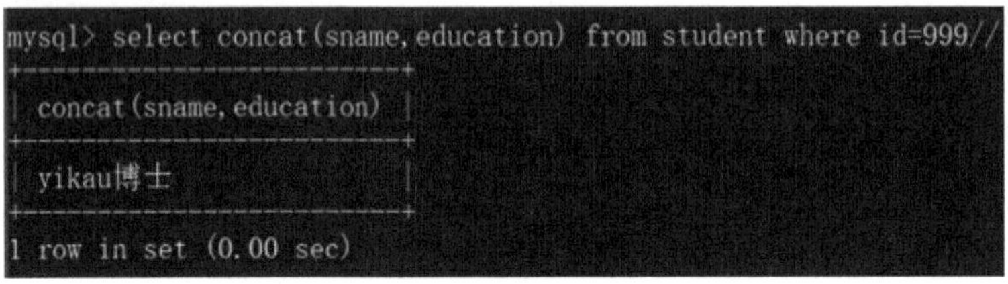

（2）替换字符串函数，语法格式如下：

```
replace(str,search_str,replace_str) //在 str 中用 replace_str 替换 search_str
```

运行结果如下图所示。

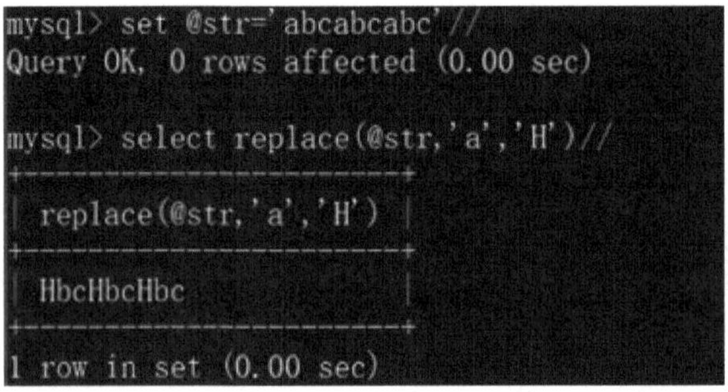

（3）截取字符串函数，语法格式如下：

```
substring(str, position [,length ]) //从 str 的 position 开始取 length 个字符
```

运行结果如下图所示。

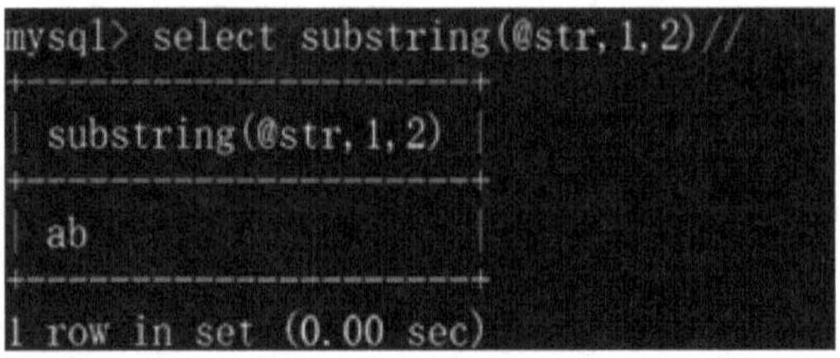

2. 数学函数

数学函数是 MySQL 中常用的一类函数，主要用于处理数字，包括整数、浮点数等。数学函数包括绝对值函数、正弦函数、余弦函数、获取随机数的函数等。

（1）向上取整函数，语法格式如下：

```
ceiling(number2)
```

运行结果如下图所示。

```
mysql> select ceiling(5.35)//
+---------------+
| ceiling(5.35) |
+---------------+
|             6 |
+---------------+
1 row in set (0.00 sec)
```

（2）向下取整函数，语法格式如下：

```
floor(number2)
```

运行结果如下图所示。

```
mysql> select floor(5.35)//
+-------------+
| floor(5.35) |
+-------------+
|           5 |
+-------------+
1 row in set (0.00 sec)
```

（3）随机数函数，语法格式如下：

```
rand([seed])
```

运行结果如下图所示。

```
mysql> select rand()//
+----------------------+
| rand()               |
+----------------------+
| 0.011952066805169049 |
+----------------------+
1 row in set (0.00 sec)
```

（4）四舍五入函数，语法格式如下：

```
round(number [,decimals ]) //四舍五入，decimals 为小数位数
```

运行结果如下图所示。

```
mysql> select round(3.14)//
+-------------+
| round(3.14) |
+-------------+
|           3 |
+-------------+
1 row in set (0.00 sec)
```

3. 日期和时间函数

（1）获取当前日期函数，语法格式如下：

```
current_date( )
```

运行结果如下图所示。

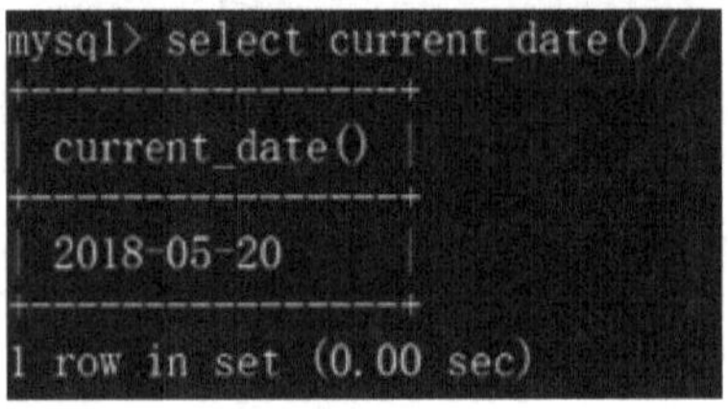

```
mysql> select current_date()//
+----------------+
| current_date() |
+----------------+
| 2018-05-20     |
+----------------+
1 row in set (0.00 sec)
```

（2）获取当前时间函数，语法格式如下：

```
current_time( )
```

运行结果如下图所示。

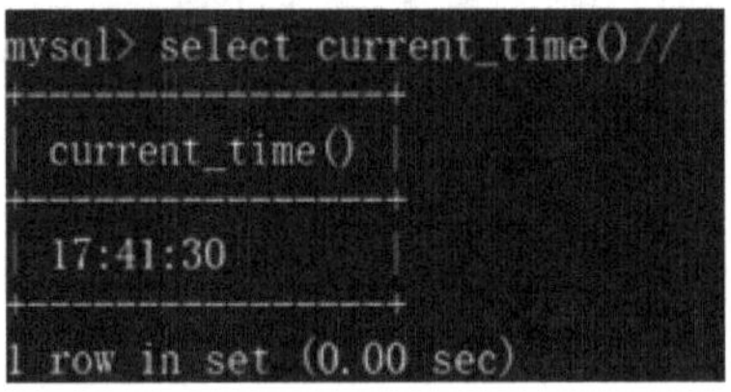

```
mysql> select current_time()//
+----------------+
| current_time() |
+----------------+
| 17:41:30       |
+----------------+
1 row in set (0.00 sec)
```

（3）获取当前日期和时间的函数，语法格式如下：

```
now( )
```

运行结果如下图所示。

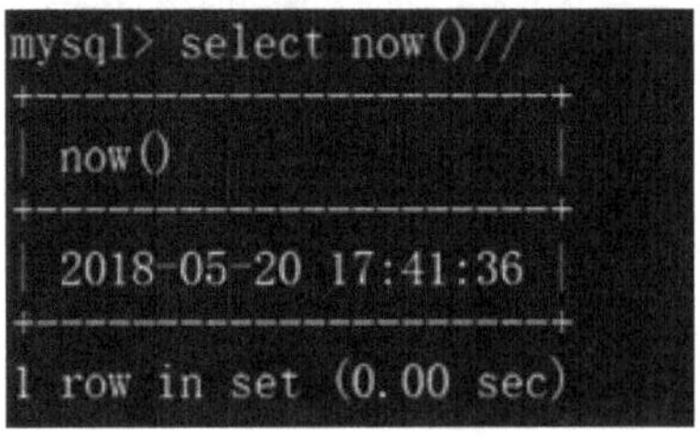

```
mysql> select now()//
+---------------------+
| now()               |
+---------------------+
| 2018-05-20 17:41:36 |
+---------------------+
1 row in set (0.00 sec)
```

（4）获取当前时间戳函数，语法格式如下：

```
current_timestamp( )
```

运行结果如下图所示。

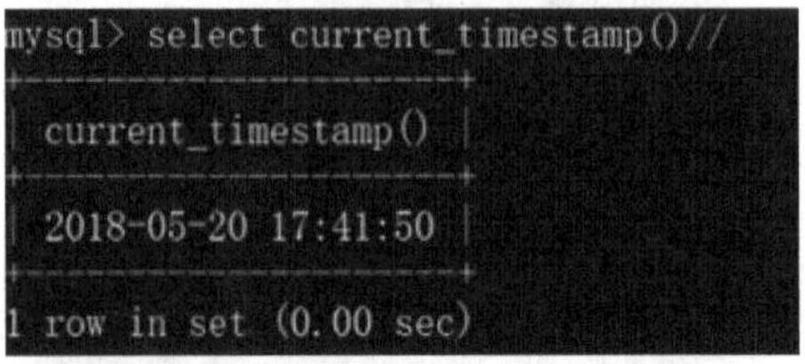

```
mysql> select current_timestamp()//
+---------------------+
| current_timestamp() |
+---------------------+
| 2018-05-20 17:41:50 |
+---------------------+
1 row in set (0.00 sec)
```

4. 聚合函数

（1）计数函数，语法格式如下：

```
count(*)
```

例如，获取每个班的班级人数，如下图所示。

```
mysql> select count(*) from student group by classid//
```

（2）获取平均值函数，语法格式如下：

```
avg(字段名)
```

例如，获取每个班的平均年龄，如下图所示。

```
mysql> select avg(age) from student group
```

（3）获取最大值函数，语法格式如下：

```
max(字段名)
```

例如，获取每个班年龄最大的学生的信息，如下图所示。

```
mysql> select max(age) from student group by classid;
```

（4）获取最小值函数，语法格式如下：

```
min(字段名)
```

例如，获取每个班年龄最小的学生的信息，如下图所示。

```
mysql> select min(age) from student group
```

（5）获取总和函数，语法格式如下：

```
sum(字段名)
```

5.2 触发器

5.2.1 触发器概述

触发器（trigger），也叫触发程序，是与表有关的命名数据库对象，是 MySQL 中提供给程序员来保证数据完整性的一种方法，是与表事件 INSERT、UPDATE、DELETE 相关的一种特殊的存储过程。触发器的执行不是由程序调用的，也不是手工启动的，而是由事件来触发的。比如，当对一个表进行 INSERT、UPDATE、DELETE 事件时，就会激活触发器。MySQL 从 5.0 版本开始支持触发器功能。

因为触发器是基于行触发的，删除、新增或修改操作可能都会激活触发器，所以不要编写过于复杂的触发器，也不要增加过多的触发器，否则会对数据的插入、修改或删除带来比较严重的影响，同时也会带来可移植性差的后果。所以，在设计触发器时一定要有所考虑。同时触发器在使用过程中有如下限制条件。

- 触发程序不能调用将数据返回客户端的存储程序，也不能使用基于 CALL 语句的动态 SQL 语句，但是允许存储程序通过参数将数据返回触发程序，也就是存储过程或函数可以通过 OUT 或 INOUT 类型的参数将数据返回触发器，但是不能调用直接返回数据的过程。
- 不能在触发器中使用以显式或隐式方式开始或结束事务的语句，如 START TRANSACTION、COMMIT 或 ROLLBACK。

触发器是一种特殊的存储过程，它在插入、删除或修改特定表中的数据时触发执行，与数据库本身标准的功能相比，它具有更精细和更复杂的数据控制能力。在数据库中使用触发器的作用及说明如下表所示。

作　用	说　明
安全性	可以基于数据库的值使用户具有操作数据库的某种权利
审计	可以跟踪用户对数据库的操作
实现复杂的数据完整性约束	实现非标准的数据完整性检查和约束，提供可变的缺省值
实现复杂的、非标准的数据库相关完整性规则	触发器可以对数据库中相关的表进行连环更新
实时同步	同步实时地复制表中的数据
自动计算数据值	如果数据的值达到了一定的要求，则自动进行特定的处理

5.2.2 创建触发器

在 MySQL 中，创建触发器的语法格式如下：

```
CREATE TRIGGER trigger_name trigger_time trigger_event ON tb_name FOR
EACH ROW trigger_stmt
```

创建触发器的参数说明如下表所示。

参　数	说　明
trigger_name	标识触发器名称，由用户自行指定
trigger_time	标识触发时机，取值为 BEFORE 或 AFTER
trigger_event	标识触发事件，取值为 INSERT、UPDATE 或 DELETE
tb_name	标识建立触发器的表名，即在哪个表上建立触发器
trigger_stmt	触发器程序体，可以是一句 SQL 语句，或者用 BEGIN 和 END 包含的多条语句，与存储过程类似
FOR EACH ROW	表示任何一条记录上的操作满足触发事件都会激活该触发器

触发事件类型介绍如下表所示。

事　件	描　述
INSERT 型触发器	插入某一行时激活触发器，可能通过 INSERT、LOAD DATA、REPLACE 语句触发
UPDATE 型触发器	更改某一行时激活触发器，可能通过 UPDATE 语句触发
DELETE 型触发器	删除某一行时激活触发器，可能通过 DELETE、REPLACE 语句触发

综合触发时机和触发事件，一共有 6 种类型触发器，即 BEFORE INSERT、BEFORE UPDATE、BEFORE DELETE、AFTER INSERT、AFTER UPDATE、AFTER DELETE，BEFORE 和 AFTER 参数指定了触发执行的时间，在事件之前或之后。另外需要注意：不能同时在一个表上建立 2 个相同类型的触发器，因此在一个表上最多建立 6 个触发器。

下面通过一个例子来说明创建触发器的过程。假设系统中有两个表，即班级表和学生表，表结构如下：

班级表 class（包含字段：班级号 classID，班内学生数 stuCount）；

学生表 student（包含字段：学号 stuID，所属班级号 classID）。

如果我们想要使班级表中的班内学生数随着学生的添加而自动更新，则可以采用触发器来实现，创建触发器的语法格式如下：

```
CREATE trigger tri_stuInsert after insert
on student for each row
BEGIN
    DECLARE c int;
    SET c = (select stuCount from class where classID=new.classID);
    update class set stuCount = c + 1 where classID = new.classID;
END
```

因为班内学生数的变化是在插入学生记录之后发生的，所以创建的触发器类型为 AFTER INSERT。

上例中 BEGIN 与 END 之间的语句列表使用了 DECLARE 来定义变量，使用了 SET 来给变量赋值，这与上一节存储过程中语句的使用方法一致。

此外，上例中使用了 NEW 关键字，表示插入的新记录。MySQL 中定义了 NEW 和 OLD 关键字，用来表示触发器所在的表中触发的数据。具体说明如下表所示。

	NEW	OLD
INSERT 型触发器	表示将要（BEFORE）或已经（AFTER）插入的新数据	
UPDATE 型触发器	表示将要或已经修改的新数据	表示将要或已经被修改的原数据
DELETE 型触发器		表示将要或已经被删除的原数据

NEW 关键字的使用方法为“new.columnname”，其中 columnname 为相应数据表某一列名。另外，OLD 是只读的，而 NEW 可以在触发器中使用 SET 赋值，这样就不会再次触发触发器，造成循环调用。

5.2.3 查看触发器

在 MySQL 中，查看触发器与查看数据库（SHOW DATABASES）、查看数据表（SHOW TABLES）一样，采用 SHOW 语句，语法格式如下：

```
SHOW TRIGGERS;
```

5.2.4 删除触发器

同样的，在 MySQL 中删除触发器与删除数据库、删除数据表一样，采用 DROP 语句，语法格式如下：

```
DROP TRIGGER [IF EXISTS] trigger_name
```

5.2.5 触发器执行顺序

在日常开发中创建的数据库通常都是 InnoDB 数据库，在数据库上建立的表大多是事务性表，也就是事务安全表，这时触发器的执行顺序如下所述。

（1）如果 BEFORE 类型的触发器执行失败，则 SQL 语句无法正确执行。

（2）如果 SQL 语句执行失败，则 AFTER 类型的触发器不会触发。

（3）如果 AFTER 类型的触发器执行失败，则数据会回滚。

如果要对数据库的非事务安全表进行操作，则当触发器执行顺序中的任何一步执行出错，就会造成无法回滚，同时数据可能会出错。

5.3 本章小结

存储过程与触发器是数据库系统中比较实用的两个功能。本章首先介绍了存储过程的创建和调用方法，然后详细介绍了存储过程中的各类参数、变量、运算符、流程控制语句，以及函数的定义和使用方法。在介绍存储过程的基础上，又介绍了一种特殊的存储过程——触发器（非主动调用，根据条件被动触发），包括触发器的创建、查看和删除方法，以及触发器的执行顺序。

章节练习

针对学生表（学号、姓名、出生年月、性别、班级）和班级表（班级号、班主任、学生人数）创建触发器，实现学生表每增加一条记录，对应班级表中学生人数就进行相应的增加。

第6章 数据库备份与恢复

学习任务

【任务 1】了解数据库备份的必要性，以及数据库备份与恢复的两种方式（逻辑备份、物理备份）。

【任务 2】掌握数据库备份与恢复命令，并能够应用于多种不同备份与恢复场景。

【任务 3】掌握数据导入导出工具的使用。

学习路线

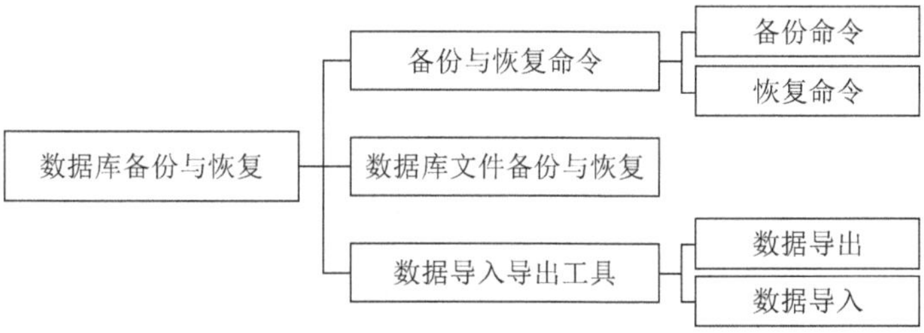

6.1 备份与恢复命令

数据库的备份与恢复是非常重要的环节。由于硬件介质原因或其他人为失误而导致的数据丢失、误删等，会造成数据的严重损失，从而造成经济成本的损失。因此，经常或定时进行数据库备份是非常有必要的。一般来说，在实际项目运行过程中，要保证数据库一个月至少备份一次。

MySQL 的备份与恢复主要分为逻辑备份与物理备份两种方式；逻辑备份采用 MySQL 命令进行；物理备份则直接备份数据库文件。

采用 MySQL 命令进行数据库的备份与恢复属于逻辑备份，是将数据库中的数据备份成一个文本文件，此文件除了可用于数据库的恢复，还可用于数据库的查看和编辑。除此之外，逻辑备份的优点在于其跨平台性，即备份文件在不同系统平台、不同数据库引擎之间可以通用。

6.1.1 备份命令

MySQL 逻辑备份主要采用 mysqldump 命令执行，这个命令存储于 MySQL 目录的 bin 目录，在使用前通常会将 MySQL 目录的 bin 目录加为系统环境变量。命令格式如下：

```
mysqldump -u [用户名] -p [密码] [数据库名] > [path]/[名称].sql
```

例如，一个 MySQL 数据库名为 system，用户名为 root，密码为 123456，如果要将其备份至 C 盘目录下的 system.sql 文件中，则可执行如下命令：

```
mysqldump -u root -p 123456 system > c:\system.sql
```

如果要备份 MySQL 中的所有数据库，则只需将数据库名改为--all-database，格式如下：

```
mysqldump -u root -p 123456 --all-database > c:\all.sql
```

如果要备份数据库中的某一个表，则只需在数据库名后加上表名，格式如下：

```
mysqldump -u root -p 123456 system test > c:\test.sql
```

6.1.2 恢复命令

MySQL 的恢复主要采用 source 这个 SQL 命令执行，与备份不同的是，恢复需要先登录 MySQL 命令界面。恢复的步骤如下所述。

首先，进入 MySQL 命令界面，选择要恢复至哪个数据库，并使用 USE 语句进入该数据库：

```
use system
```

然后，使用 source 命令，选择备份文件对该数据库进行恢复：

```
mysql>source c:\system.sql
```

6.2 数据库文件备份与恢复

数据库文件的备份与恢复也称为物理备份，因为数据库是采用文件的方式进行有效组织和存储数据的，所以找到数据库中存储数据的文件并进行拷贝，就可以实现物理备份。

物理备份的优点在于速度快，方便快捷。缺点在于操作系统、操作系统版本或数据库版本的不同，均可能导致恢复不成功。例如，在 Windows 系统下备份的数据库文件，无法在 Linux 系统下恢复；使用 MySQL 4.0 备份的数据库文件，无法在 MySQL 5.5 中恢复等。由于物理备份缺陷过多，因此不推荐直接使用此种方法备份。

6.3　数据导入导出工具

MySQL 提供了一些数据导入导出工具，可以方便用户使用可视化的方式对数据库进行备份、恢复和迁移。这里介绍 Navicat 为 MySQL 提供的数据导入导出工具的使用方法。

6.3.1　数据导出

数据导出的详细步骤如下所述。

（1）在要导出的数据库名或表名上单击鼠标右键，即可弹出快捷菜单，然后单击“转储 SQL 文件”命令。如下图所示。

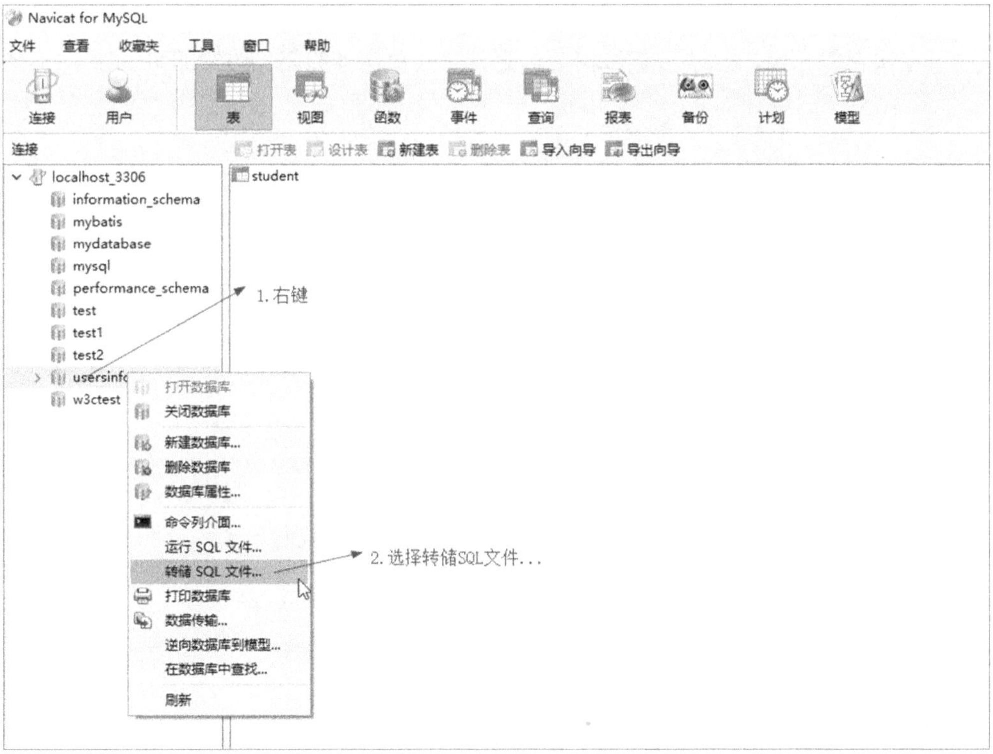

（2）在弹出的“另存为”对话框中，选择好保存位置并编辑文件名称，然后单击“保存”按钮，如下图所示。

（3）在保存成功后，会显示备份相关信息，然后单击“关闭”按钮即可。如下图所示。

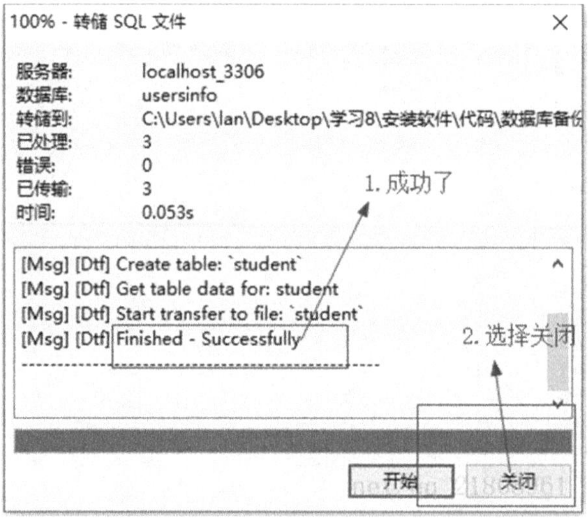

6.3.2 数据导入

数据导入详细步骤如下所述。

（1）首先，新建一个与导出数据库名称相同的数据库，并配置相同的字符集，如下图所示。

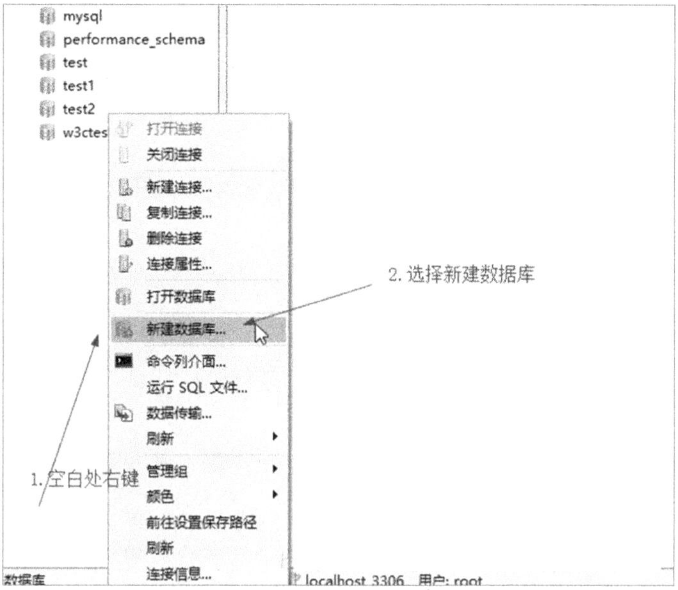

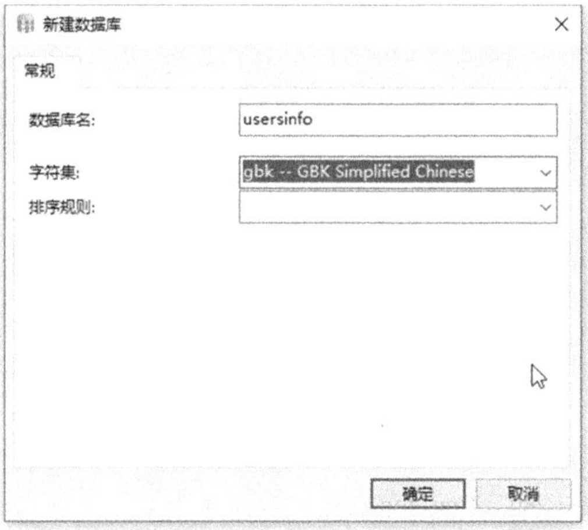

（2）然后，双击新建的数据库，其颜色变成绿色，表示已经连接上该数据库，然后右击该数据库名，弹出快捷菜单，并单击“运行 SQL 文件”命令。如下图所示。

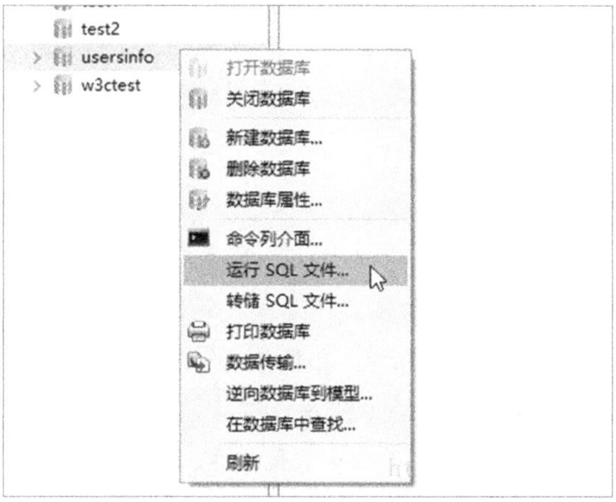

（3）在弹出的“运行 SQL 文件”对话框中，单击“...”按钮，到本地文件中选择刚才导出的 usersinfo.sql 文件。同时配置字符集为第一步设置的字符集，最后单击“开始”按钮即可导入相应数据。如下图所示。

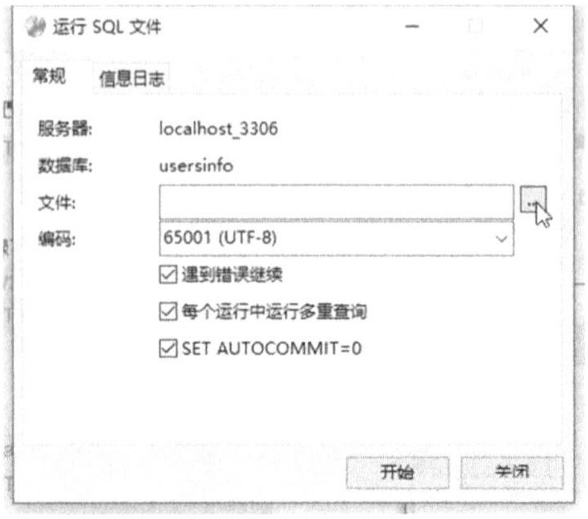

（4）在数据导入成功后，会显示成功窗口信息。如下图所示。

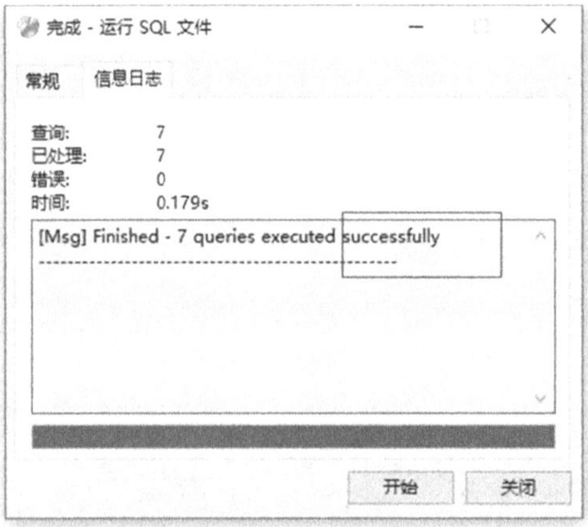

6.4 本章小结

本章主要介绍数据库备份与恢复方法，介绍了数据库两种备份方式——逻辑备份与物理备份，并分析了两种备份方式的利弊。然后详细介绍了备份与恢复命令的使用，最后介绍了 MySQL 数据导入导出工具的使用。

章节练习

1．首先创建图书管理数据库 Library，并使用 MySQL 备份命令备份该数据库，然后删除该数据库，最后使用恢复命令恢复该数据库。

2．使用数据导入导出工具导出 Library 数据库至“.sql”文件。

第二篇

PHP 技术与应用

第 7 章 PHP 概述

学习任务

【任务 1】了解 PHP 的历史。

【任务 2】安装 Apache 和 PHP。

学习路线

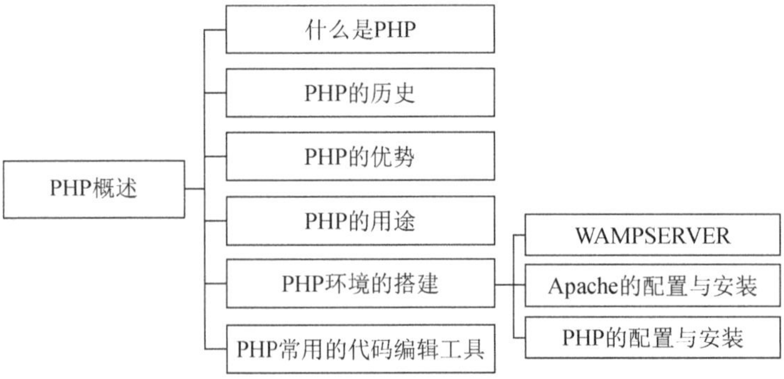

7.1 什么是 PHP

PHP（Hypertext Preprocessor，超文本预处理器）是运行在服务器端的一种通用开源脚本语言。在学习 PHP 之前，需要对 HTML、CSS 和 JavaScript 有一定的了解，因为 PHP 文件可包含文本、HTML、CSS、JavaScript 代码和 PHP 代码，PHP 文件的后缀名默认为“.php”。

7.2 PHP 的历史

在 PHP 诞生时，并不叫 Hypertext Preprocessor，而是叫 Personal Home Page，意思是个人主页，是由 Rasmus Lerdorf 在 1994 年创建的。Rasmus Lerdorf 的初衷是想做一个个人主页工具集，并用来显示其个人履历，以及统计网页流量等。后来，Rasmus Lerdorf 用 C 语言重新编写了这个工具集，增加了数据库的访问功能。PHP 2.0 定名为 PHP/FI，这里的 FI 指的是表单解释工具，英文为 Form Interpreter。PHP 的发展时间如下表所示。

时　间	版　本
1995 年初	PHP 1.0
1995 年 6 月	PHP 2.0
1998 年 6 月	PHP 3.0
2000 年 5 月	PHP 4.0
2004 年 7 月	PHP 5.0
2015 年 12 月	PHP 7.0

2005 年，PHP 社区曾发起 PHP 6.0 的项目，这个项目旨在为 PHP 提供完全内置的 unicode 的支持。但由于种种困难，该项目最终于 2010 年取消，但是，PHP 6.0 事实上已经存在，只是官方没有发布正式版而已。现在通常使用的 PHP 版本是 PHP 5.0+和 PHP 7.0+。

7.3 PHP 的优势

- 易学，它的语法混合了 C 语言、Java 语言和 Perl 语言的特点。对于有一定开发语言基础的工程师来说，该语言比较容易，可以很快地掌握。
- 开源，所有人都可以看到源代码，开源代码具有更强的可靠性和安全性。
- 跨平台，PHP 可以支持所有的服务器操作系统，如 Windows、Linux 等。
- 面向对象，具有所有面向对象的特点，如易维护、效率高、易扩展等。
- 免费，“Linux + Apache + MySQL Community Server + PHP”组合全部免费，为企业减少了很大一笔开支，目前这个组合有一个专有名称，由每一个软件的首字母组成的新词语：LAMP。
- PHP 可以同时使用多个数据库，其中和 MySQL 的搭配最佳。
- 速度快，PHP 是一种强大的 CGI 脚本语言，其执行网页速度比 Perl、ASP 等速度更快，占用系统资源更少。

7.4 PHP 的用途

- PHP 可以生成动态页面内容。
- PHP 可以创建、打开、读取、写入、关闭服务器上的文件。
- PHP 可以收集表单数据。
- PHP 可以发送和接收 Cookies。
- PHP 可以添加、删除、修改数据库中的数据。
- PHP 可以限制用户访问网站上的一些页面。
- PHP 可以加密数据。
- 使用 PHP 可以不再受限于输出 HTML，还可以输出文本、图像、PDF 文件，甚至 Flash 影片。

7.5 PHP 环境的搭建

7.5.1 WAMPSERVER

对于 PHP 初学者来说，使用 LAMP 环境来配置服务器环境有一些复杂，所以通常会选择使用 WAMP 环境来配置服务器环境。我们可以通过 http://www.wampserver.com/这个网址直接下载一键安装包，如下图所示。

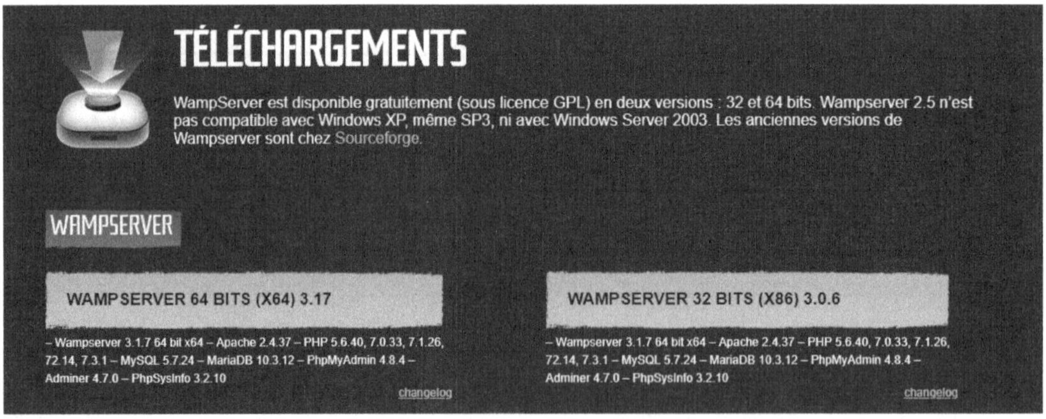

在上图中我们可以看到，它集成了 Apache、PHP 5、PHP 7、MySQL、MariaDB、phpMyAdmin、Adminer 和 PhpSysInfo。

7.5.2 Apache 的配置与安装

在官网（https://httpd.apache.org/）下载 Apache 安装包，在页面上单击“download”超链接，就可以看到几个选项，如下图所示。

其中，“.bz2”和“.gz”都是 Linux 系统中文件压缩的格式，区别在于前者比后者压缩率更高。如果想要使用 Windows 版本，则需要单击“Files for Microsoft Windows”超链接。

在进入页面后，我们可以看到如下图所示的内容。

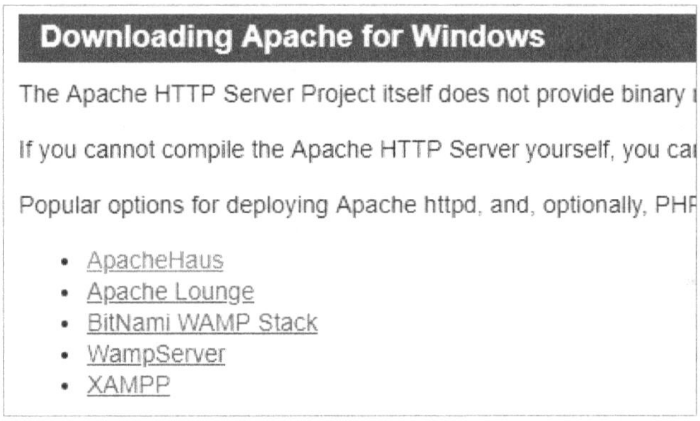

由于在 2015 年以后，官方不再提供 Apache-http-server 的 Windows 编译版本，因此如果我们需要下载 Windows 编译版本，则需要从第三方下载，如 ApacheHaus、Apache Lounge、BitNami WAMP Stack、WampServer 和 XAMPP。同时，我们可以从任意第三方选择要下载的编译包。

下载的第三方编译包名称通常包含了一些信息，比如，在 httpd-2.4.38-o111b-x64-vc15.zip 中，2.4.38 表示 Apache 的版本；o111b 表示 OpenSSL 的 1.1.1 版本；x64 表示适用于 64 位的 Windows 系统；vc15 表示该编译包需要使用 Visual Studio 2017 来编译，如果该编译包使用 vc14，则表示其需要使用 Visual Studio 2015 来进行编译。

目前传输层安全协议有两种，即 OpenSSL 和 LibreSSL，然而由于安全问题，现在很多地方已经放弃使用 OpenSSL，并转向使用 LibreSSL 了。但是，安全问题是一个客观存在的问题，具体使用哪个协议，还是需要综合考虑的。这里我们使用比较常见的 OpenSSL。

我们可以通过 https://www.microsoft.com/zh-cn/download 搜索，并且免费下载 Visual Studio 对应的版本。

在下载好安装包后，就可以安装了，安装步骤如下所述。

（1）将压缩包的内容放置到任意磁盘的根目录，这里就放置到“C:\Apache24”，如果不放在根目录，则在启动或加载模块时容易出错。

（2）修改 Apache 的配置文件，配置文件是“C:\Apache24\conf\httpd.conf”。我们需要修改的是 Apache 的物理地址，如下图所示。

```
Define SRVROOT "/Apache24"
ServerRoot "${SRVROOT}"
```

我们需要把这个地址改成 Apache 文件夹的绝对路径，此处改成“C:\Apache24”，如下图所示。

```
Define SRVROOT "C:\Apache24"
ServerRoot "${SRVROOT}"
```

然后修改 Apache 的服务器端口，如下图所示。

```
# Change this to Listen on specific IP addresses as shown below to
# prevent Apache from glomming onto all bound IP addresses.
#
#Listen 12.34.56.78:80
Listen 80
```

如果 80 端口被占用（可在 cmd 下使用命令“netstat -ano | findstr 80”来查看），则需要将 80 端口改为其他端口并进行保存。

（3）在修改完配置文件后，可以使用命令“httpd -t”来检查配置文件是否存在问题，如下图所示。

```
C:\WINDOWS\system32\cmd.exe

C:\>.\Apache24\bin\httpd.exe -t
Syntax OK

C:\>
```

（4）在安装时，我们可以在 cmd 下使用命令“httpd -k install -n apache”来安装。同时我们可以使用“httpd -h”来查看如何使用 httpd，如下图所示。

```
C:\>.\Apache24\bin\httpd.exe -h
Usage: .\\Apache24\\bin\\httpd.exe [-D name] [-d directory] [-f file]
                                   [-C "directive"] [-c "directive"]
                                   [-w] [-k start|restart|stop|shutdown] [-n service_name]
                                   [-k install|config|uninstall] [-n service_name]
                                   [-v] [-V] [-h] [-l] [-L] [-t] [-T] [-S] [-X]
Options:
  -D name            : define a name for use in <IfDefine name> directives
  -d directory       : specify an alternate initial ServerRoot
  -f file            : specify an alternate ServerConfigFile
  -C "directive"     : process directive before reading config files
  -c "directive"     : process directive after reading config files
  -n name            : set service name and use its ServerConfigFile and ServerRoot
  -k start           : tell Apache to start
  -k restart         : tell running Apache to do a graceful restart
  -k stop|shutdown   : tell running Apache to shutdown
  -k install         : install an Apache service
  -k config          : change startup Options of an Apache service
  -k uninstall       : uninstall an Apache service
  -w                 : hold open the console window on error
  -e level           : show startup errors of level (see LogLevel)
  -E file            : log startup errors to file
  -v                 : show version number
  -V                 : show compile settings
  -h                 : list available command line options (this page)
  -l                 : list compiled in modules
  -L                 : list available configuration directives
  -t -D DUMP_VHOSTS  : show parsed vhost settings
  -t -D DUMP_RUN_CFG : show parsed run settings
  -S                 : a synonym for -t -D DUMP_VHOSTS -D DUMP_RUN_CFG
  -t -D DUMP_MODULES : show all loaded modules
  -M                 : a synonym for -t -D DUMP_MODULES
  -t -D DUMP_INCLUDES: show all included configuration files
  -t                 : run syntax check for config files
  -T                 : start without DocumentRoot(s) check
  -X                 : debug mode (only one worker, do not detach)
```

从图中可以看到“-k install”表示安装 Apache 服务，“-n apache”表示安装后的服务名称。

（5）在安装成功后，需要从服务页面中启动 Apache 服务。首先，可以从“设置这种搜索服务”中单击“查看本地服务”；也可以从“控制面板”中单击“服务”；还可以右击“计算机”图标打开快捷菜单并单击“管理”命令，再从“计算机管理”对话框中单击“服务”；或者右击资源管理器左侧“计算机”图标打开快捷菜单并单击“管理”命令，再从“计算机管理”对话框中单击“服务”，从而打开服务页面（根据 Windows 的版本不同而有所不同），然后单击“apache”，即可启动该服务。

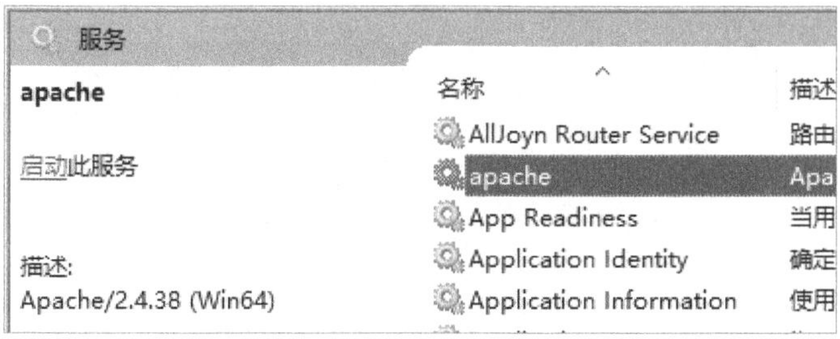

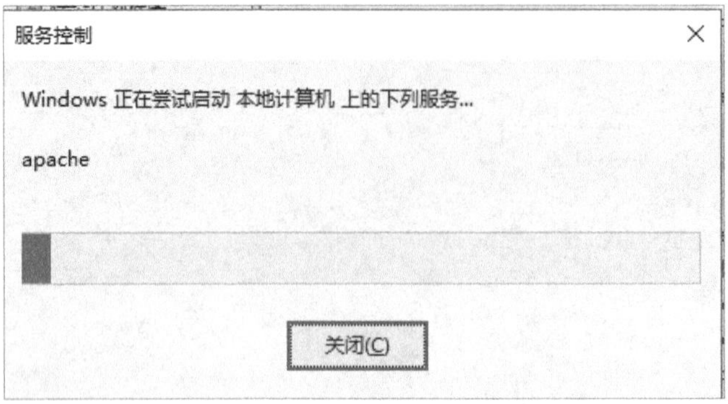

（6）在 Apache 服务启动完成后，可以在浏览器中输入“localhost”，即可看到一个网页，表示 Apache 服务安装成功。网页显示内容如下图所示。

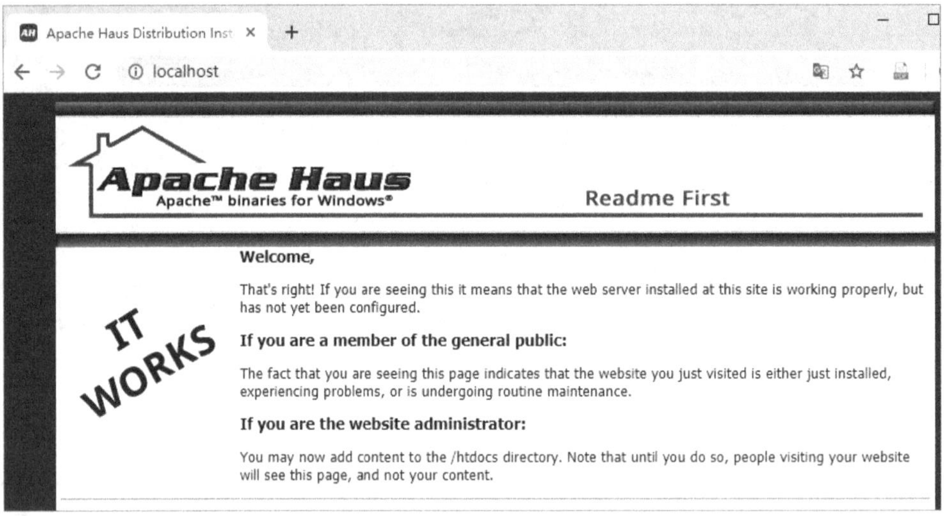

在上图中可以看到“That's right! If you are seeing this it means that the web server installed at this site is working properly”，这句话表示 Apache 服务安装成功。

（7）通过“httpd -h”可知，我们可以使用命令行来启动、停止和重启 Apache 服务，分别使用“-k start”、“-k stop”和“-k restart”来操作。如下图所示。

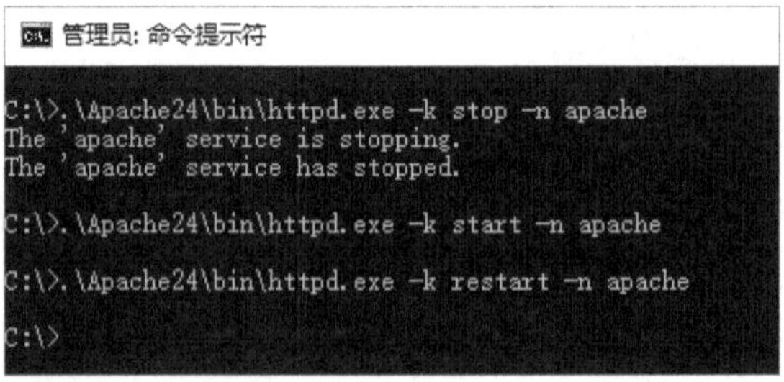

7.5.3 PHP 的配置与安装

在官网（https://windows.php.net/download/）下载 PHP 安装包，我们可以看到在下载时

有以下 3 个参数。

- VC15/VC14/VC11：表示需要使用 Visual Studio 2017/ Visual Studio 2015/ Visual Studio 2012 来编译构建。
- x32/x64：表示是使用 32 位的操作系统还是使用 64 位的操作系统。
- Non Thread Safe/Thread Safe：前者表示非线程安全；后者表示线程安全，即会对线程进行安全检查。通常使用 Thread Safe 版本。

在下载好安装压缩包后，就可以安装了，安装步骤如下所述。

（1）解压到本地目录，这里解压到根目录下，命名规范为“php verion code”，如下图所示。

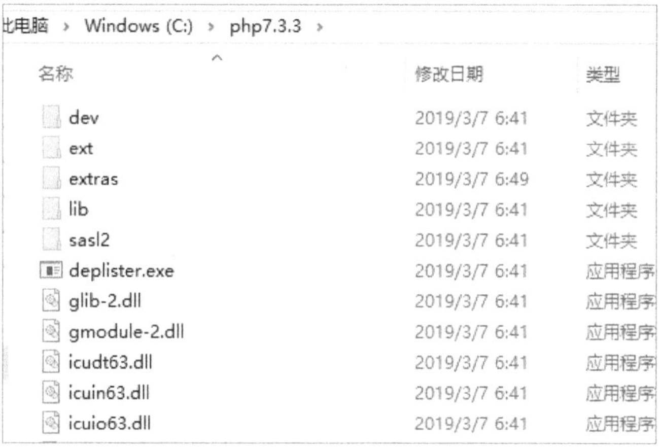

（2）配置 PHP：PHP 根目录存在两个配置文件，即 php.ini-development 和 php.ini-production，通常前者多用在开发环境中，后者多用在生产环境中。这里选择使用 php.ini-development 文件，先将 php.ini-development 文件复制出一份副本，然后将副本文件名改为 php.ini 即可。

（3）同 Apache，首先需要修改配置文件中全局变量 PHP 的目录，打开 php.ini 文件，找到如下图所示的内容。

```
; Directory in which the loadable extensions (modules) reside.
; http://php.net/extension-dir
;extension_dir = "./"
; On windows:
;extension_dir = "ext"
```

将“;extension_dir = "ext"”前面的分号删除，并修改 PHP 的目录，如下图所示。

```
; Directory in which the loadable extensions (modules) reside.
; http://php.net/extension-dir
;extension_dir = "./"
; On windows:
extension_dir = "C:\php7.3.3\ext"
```

（4）在 Apache 配置文件中加入 PHP 的相关配置，在 httpd.conf 文件任意位置加上 PHP 的配置并保存，如下图所示。

```
# Apache增加PHP文件类型
AddType application/x-httpd-php .php
# 加载PHP模块
LoadModule php7_module C:\php7.3.3\php7apache2_4.dll
# 加载PHP配置文件
PHPIniDir C:\php7.3.3\php.ini
```

（5）重启 Apache 服务。

（6）编写一段简单的 PHP 代码放在 Apache 的资源目录下，代码如下：

```
<?php
echo "hello world";
?>
```

将以上代码保存到 Apache 默认的资源目录“C:\Apache24\htdocs”下，并保存名称为 index.php。

（7）启动浏览器输入“localhost/index.php”，出现如下图所示的内容表示 PHP 安装成功。

（8）在正常情况下，不会使用 Apache 默认的资源目录，而是会使用其他目录，这就需要修改 httpd.conf 文件的内容，如下图所示。

```
#
# DocumentRoot: The directory out of which you will serve your
# documents. By default, all requests are taken from this directory, but
# symbolic links and aliases may be used to point to other locations.
#
DocumentRoot "${SRVROOT}/htdocs"
<Directory "${SRVROOT}/htdocs">
```

首先将 DocumentRoot 和 Directory 指定的目录改为我们想要用的其他目录，这里就指定和 Apache、PHP 处于同一磁盘的目录 www；然后在指定完成后重启 Apache 服务，将之前的 index.php 文件剪切并粘贴到 C:\www 目录下；最后通过浏览器测试是否修改成功，如下图所示。

```
#
# DocumentRoot: The directory out of which you will serve your
# documents. By default, all requests are taken from this directory, but
# symbolic links and aliases may be used to point to other locations.
#
DocumentRoot "C:\www"
<Directory "C:\www">
```

7.6　PHP 常用的代码编辑工具

PHP 的开发工具有很多，并且每一种开发工具都有自己的优势，找到一款适合自己的开发工具，可以使 PHP 开发变得更加轻松和高效。

1．https://notepad-plus-plus.org/

Notepad++是一款文本编辑器，软件小巧高效，支持多种编程语言，如 C、C++、Java、C#、XML、HTML、PHP、JavaScript 等。

2．https://code.visualstudio.com/

Visual Studio Code 是编写现代 Web 和云应用的跨平台源代码编辑器。

3．http://www.sublimetext.com/

Sublime Text 是一个轻量级的编辑器，也支持各种编程语言。

4．https://atom.io/

Atom 是 GitHub 专门为程序员推出的一个跨平台文本编辑器。

5．http://www.dcloud.io/

HBuilder 是一款国产的前端开发工具。

6．http://www.eclipse.org/

Eclipse 是一款支持各种语言开发的集成开发环境，为程序开发提供了很多强大的功能，是一款老牌的开发工具。

7．http://www.zend.com/

Zend Studio 是目前公认的最强大的 PHP 开发工具，具备十分专业的编辑功能、调试工具等，目前 Zend Studio 是一款收费软件，提供免费的试用版。

7.7　本章小结

本章介绍了 PHP 的历史，以及 PHP 的优势和用途，需要重点掌握 Apache 的安装和 PHP 的安装。

第 8 章 PHP 语言基础

学习任务

【任务 1】掌握 PHP 的基本语法。

【任务 2】掌握 PHP 的数据类型。

【任务 3】掌握 PHP 的流程控制语句。

【任务 4】掌握 PHP 常量、变量、函数。

学习路线

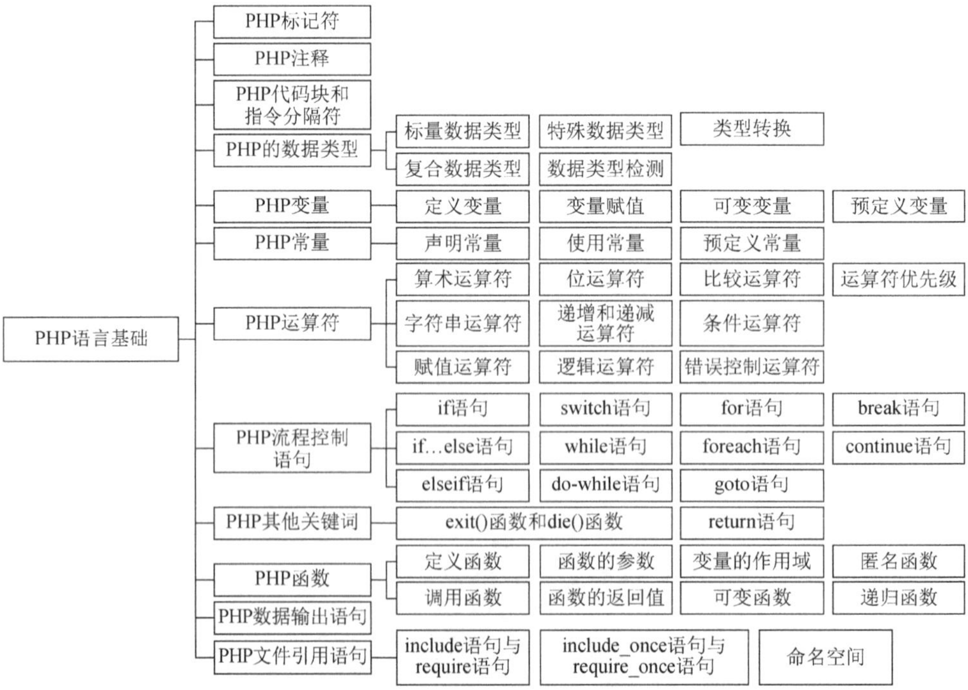

8.1 PHP 标记符

在一般情况下，PHP 代码都会被嵌入 HTML 文档中，PHP 代码在 HTML 文档中有以下 4 种写法。

1. 默认写法

通过“<?php”和“?>”标记分隔 PHP 代码，通过这种风格，可以在 HTML 文档的任意位置混合 PHP 代码。例如：

```
<?php
echo "hello world";
?>
```

2. 脚本写法

通过<script>标签包含 PHP 代码，然后通过 language 属性设置脚本语言为“php”，例如：

```
<script language="php">
echo "hello world";
</script>
```

3. 简写写法

去掉默认写法的“php”关键字，例如：

```
<?
echo "hello world";
?>
```

4. ASP 写法

通过“<%”和“%>”标记分隔 PHP 代码，不推荐使用，例如：

```
<%
echo "hello world";
%>
```

8.2 PHP 注释

注释可以理解为代码的解释说明，一般添加到代码的上方或尾部，使用注释可以提高代码的可读性，有利于代码的后期维护。PHP 中注释有以下 3 种写法。

1. 单行注释

以“//”开头，在这一行中，它后面的内容全部为注释，例如：

```
<?php
```

```
// 注释
echo "hello world";  // 注释
?>
```

2．多行注释

以“/*”开头，以“*/”结尾，这两个符号中间的内容全部为注释，例如：

```
<?php
/*
这
里
是
注
释
*/

/*
 * 这里是注释
 * 不会被显示
 * 这样写很好看
 */
?>
```

3．shell 风格注释

同单行注释，不过以“#”开头，例如：

```
<?php
# 注释
?>
```

8.3 PHP 代码块和指令分隔符

PHP 程序由一条或多条 PHP 语句组成，通常一条 PHP 语句独占一行，这样可以提高代码的阅读性。如果多条 PHP 语句存在某种关联，则可以用大括号将这几条 PHP 语句括起来，表示一个代码块，通常用于流程控制语句、函数等。

在其他编程语言中，通常每一句代码末尾都有一个分号（;）作为指令分隔符。是否使用分号结尾，可以分为以下 3 种情况：

- 一般功能执行语句，必须加上分号。
- 代码结构定义语句，后面不加分号。
- “?>”前的分号，可以加，也可以不加。

示例代码如下：

```
<?php
echo "hello world";
```

```
echo "welcome to Beijing";

function print_hello() {
    echo "hello world";
    echo "welcome to Beijing";
}

echo "hello world";
echo "welcome to Beijing"
?>
```

8.4　PHP 的数据类型

数据是计算机操作的对象，每一个数据都有它对应的类型，在通常情况下，具有相同类型的数据是可以进行运算的，具备这种特点的语言叫作强类型语言。而 PHP 是一种弱类型语言，它与强类型语言相反，它的一个变量可以赋予不同数据类型的值。

8.4.1　标量数据类型

标量数据类型是最基本的数据类型，用来存储简单直接的数据，在 PHP 中，标量数据类型分为 4 种，如下表所示。

类　型	中　文	说　明
boolean	布尔型	最简单的数据类型，只有 true 和 false 两个值
string	字符串型	连续的字符序列，可以是计算机能表示的所有字符的集合
integer	整型	指的是整数，包含正整数、0、负整数
float	浮点型	指的是整数和小数

1. 布尔型

布尔型是最简单、最基本的数据类型，它的值只有两个，包括 true 和 false，通常用在流程控制语句中。示例代码如下：

```
<?php
$open=true;
if ($open) {
    echo "opening";
} else {
    echo "closed";
}
?>
```

2. 字符串型

字符串型由一系列的字符组成，在通常情况下，一个字符是一个字节，而一个汉字在计算机中占据两个字符。定义字符串可以通过以下 5 种方法来定义。

（1）双引号：直接用双引号引起来，包含的变量会被解析。

（2）单引号：直接用单引号引起来，所有内容都不会被解析。

（3）Heredoc 结构：是一个文件输入或数据流输入，可以被当作完整文件的块状代码。它可以保存文字中的换行或缩排等空白字元。一些语言允许在字符串里执行变量替换和命令替换。Heredoc 结构类似于双引号引起来的字符串，其包含的变量会被解析。它的使用方法如下所述。

- 使用操作符“<<<”开头，操作符后连接标识符（开始标识符）和换行符，标识符可以自定义，一般为 EOD、EOF、EOT 等。
- 输入要引用的字符串，字符串可以正常解析变量，但不能解析函数。
- 最后在新的一行顶格写标识符（结束标识符），并连接分号结束，这一行里不允许有其他内容。

（4）Nowdoc 结构：结构与 Heredoc 结构类似，与其不同的是，Nowdoc 结构类似于单引号引起来的字符串，所以 Nowdoc 结构中的所有内容都不进行解析，通常用于嵌入 PHP 代码或其他大段包含很多特殊字符的文本，在 Nowdoc 结构中，这些内容都不需要转义。它的使用方法和 Heredoc 结构也很相似，唯一的不同是开始标识符需要用单引号引起来。

（5）转义：PHP 会对双引号所引起来的一些特殊字符进行解析，即通过特殊转义符来显示这些特殊字符。常见的转义符及其意义如下表所示。

转义字符	意 义
\b	退格（BS），将当前位置移动到前一列
\n	换行（LF），将当前位置移动到下一行开头
\r	回车（CR），将当前位置移动到本行开头
\t	水平制表（HT），跳到下一个 TAB 位置
\v	垂直制表（VT）
\\	表示反斜杠字符“\”
\'	表示单引号字符
\"	表示双引号字符
\?	表示问号
\0	表示空字符（NULL）

3. 整型

整型数据仅包含整数，可以用十进制、二进制、八进制、十六进制表示，前面加上“+”和“-”的符号来分别表示正整数和负整数。在数字前面加上 0 表示八进制整数，加上 0x 表示十六进制整数，加上 0b 表示二进制整数。示例代码如下：

```
<?php
$a = 12;
$b = 012;
$c = 0b10101010;
```

```
$d = 0x2F67;
?>
```

整型数据的数值范围与平台有关。在 32 位操作系统下，其首位是符号位，取值范围是 -2^{31}～2^{31}；在 64 位操作系统下，其首位是符号位，取值范围是 -2^{63}～2^{63}。

4．浮点型

浮点型数据也叫双精度数或实数，其定义方式有以下两种。

（1）标注格式定义：$a=1.234。

（2）科学计数法格式定义：$b=1.2e3，$c=7e-10。

浮点型数据只是一个近似值，不能精确到最后一位，所以应避免对浮点型数据进行大小比较。如果需要提高数据的精度，则应使用任意精度数学函数或 gmp 函数定义精度。

NAN（Not A Number，非数）是计算机科学中数值数据类型的一类值，表示未定义或不可表示的值，常在浮点型数据运算中使用。如 3/0（除数不能为 0）、sin(2)（三角函数 sin 取值范围是-1～1）等，我们可以使用 is_nan()函数来判断某些运算结果是否是一个数值，如果该运算结果是一个数值，则返回 false，如果该运算结果是 NAN，则返回 true。

另外，还有 INF（无穷大），在进行幂运算时经常会遇到。例如：

```
<?php
$a = 1.2346;
$b = 7.6e-10;
$c = 5.4e32;
$d = NAN;
$e = INF;
?>
```

8.4.2　复合数据类型

复合数据类型包括数组和对象两种数据，如下表所示。

类　型	中　文	说　明
array	数组	一组有序的数据集合
object	对象	对象是类的实例，用 NEW 命令创建

1．数组

数组表示一组有序数据集合。数组中的每个数据单元为一个元素。元素由索引（键名）和值两个部分构成，其中索引通常为整数或字符串，值为任意类型的数据。数组的定义方式如下所述。

定义方法 1：运用 array()函数。示例代码如下：

```
<?php
$array = array ( 1 , 2 , 3 , 4 , 5 );
```

```
$array = array ( "a" => 1 , "b" => 2 , "c" => 3 , "d" => 4 , "e" => 5 );
?>
```

定义方法 2：直接赋值。示例代码如下：

```
<?php
$array["a"] = 1;
$array["b"] = 2;
$array["c"] = 3;
$array["d"] = 4;
$array["r"] = 5;
$array[0] = 1;
$array[1] = 2;
$array[2] = 3;
$array[3] = 4;
$array[4] = 5;
?>
```

array()函数可以接受任意数量的数组，或者用逗号隔开的键（key）/值（value）对，键和值之间通过运算符“=>”进行连接。键（key）通常为整数或字符串，值（value）为任意类型的数据。同时 array()函数可以在变量后的方括号内直接指定键名来访问数组元素，或者给数组赋值。

2. 对象

对象是面向对象编程的基础。在 PHP 中，创建一个对象的方法为使用 NEW 命令将一个类进行实例化，例如：

```
<?php
//实例化一个 PDO 对象，PDO 是面向对象操作数据库的一个类
$pdo = new PDO ( $dsn, $username, $password );
?>
```

8.4.3 特殊数据类型

特殊数据类型包括空值和资源两种数据，如下表所示。

类　型	中　文	说　明
NULL	空值	表示变量没有数值，是一种特殊的值
resource	资源	也叫作句柄，是一种特殊变量，能够保存一个到外部资源的引用，通常用专门的函数来定义和使用

1. 空值

空值表示变量没有任何值，表示为 NULL 或 null，其不区分大小写，两者的效果是完全一样的。如果出现如下情况，变量应被视为空值。

（1）没有赋值，如“$a”。

（2）赋值为 NULL 或 null，如“$b=null”。

（3）被 unset()函数处理过的变量，即使用该函数释放了之前定义的变量值，如“$c=10”和 “unset($c)”。

2. 资源

资源是通过调用专门的函数进行建立和使用的，如打开文件、连接数据库、图形画布等，示例如下所述。

（1）打开文件：$file=fopen("f.txt","r")。

（2）连接数据库：$con=mysqli_connect("localhost","root","123456")。

（3）图形画布：$img=imagecreate(100,100)。

资源的常用操作有创建、使用和释放。在运用资源类型时，系统会自动启动垃圾回收机制，并在页面执行完毕后回收资源，以避免占用系统内存资源。因此，资源类型通常不需要手动释放内存。

8.4.4 数据类型检测

PHP 内置了能够检测多种数据类型的一系列函数，用于判断数据属于哪个类型。数据类型检测函数如下表所示。

函 数 名	返 回 值
is_bool	若为布尔型，则返回 true；否则返回 false
is_string	若为字符串型，则返回 true；否则返回 false
is_float	若为单精度浮点型，则返回 true；否则返回 false
is_double	若为双精度浮点型，则返回 true；否则返回 false
is_integer	若为整型，则返回 true；否则返回 false
is_int	若为整型，则返回 true；否则返回 false
is_null	若为空值型，则返回 true；否则返回 false
is_array	若为数组型，则返回 true；否则返回 false
is_object	若为对象型，则返回 true；否则返回 false
is_numeric	若为数字或者由数字组成的字符串，则返回 true；否则返回 false
var_dump	直接打印数据类型

```
<?php
$a;
echo "a=true, is_bool: " . is_bool ( $a = true ) . "<br />";
echo "a=\"hello\", is_string: " . is_string ( $a = "hello" ) . "<br />";
echo "a=3.14, is_float: " . is_float ( $a = 3.14 ) . "<br />";
echo "a=3.14, is_double: " . is_double ( $a = 3.14 ) . "<br />";
echo "a=120, is_integer: " . is_integer ( $a = 120 ) . "<br />";
echo "a=120, is_int: " . is_int ( $a = 120 ) . "<br />";
echo "a=null, is_null: " . is_null ( $a = null ) . "<br />";
echo "a=array ( 1 ), is_array: " . is_array ( $a = array ( 1 ) ) . "<br
/>";
```

```
    echo "a=new DateTime(), is_object: ".is_object( $a = new DateTime() )."<br
/>";
    echo "a=\"11010\", is_numeric: ".is_numeric( $a = "11010" )."<br />";
    var_dump(is_numeric( $a));
    ?>
```

运行结果如下图所示。

true 通过 echo 语句显示为 1，通常 boolean 类型的变量都是使用 var_dump 来查看的。

8.4.5 类型转换

PHP 是一种弱类型语言，通常在使用时无须定义变量类型。但在 PHP 开发的过程中经常会遇到接收到的数据类型和想要的数据类型不一样的问题，这时我们就可以使用 PHP 进行强制类型转换，PHP 支持的强制类型转换如下所述。

数据类型转化的方式有以下 3 种。

（1）在要转换的变量之前加上用括号括起来的目标类型，允许转换的类型如下表所示。

转换操作符	解　释
(bool)(boolean)	转化为布尔型
(string)	转化为字符串型
(int)(integer)	转化为整型
(float)(double)	转化为浮点型
(array)	转化为数组
(object)	转化为对象
(unset)	转化为 NULL
(binary)，b 前缀	转化为二进制字符串

示例代码如下：

```
<?php
$valu1 = 2.76;
$valu2 = ( int ) $valu1;
var_dump ( $valu1 );          // 输出 float(2.76)
```

```
var_dump ( $valu2 );          // 输出 int(2)
?>
```

（2）使用 3 个具体类型的转换函数——intval()函数、floatval()函数、strval()函数，示例代码如下：

```
<?php
$str = "542.83";
$int = intval ( $str );      // 转换为整型: 542
$float = floatval ( $str ); // 转换为浮点型: 542.83
$str = strval ( $float );   // 转换为字符串型，功能同"string": "542.83"
?>
```

（3）使用通用类型转换函数——settype(mixed var, string type)函数，示例代码如下：

```
<?php
$num = 32.78;
$mal = settype ( $num, "int" );
var_dump ( $mal );            // 输出 bool(true)
var_dump ( $num );            // 输出 int(32)
?>
```

运行结果如下图所示。

在进行布尔型转化时，在返回 false 或出现下述布尔值时，该布尔值被认定为假(false)，否则被认定为真（true）。

- 整型值 0。
- 浮点型值 0.0。
- 字符串值"0"。
- 空字符串""。
- 不包括任何元素的空数组。
- 不包括任何变量的空对象。
- 空值 NULL 和其他尚未设定的变量。
- 从未进行标记的 XML 文档生成的 SimpleXML 对象。

需要说明的是，-1 和其他非零值是一样的，都被认为是真的。示例代码如下：

```
<?php
$a = 0;
echo "<br />0 是";
var_dump ( ( bool ) $a );
echo "<br />-1 是";
```

```
var_dump ( ( bool ) ($a = - 1) );
echo "<br />3.14 是";
var_dump ( ( bool ) ($a = 3.14) );
echo "<br />null 是";
var_dump ( ( bool ) ($a = null) );
echo "<br />空数组是";
var_dump ( ( bool ) ($a = array ()) );
?>
```

运行结果如下图所示。

当布尔值转化为整型时，false 变为 0，true 变为 1；当布尔值转化为字符串时，false 变为""（空字符串），true 变为 1。

当浮点型转化为整型时，将向零取整；若浮点型数值超出了整型数值范围，由于数据转化所需的精度不够，则通常转化结果是不确定的，且没有任何警告或通知。另外，不能将未知分数强制转化为整型值，这会引起不可预知的结果，

当整型或浮点型转化为字符串型时，会变为数字样式的字符串。

当空数组转化成字符串时，会变为“Array”。

当资源在进行字符串转化时，会变为“Resource id #1”形式的字符串，其中 1 为 PHP 分配给该资源的特殊数字。

空值 NULL 会转化为空字符串。

示例代码如下：

```
<?php
$a = 0;
echo "<br />true 转化成整型: ";
var_dump ( ( int ) ($a = true) );
echo "<br />false 转化成整型: ";
var_dump ( ( string ) ($a = false) );

echo "<br />true 转化成字符串: ";
var_dump ( ( string ) ($a = true) );
echo "<br />false 转化成字符串: ";
var_dump ( ( string ) ($a = false) );
echo "<br />4.99 转化成整型: ";
var_dump ( ( int ) ($a = 4.99) );
echo "<br />2.2e32 转化成整型: ";
var_dump ( ( int ) ($a = 2.2e32) );
echo "<br />(0.1 + 0.7) * 10) 运算结果转化成整型: ";
var_dump ( ( int ) ((0.1 + 0.7) * 10) );
echo "<br />3.14 转化成字符串: ";
var_dump ( ( string ) ($a = 3.14) );
```

```
echo "<br />resource 类型转化成字符串: ";
var_dump ( ( string ) ($a = fopen ( "f.txt", "r" )) );
echo "<br />空数组转化成字符串: ";
var_dump ( ( string ) ($a = array ()) );
?>
```

运行结果如下图所示。

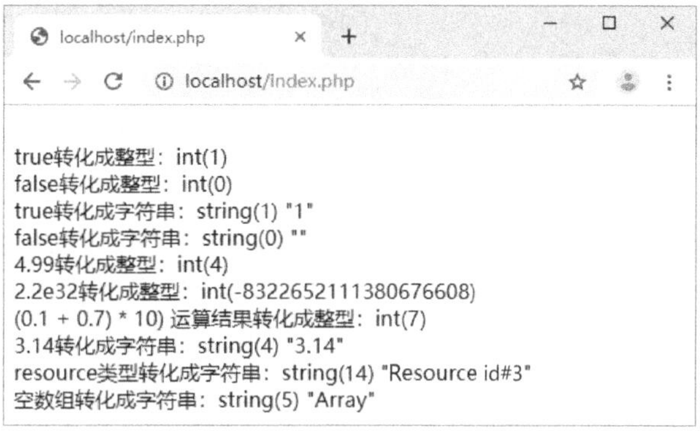

8.5 PHP 变量

变量是计算机语言中能储存信息或数值的抽象概念。变量可以借助变量名进行访问。在指令式语言中，变量通常是可变的。

8.5.1 定义变量

通常系统会为程序中的变量指定一个存储单元，而这些存储单元可以存储任意类型的数据。PHP 的变量定义由前缀符号$和变量名两部分组成，其中变量名不能以数字或特殊字符开头，而需要以字母或下画线开头，并且区分大小写；变量只能由数字、字母和下画线构成。

PHP 无须事先进行声明，而且如果没有创建变量的命令，变量会在首次赋值时被直接创建。

8.5.2 变量赋值

1. 直接赋值

PHP 变量赋值能直接使用“=”运算符实现，形式为“$变量名=变量值”。其中，若变量值为数字，则直接写；若变量值为字符串，则需加引号。例如：

```
$val1 = 123;
$val2 = "abc";
```

2. 传值赋值

PHP 的变量之间能够相互赋值，例如：

```
<?php
$val1 = 87.4;
$val2 = $val1;
echo $val2; // 显示为 87.4
?>
```

在进行传值赋值时，变量之间只是在传递值的信息，变量在内存中的存储单元还是相互独立的。

3．引用赋值

引用赋值就是用不同的名称对同一个变量的内容进行多次访问，当改变其中一个变量值时，其他的变量值也会随之发生变化，例如：

```
<?php
$val1 = '66.42';
$val2 = $val1;          // 引用变量$val1
$val1 = 'change';       // 修改变量$val1 的值
echo $val2;             // 变量$val2 的值显示也被修改为字符串'change'
?>
```

4．取消引用

当不需要引用功能时，可以使用 unset()函数来取消变量引用。该函数功能只是断开了变量内容和变量名之间的关联绑定，而不是对变量内容进行销毁，例如：

```
<?php
$a = 65;
$b = &$a;
var_dump ( $b );
echo "<br />";
unset ( $b );
var_dump ( $a );
var_dump ( $b );
?>
```

运行结果如下图所示。

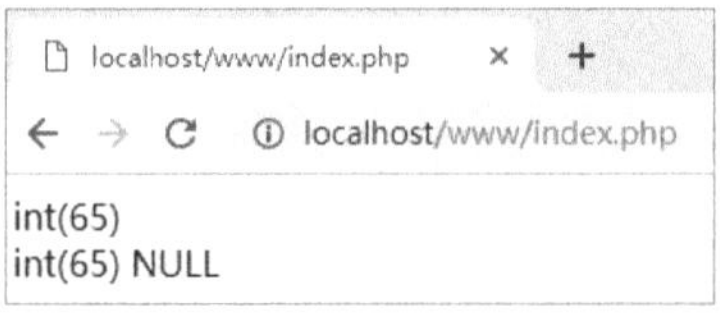

8.5.3 可变变量

可变变量是一种特殊的变量类型，可以动态设置变量的名称，即用一个变量的值作为另外一个变量的名称。因此，可变变量也被称为变量的变量。该变量的定义方式是在变量前使用两个“$”符号。例如：

```
<?php
$a = 'hello';
$$a = 'world'; // 把$a 作为变量名，可以理解为把$a 的值 hello 作为变量名，等同于${$a}
和$hello
echo "$a $$a" . "<br />";
echo "$a ${$a}" . "<br />";
echo "$a $hello" . "<br />";
$a = "hi"; // 把$a 变量做修改，$$a 的$a 的值发生了变化，等同于$hi，执行打印会发现$hi
无内容
echo "$a $$a" . "<br />"; // 这里的打印可以很清楚地看到$$a 等同于$hi
echo "$a ${$a}" . "<br />";
echo "$a $hi" . "<br />";
echo "$a $hello" . "<br />";
?>
```

运行结果如下图所示。

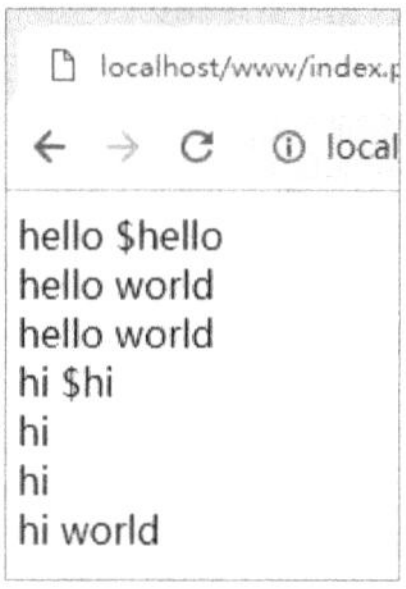

8.5.4 预定义变量

PHP 还包含许多简单实用的预定义变量，这些预定义变量可以获取用户会话、用户操作系统环境和本地操作系统环境等信息。常见的预定义变量如下表所示。

预定义变量	说 明
$GLOBALS	引用全局作用域中可用的全部变量
$_GET	HTTP GET 变量
$_POST	HTTP POST 变量
$_FILES	HTTP 文件上传变量
$_REQUEST	HTTP REQUEST 变量
$_SESSION	Session 变量
$_ENV	环境变量
$_COOKIE	HTTP Cookies
$php_errormsg	一个错误信息
$HTTP_RAW_POST_DATA	原生 POST 数据
$http_response_header	HTTP 响应头
$argc	传递给脚本的参数数目
$argv	传递给脚本的参数数组

续表

预定义变量		说　明
$_SERVER	$_SERVER['SERVER _ADDR']	运行脚本所在服务器的 IP 地址
	$_SERVER['SERVER _NAME']	运行脚本所在服务器主机的名称。如果该脚本运行在一个虚拟主机上，则该名称由虚拟主机所设置的值决定
	$_SERVER['REQUEST _METHOD']	访问页面时的请求方法，如 GET、HEAD、POST、PUT 等。如果请求方式是 HEAD，PHP 脚本将在送出头信息后中止（这意味着在产生任何输出后，不再输出缓冲），通常为 GET 和 POST
	$_SERVER['SERVER _PORT']	服务器所使用的端口，默认为 80。如果使用 SSL 安全连接，则这个值为用户设置的 HTTP 端口

8.6 PHP 常量

常量是指值不会发生变化的量。它具有全局性，能在整个脚本中贯穿使用。如果常量值被定义，则该值在脚本执行期间都不能改变或取消定义。常量的名称命名规则和其他 PHP 变量命名规则是类似的，即由字母、数字和下画线构成，数字不能作为名称的开头。在通常情况下，常量在命名时，其名称应全部大写。需要注意的是，常量可以在任意区域定义和访问而无须考虑作用域，在定义或引用常量时，其前面没有“$”符号，一旦常量定义成功，就不能重新定义或取消定义，它的值只能是标量数据类型。

8.6.1 声明常量

常量的声明方式有两种。

1. define()函数

define()函数的语法格式如下：

```
bool define (string name, mixed value, bool case_insensitive)
```

其中，name 为变量名；value 为常量的值，且值的类型必须为 array、integer、string、boolean、NULL；case_insensitive 为可选参数，默认值为 false，表示该常量区分大小写，若将其设置为 true，则该常量不区分大小。在常量声明成功后，会返回 true；如果常量声明不成功，则返回 false。示例代码如下：

```
<?php
$result = define ( "LOCALHOST", "http://localhost" );
var_dump ( $result );
echo "<br />" . LOCALHOST;
?>
```

运行结果如下图所示。

2. const 关键字

该方式所定义的常量必须位于最顶端的作用区域，通常在编译时使用，且不能在函数内、循环内、if 语句内使用该方式定义常量。示例代码如下：

```
<?php
const LOCALHOST = "http://localhost";
echo "<br />" . LOCALHOST;
?>
```

8.6.2　使用常量

常量值的使用方式有两种：一种方式是运用常量直接获取；另一种方式是运用 constant()函数获取。两种方式的效果相同，但 constant()函数可以获取动态常量，使用起来也更为灵活、方便。constant()函数的语法格式如下：

```
mixed constant (string name)
```

其中，name 为需要获取或存储的常量名称。若获取或存储常量成功，则返回常量值，否则显示错误信息。示例代码如下：

```
<?php
define ( "VALUE", 200 );
echo VALUE;
echo "<br />";
echo constant ( "VALUE" );
?>
```

运行结果如下图所示。

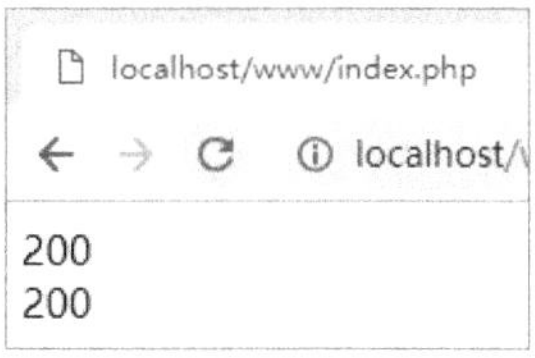

8.6.3　预定义常量

在 PHP 中，许多常量是由扩展库进行定义的，只有在系统中加载这些扩展库后，这些常量才会出现。一些特殊的预定义常量的值会随着它们在代码中位置的变化而变化，例如，魔术常量_LINE_就是一种预定义常量，它的值是由其在脚本中所处的行位置来决定的。常用的预定义常量如下表所示。

常　量　名	常量值举例	说　　明
PHP_VERSION	7.3.3	当前 PHP 版本
PHP_OS	WINNT	当前 PHP 使用的操作系统
PHP_INT_MAX	9223372036854775807	最大的整型值
M_PI	3.1415926535898	π

8.7 PHP 运算符

运算符是用来对数据、变量和常量进行计算的符号，即通过一系列值或表达式的变化产生另外一个值。所以，能够返回值的结构就可以被称为运算符，而那些不能返回值的结构就不是运算符。例如，函数通常被称为一个运算符，而 echo 就不能被称为运算符。PHP 中包含 3 种类型的运算符。

- 一元运算符：只对一个值进行运算，例如反运算符“!”，递加运算符“++”。
- 二元运算符：对两个值进行运算，PHP 所支持的运算符类型多为此类。
- 三元运算符：运用一个值或表达式对另外两个值或表达式进行选择运算，属于条件语句。为避免使用错误，通常用括号将整个三元表达式括起来。

8.7.1 算术运算符

算术运算符是用来进行四则运算的符号。常用的算术运算符如下表所示。

算术运算符	说　明	示　例
+	加法	$x + $y
-	若出现在变量最前面，则为取相反值；若出现在两个变量之间，则为减法	- $y；$x - $y
*	乘法	$x * $y
/	除法	$x / $y
%	取余数	$x % $y，得到$x 除以$y 的余数

8.7.2 字符串运算符

字符串运算符只有一个“.”（英文的句号）。该运算符能够将两个或两个以上的字符串进行连接，组合成一个新的字符串。需要注意的是，“+”仅能用于赋值运算，不能作为字符串运算符。例如：

```
<?php
$a = "1English";
$b = "2man";
$c1 = $a . $b;
$c2 = $a + $b;
echo $c1;
echo "<br />";
echo $c2;
?>
```

运行结果如下图所示。

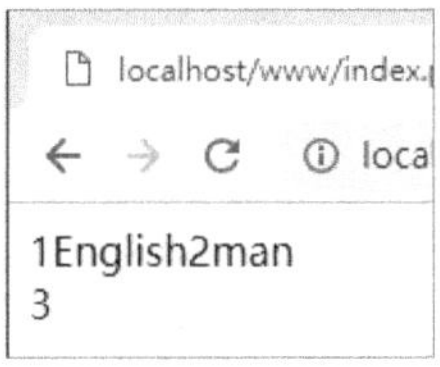

8.7.3 赋值运算符

赋值运算符为“=”，表示把右边表达式的值赋给左边的变量。例如，“$val=($a=8)+2”表示先将括号内的 8 赋值给变量$a，然后进行括号外的赋值运算，所以变量$val 的值输出为 10。

赋值运算符“=”还可以和其他运算符组合成组合赋值运算符，如下表所示。

组合运算符	说　明	示　例
.=	表示将右边的字符加到左边	$x .= $y 等价于$x = $x . $y
+=	表示将右边的值加到左边	$x += $y 等价于$x = $x + $y
–=	表示将右边的值减到左边	$x –= $y 等价于$x = $x – $y
*=	表示将右边的值乘到左边	$x *= $y 等价于$x = $x * $y
/=	表示将右边的值除到左边	$x /= $y 等价于$x = $x / $y

8.7.4 位运算符

位运算符在 PHP 中不会经常使用。它是指将二进制位从低位到高位对齐后进行运算，能够对整型值中指定的位进行求值和操作。如果位运算符两边的参数都为字符串，则位运算符将操作字符串的 ASCII 值。常见的位运算符如下表所示。

运 算 符	说　明	示　例
&	按位与	$a & $b，运算规则见下表
|	按位或	$a | $b，运算规则见下表
^	按位异或	$a ^ $b，运算规则见下表
~	按位取反	$a ~ $b，运算规则见下表
<<	向左移动	$a << $b，每移动一次，值乘以 2
>>	向右移动	$a >> $b，每移动一次，值除以 2

位运算符的运算规则如下表所示。

运 算 符	示　例			
&	0 & 0 = 0	0 & 1 = 0	1 & 0 = 0	1 & 1 = 1
|	0 | 0 = 0	0 | 1 = 1	1 | 0 = 1	1 | 1 = 1
^	0 ^ 0 = 0	0 ^ 1 = 1	1 ^ 0 = 1	1 ^ 1 = 0
~	~ 0 = 1	~ 1 = 0		

示例代码如下：

```
<?php
echo 12 & 22;
```

```
    echo "<br />" . (12 | 22);
    echo "<br />" . (2 ^ 3);
    echo "<br />" . (~ 12);
    echo "<br />" . (12 << 1);
    echo "<br />" . (12 >> 1);
    ?>
```

运行结果如下图所示。

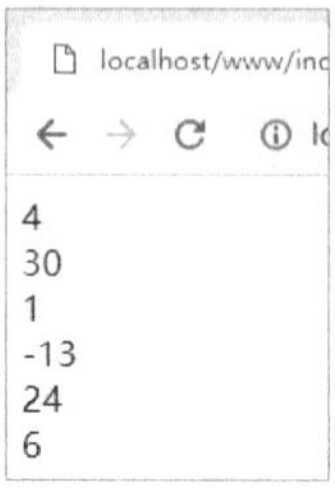

8.7.5 递增和递减运算符

当只涉及一个运算数时，需要使用递增或递减运算符进行计算。递增和递减运算符的操作方式有两种。

- 前置递增和递减运算符，即将运算符置于变量前，先做变量加 1 或变量减 1 的运算，再将运算结果赋给原变量。
- 后置递增和递减运算符，即将运算符置于变量后，先返回当前变量值，然后在当前变量值基础上做加 1 或减 1 的运算。

递增和递减运算符如下表所示。

运 算 符	名 称	示 例
++$x	前置递增	$x=5； echo ++$x； 表示变量 x 先加 1，再返回结果值，显示结果为 6
--$x	前置递减	$x=5； echo --$x； 表示变量 x 先减 1，再返回结果值，显示结果为 4
$x++	后置递增	$x=5； echo $x++； 表示先返回变量$x，再加 1，显示结果为 5
$x--	后置递减	$x=5； echo $x--； 表示先返回变量$x，再减 1，显示结果为 5

8.7.6 逻辑运算符

逻辑运算符如下表所示。

运 算 符	名　称	示　例
and	与	$m and $n，当 m 和 n 都为 true，返回值为 true
or	或	$m or $n，当 m 和 n 有一个为 true，返回值为 true
xor	异或	$m xor $n，当 m 和 n 有一个为 true，另一个为 false，返回值为 true
&&	与	$m && $n，当 m 和 n 都为 true，返回值为 true
||	或	$m || $n，当 m 和 n 有一个为 true，返回值为 true
!	非	!$m 当 m 为 true，!$m 返回值为 false

8.7.7　比较运算符

PHP 比较运算符用于比较两个变量值之间的大小关系，如下表所示。

运 算 符	名　称	示例
==	等于	$a == $b，即若 a 等于 b，则返回 true
===	全等	$a === $b，即若 a 等于 b，且类型相同，则返回 true
!=	不等于	$a != $b，即若 a 不等于 b，则返回 true
!==	非全等	$a !== $b，即若 a 不等于 b，且类型不同，则返回 true
<>	不等于	$a <> $b，即若 a 不等于 b，则返回 true
>	大于	$a > $b，即若 a 大于 b，则返回 true
<	小于	$a < $b，即若 a 小于 b，则返回 true
>=	大于或等于	$a >= $b，即若 a 大于或等于 b，则返回 true
<=	小于或等于	$a <= $b，即若 a 小于或等于 b，则返回 true
<=>	组合比较符	$a <=> $b，即若 a 小于 b，则返回-1；若 a 等于 b，则返回 0；若 a 大于 b，则返回 1
??	空合并符	$a ?? $b ?? $c，返回从左到右的第一个不为 NULL 的变量

8.7.8　条件运算符

条件运算符可以实现简单的逻辑判断，其语法格式如下：

```
表达式 1 ? 表达式 2 : 表达式 3
```

其表示若表达式 1 的值为 true，则执行表达式 2，否则执行表达式 3，示例代码如下：

```
<?php
$var = 50;
echo ($var == true) ? "this is right" : "this is wrong";
?>
```

运行结果如下图所示。

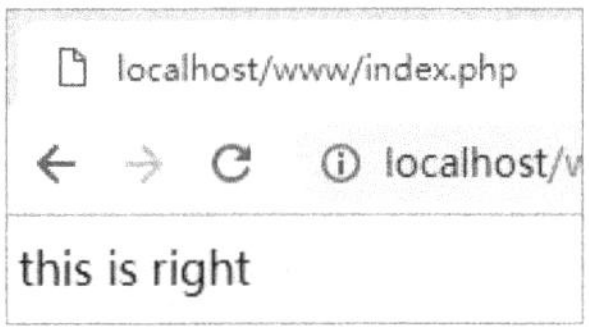

8.7.9 错误控制运算符

在 PHP 中，错误控制运算符为“@”，如果将其放在 PHP 表达式之前，则该表达式所产生的任何错误信息都会被忽略。如果将 track_errors 配置项打开（默认关闭），则表达式所产生的任何错误信息都会被存放在变量$php_errormsg 中。示例代码如下：

```
<?php
$a = @(1 / 0);
echo "<pre>";
var_dump( error_get_last() );
?>
```

运行结果如下图所示。

需要注意的是，“@”运算符只对表达式有效，简单来说，如果能从某处得到值，就能在它前面加上“@”运算符。例如，“@”运算符可以放置在变量、常量以及函数和 include 调用等之前使用，但不能放在函数或类的定义之前使用，也不能在条件结构之前使用。

8.7.10 运算符优先级

PHP 运算符优先级类似于数学中的四则运算，规定了程序中各个运算符计算的先后顺序。PHP 的运算符在运算过程中遵循的原则是优先级高的运算符先进行运算，优先级低的运算符后进行运算。例如，表达式“8-2*3”的结果为 2，原因是乘号的优先级高于减号。

括号的优先级最高。使用括号可以强制改变运算符的优先级，如表达式“（8-2）*3”的结果为 18。括号能够更加明确地标明运算顺序。即使在非必要场合，通过使用括号来明确运算顺序，也能有效提升代码的可读性。

如果运算符的优先级相同，那运算顺序就由运算符的结合方向决定。若运算符结合方向为左联，则按照从左到右的顺序进行运算；若运算符结合方向为右联，则按照从右到左的顺序进行运算。

在同一优先级下，没有结合的运算符不能连在一起使用。例如，表达式“3<5>2”是不合法的，而表达式“3<=3==1”是合法的，因为“<=”的优先级高于“==”。

PHP 运算符优先级如下表所示。

优先级 从高到低	运　算　符	结 合 方 向
1	clone，new	无
2	**	右
3	++, --, ~, (int)，(float)，(string)，(array)，(object)，(bool)，@	右
4	instanceof	无
5	!	右
6	*，/,%	左
7	+，-，.	左
8	<<，>>	左
9	<，<=，>，>=	无
10	==，!=，===，!==	无
11	&	左
12	^	左
13	|	左
14	||，&&	左
15	??，?:	左
17	=，+=，-=，*=，**=，/=，.=，%=，&=，|=，^=，<<=，>>=	右
18	and,xor,or	左

8.8　PHP 流程控制语句

流程控制语句用于调整程序语句的执行顺序，从而控制程序运行的流程。PHP 流程控制语句有 3 种类型，即条件判断语句、循环语句，以及程序跳转和终止语句。

8.8.1　if 语句

if 语句是最基本的条件判断语句。它会给程序附加一个执行条件，若条件成立，则执行该段程序，否则就跳过该段程序。该语句的语法格式如下：

```
if (表达式)
    语句块;
```

如果表达式的值为真，则执行语句块，否则跳过该语句块再继续执行。如果有多条语句需要被执行，则使用“{}”将多条语句进行并列处理，如果只有一条语句，则“{}”可以省略。语法格式如下：

```
if (表达式) {
    语句块 1;
    语句块 2;
    语句块 3;
}
```

if 条件语句的执行流程如下图所示。

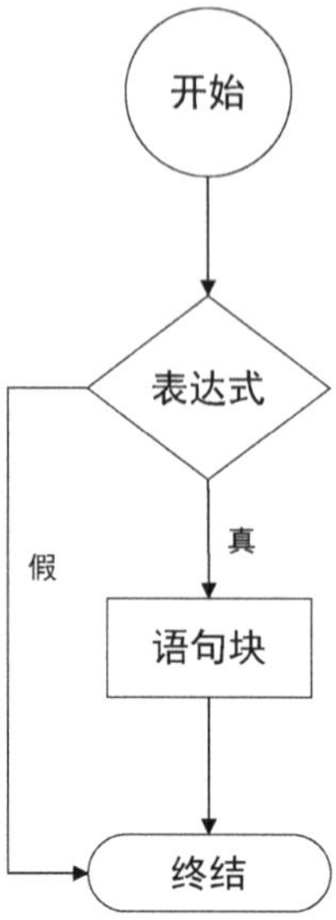

示例代码如下：

```
<?php
$a = "13";
if (! is_int ( $a )) {
    echo "不是数字，类型转换中<br />";
    $a = intval ( $a );
}
echo "a 现在是数字：";
var_dump ( $a );
?>
```

运行结果如下图所示。

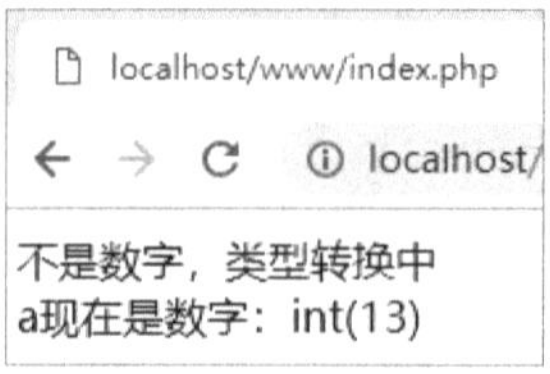

8.8.2 if...else 语句

if...else 语句表示当满足某一条件时执行指定的语句，否则执行其他语句，其语法格式如下：

```
if (表达式) {
    语句块 1;
} else {
    语句块 2;
}
```

如果表达式的值为真，则执行语句块 1，否则执行语句块 2。if...else 语句的执行流程如下图所示。

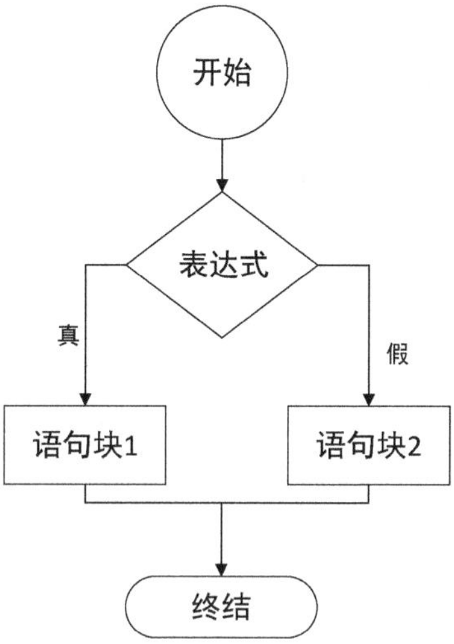

示例代码如下：

```
<?php
$a = 13;
$b = 15;
if ($a > $b) {
    echo "a 大于 b";
} else {
    echo "a 不大于 b";
}
?>
```

运行结果如下图所示。

8.8.3　elseif 语句

if 语句和 if...else 语句仅能处理简单的逻辑问题，不能处理涉及多个选项的复杂问题。若出现两种以上的选择时，可以使用 elseif 语句来实现，其语法格式如下：

```
if (表达式 1) {
    语句块 1;
} elseif (表达式 2) {
    语句块 2;
} … {
```

```
} elseif (表达式 n) {
    语句块 n;
}else {
    语句块 n+1;
}
```

如果表达式 1 的值为真，则执行语句块 1，否则继续判断表达式 2。如果表达式 2 的值为真，则执行语句块 2，否则继续判断表达式 3，以此类推。elseif 语句的执行流程如下图所示。

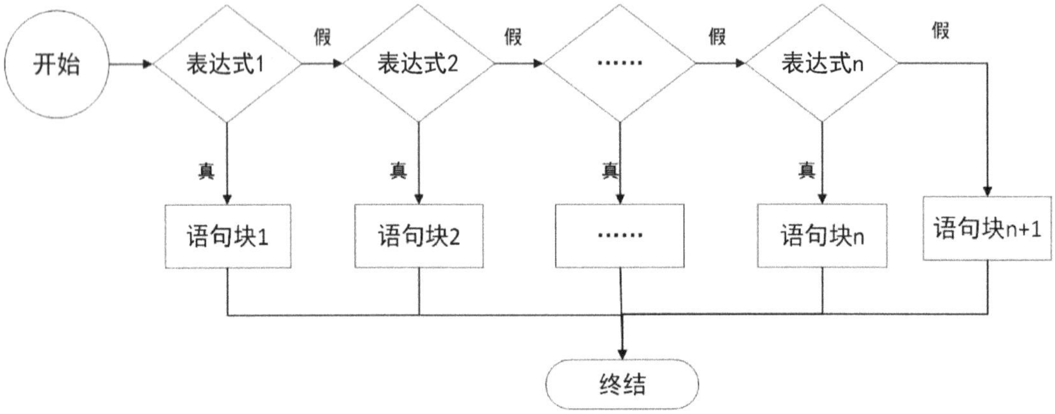

需要注意的是，if 语句和 elseif 语句的执行条件是表达式为真，而 else 语句的执行条件是表达式的值为假。示例代码如下：

```
<?php
$a = 13;
$b = 15;
if ($a > $b) {
    echo "a 大于 b";
} elseif ($a < $b) {
    echo "a 小于 b";
} elseif ($a == $b) {
    echo "a 等于 b";
}
?>
```

运行结果如下图所示。

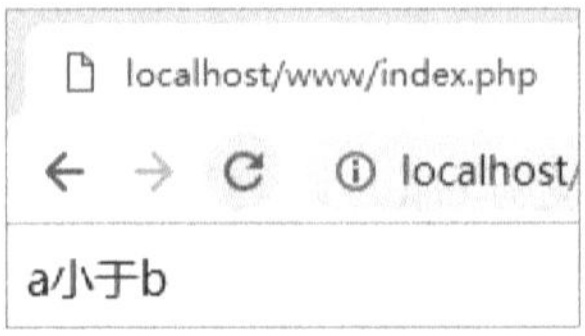

8.8.4 switch 语句

switch 语句适用于根据多分支条件执行不同的动作。使用 switch 语句能使代码变得简洁，提高执行效率。尤其是在条件语句较多时，使用 switch 语句能很好地避免 if...else 语句、elseif 语句冗长的代码块。其语法格式如下：

```
switch (表达式) {
    case 结果 1:
        语句块 1
        break;
    case 结果 2:
        语句块 2
        break;
    .........
    case 结果 n:
        语句块 n
        break;
    default:
        默认语句块
}
```

switch 语句将表达式的值依次与 case 中的值进行比较。如果两者的值不等，则继续查找下一个 case；若两者的值相等，则执行对应的语句块，直到 switch 语句结束或由 break 命令跳转。default 为默认值，如果前面的 case 判断中没有能匹配的条件，则输出默认语句块。switch 语句的执行流程如下图所示。

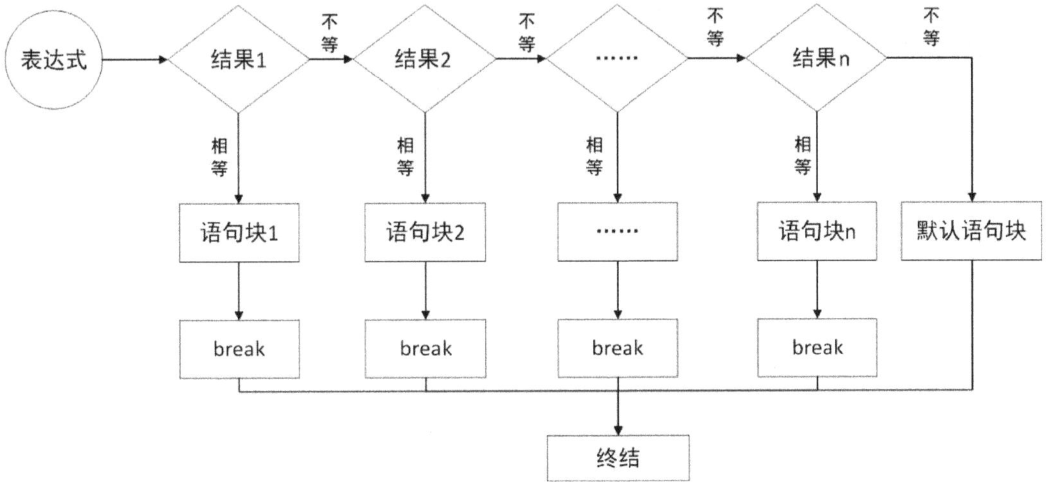

需要注意的是，在使用 switch 语句时通常要在 case 语句块后面添加 break 跳转命令，以跳出该循环；否则 switch 语句会一直被执行下去，即使遇到了符合条件的 case 语句块，也不会停止，这样会降低运行效率。示例代码如下：

```
<?php
$i = 2;
switch ($i) {
    case 0 :
        echo "i equals 0";
```

```
        break;
    case 1 :
        echo "i equals 1";
        break;
    case 2 :
        echo "i equals 2";
        break;
}
?>
```

运行结果如下图所示。

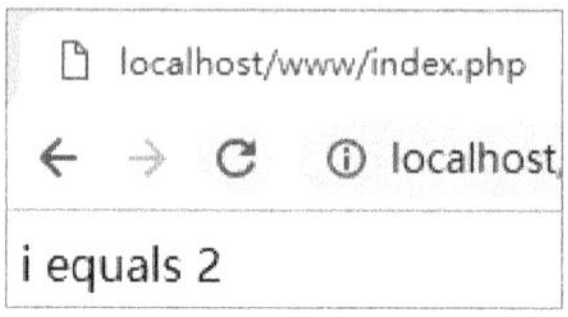

8.8.5 while 语句

while 语句的循环结构非常简单，其语法格式如下：

```
while (表达式) {
    语句块
}
```

如果表达式的值为真，则执行语句块；在执行完毕后，返回到表达式继续进行循环判断，直至表达式的值为假，则跳出该循环结构。while 语句的执行流程如下图所示。

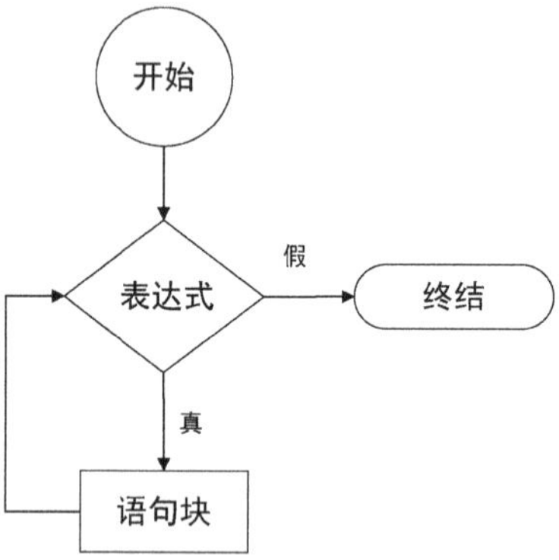

示例代码如下：

```
<?php
$i = 0;
while ( $i <= 10 ) {
    echo "<br />" . $i ++;
}
?>
```

运行结果如下图所示。

8.8.6　do-while 语句

do-while 语句的循环类似于 while 语句，但 do-while 语句是在循环结构的底部对循环表达式进行检测，而不是在循环结构的顶部对循环表达式进行检测。其语法格式如下：

```
do {
    语句块
} while (表达式);
```

do-while 语句会先执行语句块，再进行表达式的判断。如果表达式的值是错误的，则跳出循环结构。因此，do-while 语句的循环体至少会被执行一次。需要注意的是，do-while 语句的结尾处，即“while(表达式)”后面必须加分号（;）。do-while 语句的执行流程如下图所示。

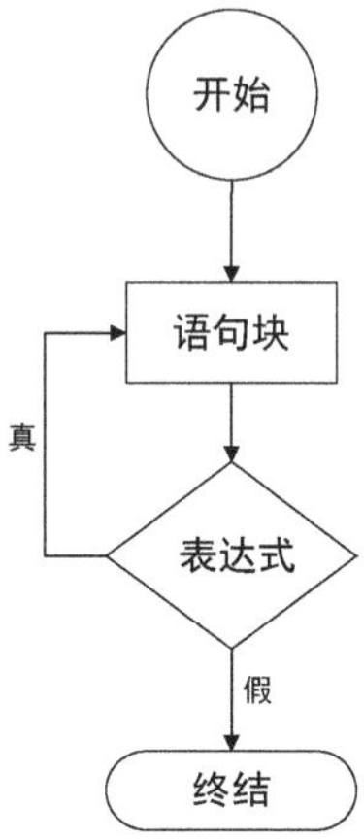

下面通过一个示例来比较 while 语句与 do-while 语句的区别，代码如下：

```
<?php
$i = 0;
do {
    echo "do-while".$i;
} while ( $i > 0 );

while ($i >0){
    echo "while". $i;
```

```
}
?>
```

运行结果如下图所示。

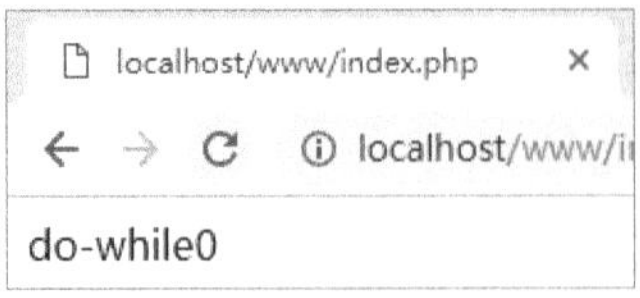

do-while 语句会比 while 语句多循环一次。当 while 表达式的值为假时，会直接跳出当前的循环结构；而 do-while 语句则要多执行一次语句块，才会判断表达式的值，并在表达式的值为假时跳出循环。

8.8.7 for 语句

for 语句是 PHP 中较为复杂的循环结构体。for 语句能够根据指定的循环次数执行多次循环操作，主要应用在多条件情况下的循环操作。其语法格式如下：

```
for (表达式 1; 表达式 2; 表达式 3) {
    循环体
}
```

其中，表达式 1 为初值表达式，用于给循环控制变量赋初始值。表达式 2 为条件表达式，是循环结构的正式开始，即在每次循环开始前求值。若条件表达式成立，则继续执行循环体，否则跳出循环结构，并结束循环。表达式 3 为循环变量增值，用于变量修改，通常为递增或递减。for 语句的执行流程如下图所示。

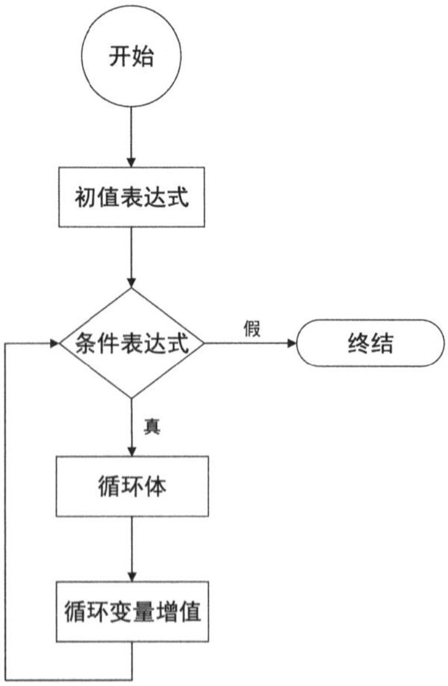

示例代码如下：

```
<?php
for($i = 1; $i <= 10; $i ++) {
    echo "<br />" . $i;
```

```
}
?>
```

运行结果如下图所示。

在 for 语句中，无论设定什么样的循环变量增值，都必须保证循环能够结束。当 for 语句陷入死循环时，会使程序陷入崩溃。在实际的使用中，有可能会遇到省略某个表达式的情况，甚至是 3 个表达式都省略的情况。示例代码如下：

```
<?php
for(;;) {
    if ($i > 10) {
        break;
    }
    echo $i;
    $i ++;
}
?>
```

8.8.8　foreach 语句

foreach 语句仅适用于处理数组，能够实现遍历数组的功能。其语法格式如下：

```
foreach (array as value) {
    循环体
}
```

或

```
foreach (array as key=>value) {
    循环体
}
```

foreach 语句一般用来遍历数组 array，在每次循环时，foreach 语句都会将当前数组中的值赋给 value 或 key=>value，并且将指针向后逐一移动，直到遍历到最后一个数组元素。foreach 语句能够将数组指针自动重置，所以不需要手动设置指针位置。另外，foreach 语句不支持用“@”来禁止错误信息。示例代码如下：

```
<?php
$arr = array (
        1,
        2,
        3,
        4
);
foreach ( $arr as &$value ) {
    $value = $value * 2;
}
var_dump ( $arr );
?>
```

运行结果如下图所示。

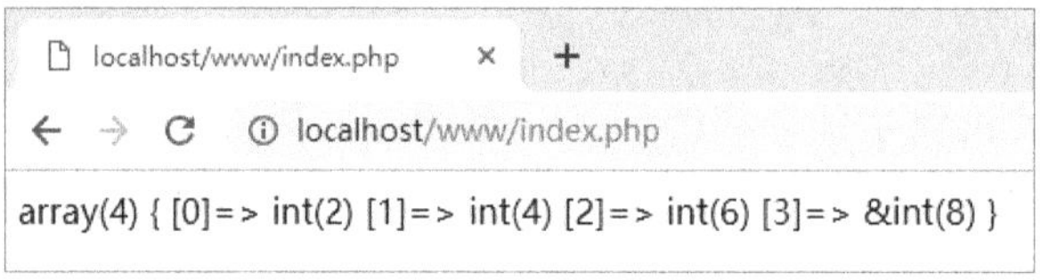

8.8.9 goto 语句

goto 语句用于指定程序跳转至某一位置。跳转的目标位置可以用目标名称加冒号（:）来表示，而跳转指令则是在 goto 之后连接目标位置的标记。

```
<?php
goto b;
a:
echo 'apple';
return;
b:
echo 'banana';
goto a;
?>
```

运行结果如下图所示。

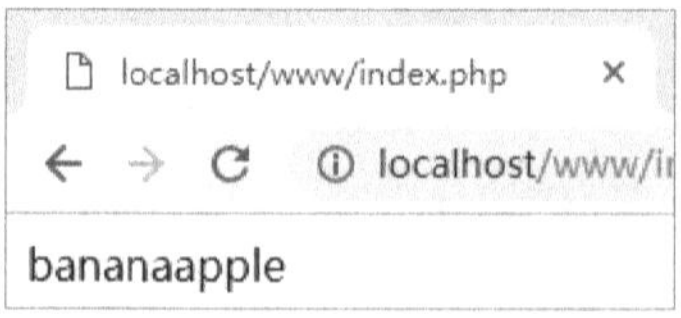

8.8.10 break 语句

break 语句用于结束当前的循环，通常在 for、foreach、switch、while 和 do-while 语句的循环结构中执行。break 语句不仅可以跳出当前循环结构，还能指定跳出几重循环，语法格式为“break n”。其中 n 为指定跳出的循环数量。

break 语句的执行流程如下图所示：

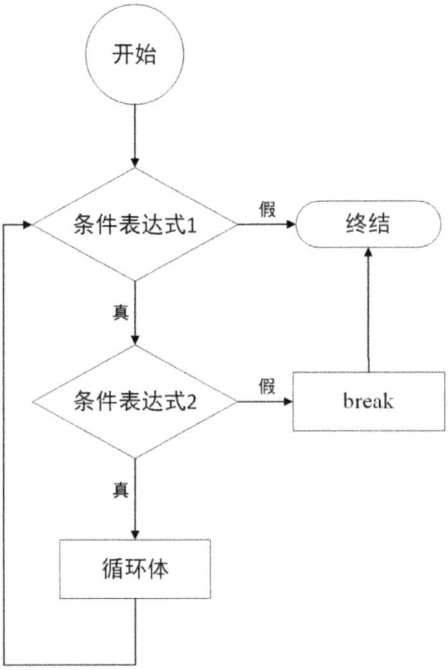

示例代码如下：

```
<?php
$i = 0;
while ( ++ $i ) {
    switch ($i) {
        case 5 :
            break 1; // 只退出 switch 语句
        case 10 :
            break 2; // 退出 switch 语句和 while 语句
    }
}
echo $i;
?>
```

运行结果如下图所示。

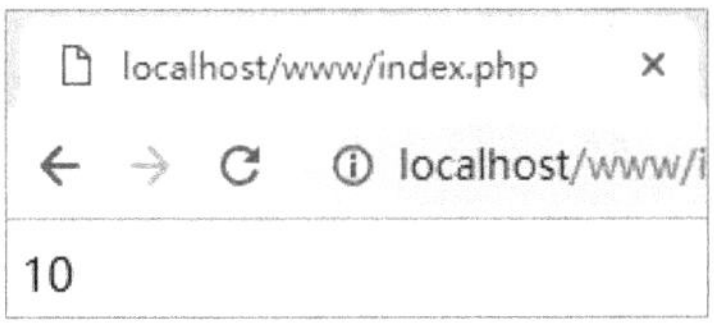

8.8.11　continue 语句

continue 语句用于跳出本次循环，不执行剩余的程序语句，进入下一次循环。执行

continue 语句可以终止本次循环，并进入下一次循环；而执行 break 语句则是跳出该循环体，并执行循环体后面的语句。另外，continue 语句也可以指定跳出几重循环。该语句的执行流程如下图所示。

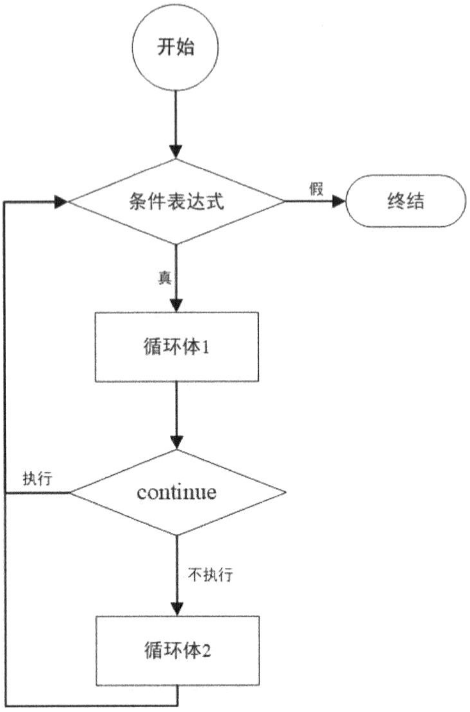

示例代码如下：

```
<?php
$i = 0;
while ( $i ++ < 5 ) {
    echo "第一循环开始<br />";
    while ( true ) {
        echo "第二循环开始<br />";
        while ( true ) {
            echo "第三循环开始<hr />";
            continue 3;
        }
        echo "第二循环结束<br />";
    }
    echo "第一循环结束<br />";
}
?>
```

运行结果如下图所示。

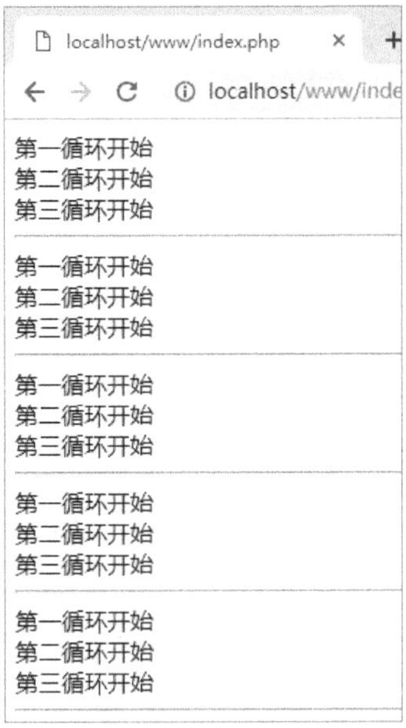

8.9 PHP 其他关键词

8.9.1 exit()函数和 die()函数

在 PHP 中，exit()函数和 die()函数的作用和用法是完全相同的。这两个函数可以设置参数。如果参数为一个字符串，则函数会在终止脚本运行前输出字符串；如果参数为一个整数，则这个值会被用作退出状态。在参数值为整数时，取值范围为 0～254。0 表示成功结束程序；255 表示退出状态，由 PHP 保留，不会被使用，退出状态通常用在 PHP 命令行模式中。

另外，无论在主脚本中还是在函数中，exit()和 die()函数都可以终止脚本运行，而且后面的代码都不会被执行了。例如：

```
<?php
$filename = 'hello';
$file = @fopen ( $filename, 'r' ) or die ( "无法打开文件 ($filename)" );
?>
```

运行结果如下图所示。

或者，运行如下代码：

```
<?php
```

```
function openfile() {
    $filename = 'hello';
    $file = @fopen ( $filename, 'r' ) or die ( "无法打开文件 ($filename)" );
}
openfile();
echo "end";
?>
```

运行结果同上图所示。

8.9.2 return 语句

return 不是一个函数，而是一个语言结构，其后面可以连接一个参数作为返回值。它有两个功能：

（1）在一个函数中调用 return 语句，不仅可以立即结束该函数，而且可以获得一个返回值；

（2）在主体脚本中调用 return 语句，可以终止当前脚本文件的运行。如果该脚本文件是被 include 或 require 的，则控制交回调用文件，并且可以有返回值。

8.10 PHP 函数

函数就是将一些多次使用的功能封装在一个独立的代码块中，并在需要时能单独调用。直接调用函数能够实现 PHP 中某些特定的功能，将程序中多次重复、烦琐的代码模块进行简化，使程序员无须频繁地编写相同功能的代码。函数的使用能够提高代码的可读性与运行效率。PHP 的函数可以分为 3 种，即内置函数、自定义函数和变量函数。

8.10.1 定义函数

在 PHP 中，定义函数的语法格式如下：

```
function 函数名(参数 1, 参数 2, …) {
    函数主体
    [return 返回值;]
}
```

其中，function 为声明自定义函数时必须使用的关键词；函数名可以以字母或下画线开头，且不区分大小写。参数是外界赋给函数的值，可以同时有多个参数，也可以没有参数；各参数用逗号（,）隔开。参数类型只要是 PHP 支持的类型就可以使用。函数主体是函数功能实现的部分，可以包含任意行代码，以实现特定功能。return 会将函数执行的结果值返回，并结束函数运行。return 不是必须使用的。需要注意的是，函数名是不区分大小写的，而变量名和常量名是对大小写敏感的。

8.10.2　调用函数

在定义函数之后，就需要调用函数。仅需引用函数名并赋予正确的参数值即可实现函数的调用。示例代码如下：

```
<?php
function fun($value) {
    return "$value+$value=" . $value + $value;
}
echo fun ( 3 );
?>
```

运行结果如下图所示。

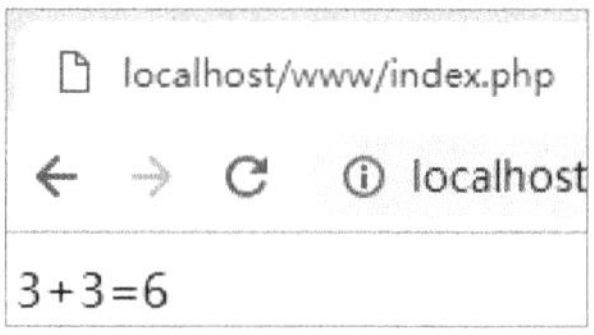

8.10.3　函数的参数

在调用函数时，需要通过参数列表向函数传递信息。其中，被传入的参数称为实参，而函数定义的参数称为形参。参数是在函数名后面的括号内进行定义的，多个参数是以逗号（,）作为分隔符的，表达式列表从左到右进行求值。PHP 参数传递的方式有 3 种，即值传递、引用传递和默认参数。

（1）值传递：将实参的值传递给形参，在函数内的操作仅针对形参，操作结果不会影响到实参，即实参的返回值是固定不变的。

（2）引用传递：将实参的内存地址传递给形参，且在函数内部的所有操作都会影响到实参，也就是操作结果会改变实参的返回值。若需要通过引用传递的范式得到函数的某一参数，则可以在函数定义的该参数前面加上“&”符号。例如：

```
<?php
function fun(&$value) {
    $value *= 3;
}
function fun2($value) {
    $value *= 3;
}
$a = 3;
fun ( $a );
echo "引用参数函数计算结果：" . $a;
echo "<br />";
$b = 3;
fun2 ( $b );
```

```
echo "值传递参数函数计算结果：" . $b;
?>
```

运行结果如下图所示。

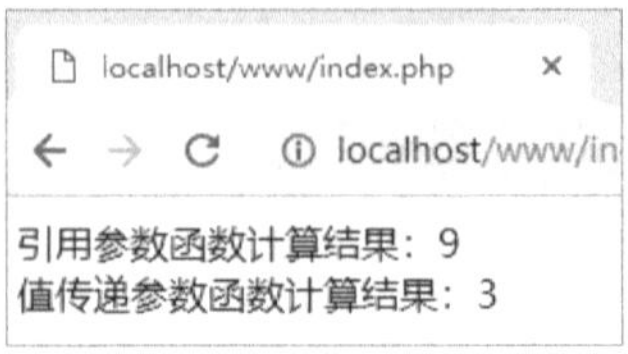

（3）默认参数：也叫作可选参数，即指定某一参数为默认参数，并将该参数放置在参数列表的末尾，给定其默认值，通常设置默认值为空。例如：

```
<?php
function eat($food, $name = "老张") {
    return $name . "吃" . $food . "<br />";
}

echo eat ( "香蕉" );
echo eat ( "苹果", "小明" );
?>
```

运行结果如下图所示。

8.10.4 函数的返回值

在 PHP 中，使用 return 语句将函数的结果值返回给函数的调用者，即将控制权返回给调用者的作用域。其使用方式是在 return 后直接写要返回的值，返回值的类型为变量、常量、数组、表达式等。需要注意的是，若在全局作用域中使用 return 语句，则该脚本将终止执行。

8.10.5 变量的作用域

变量的作用域是指该变量能够在程序中被使用的区域。也就是说，变量只能在有效的区域或范围内使用。如果超出该使用区域，则变量就没有意义了。根据作用域的范围大小，通常将变量分为全局变量、局部变量和静态变量。变量的作用域如下表所示。

变 量	说 明
局部变量	在函数内部被定义的变量，其作用域仅限于函数内部，在函数外部不能使用该变量

续表

变　量	说　明
全局变量	在所有函数以外被定义的变量，其作用域为整个 PHP 文件，但在用户自定义的函数内是不能使用的。若希望全局变量能够在用户自定义的函数内部使用，则需调用 global 关键字声明变量，或者使用全局数组$globals 进行访问
静态变量	在函数调用完毕后仍能保留变量值的变量，当再次回到其作用域时还能继续使用原来的值。而一般变量在函数调用完毕后，所存储的数据会被删除，所占用的内存空间会被释放。静态变量在调用时，需要在变量之前用 static 关键字进行变量声明

在函数内部定义的变量，其作用域为所在函数；若在函数外部进行赋值，则是完全不同的另外一个变量。当退出声明变量的函数时，该变量及其对应的值也会被清除。

静态变量作用于局部函数域中，即使程序的执行域离开了该作用域，静态变量的值也不会丢失。它的生命周期与程序文件是一致的。所以静态变量一旦被定义，其在当前程序文件中就会一直存在。

示例 1：在函数内使用 global 关键字引用全局变量。代码如下：

```
<?php
$a = "hello";
function test() {
    var_dump ( $a );
    global $a;
    echo "<br />";
    var_dump ( $a );
}
test ();
?>
```

运行结果如下图所示。

示例 2：静态变量在外部无法使用，但是在离开作用域时，其值不会丢失。代码如下：

```
<?php
function test() {
    static $a = 1;
    return $a += 5;
}
echo $a;
echo "<br />";
echo test ();
echo "<br />";
```

```
echo test ();
?>
```

运行结果如下图所示。

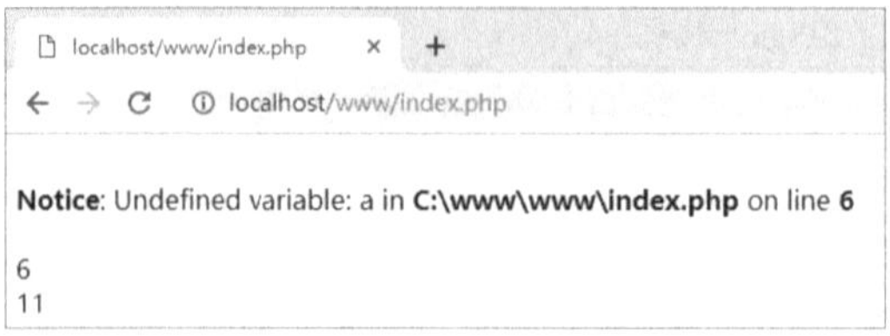

8.10.6　可变函数

可变函数类似于可变变量，通过在变量名后面加上一对括号，PHP 就会自动寻找与变量的值相同的函数，并且执行该函数，如果找不到该函数，系统就会返回错误信息。例如：

```
<?php
function test() {
    static $a = 1;
    return $a += 5;
}
$a = "test";
echo $a ();
echo "<br />";
$a = "hello";
echo $a ();
?>
```

运行结果如下图所示。

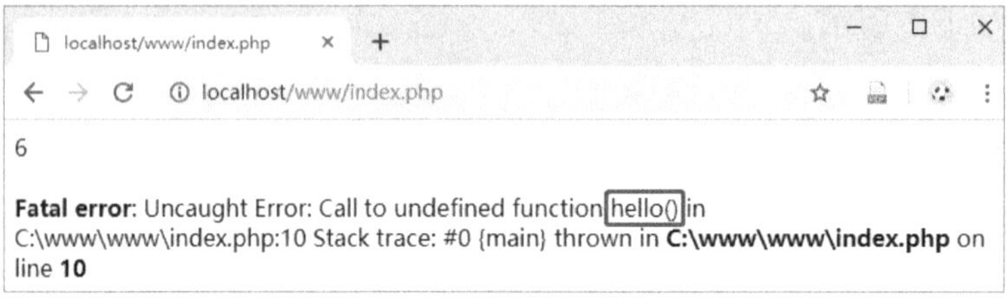

从报错信息中我们可以看到，在第二次执行可变函数时，检索的是 hello()函数，而当前 PHP 文件并没有这个函数，所以发生了错误。

8.10.7　匿名函数

匿名函数，也叫作闭包函数或回调函数，是指没有被定义名称的函数。匿名函数通常是临时创建的，常常被视为参数的值。闭包的重要功能就是能够在内部函数中使用外部的变量。使用方式为运用关键字 use 将匿名函数与外部变量进行连接，而这些变量必须在函数的头部进行声明。

8.10.8 递归函数

递归函数是一种自身能够被调用的函数。静态变量为我们提供了一种处理递归函数的方式。在编写递归函数时，应避免陷入无限递归的循环中，所以必须保证有能够有效终止递归的方法。

8.11 PHP 数据输出语句

使用输出语句的目的是调试 PHP 程序。print 语句和 echo 语句是 PHP 中常见的输出语句，二者的作用很相似，都是用来向页面输出数据的。

print 语句和 echo 语句在使用时存在如下区别。

- print 语句一次只能输出一个字符串，而 echo 语句能够同时输出多个字符串，而且多个字符串只需用逗号隔开即可。
- print 语句可以被视为能够有返回值的函数，所以 print 语句可以作为表达式的一部分，而 echo 语句是不行的。
- 错误屏蔽运算符“@”不能用在 echo 语句之前。

8.12 PHP 文件引用语句

8.12.1 include 语句与 require 语句

include 语句与 require 语句用于在当前程序中导入其他文件中的指定代码。两种语句的用法与功能相似，只是处理错误的方式不同。

- require 语句会产生一个致命错误（E_COMPILE_ERROR），在错误发生后脚本会被立刻停止执行。
- include 语句会产生一个警告（E_WARNING），在错误发生后脚本仍然会被执行。

若希望在错误出现后继续执行脚本（即使所包含的文件已经丢失），并输出结果，则应该使用 include 语句。若希望在框架、CMS 或复杂的 PHP 应用程序编程中向执行流引用关键文件，则应该使用 require 语句。在某个关键文件意外丢失的情况下，这有助于提高应用程序的安全性和完整性。

包含文件省去了大量的工作。这意味着我们可以为所有网页创建标准页头、页脚或菜单文件。然后，在页头需要更新时，只需更新这个页头的包含文件即可。

在 zh 目录下创建 constants.php 文件，代码如下：

```
<?php
$contact = "北京市东城区  联系电话：1380000000 联系人：张三";
$introduce = "我们致力于 PHP 社区的维护，希望 PHP 发展越来越好！";
```

```
?>
```

在其他页面调用上述文件，代码如下：

```
<?php
echo "加入我们!$contact";
echo "<br />";
include 'zh/constants.php';
echo "加入我们!$contact";
?>
```

运行结果如下图所示。

8.12.2 include_once 语句与 require_once 语句

include_once 语句会在文件导入前，检测该导入文件是否已经在该页面的其他部分被引用。若该文件已经被引用，则不会再引用该文件，程序只会引用一次。由于 PHP 不允许相同名称的函数被重复声明，因此当导入文件中包含自定义函数时，在同一个程序中再次导入这个文件时便会报错。

require_once 语句的功能与 require 语句类似。不同的是，require_once 语句在使用前，会先检查所需引用的文件是否已经在该程序的其他部分被引用。若该文件已经被引用，则不会再重复引用该文件。若使用 require_once 语句在同一页面中引用了两个不同的文件，则在输出时，只有第一个引用的文件会被执行，而第二个引用的文件不会被执行。

两者的区别为：include_once 语句在脚本执行期间调用外部文件发生错误时，不会影响程序的继续执行；require_once 语句则会产生一个致命的错误，以保证被引用过的文件只能被引用一次。

include_once 语句和 require_once 语句可以防止多次包含相同的数据库，以避免函数被重复定义而产生错误。

8.12.3 命名空间

从广义上来说，命名空间是一种封装事物的方法。在很多地方都可以见到这种抽象概念。例如，在操作系统中，目录被用来将相关文件分组，而对于目录中的文件来说，目录就扮演了命名空间的角色。在 PHP 中，命名空间可以用来解决在编写类库或应用程序的过程中创建可重用的代码（如类或函数）时碰到的两类问题。

- 用户编写的代码与 PHP 内部的类/函数/常量或第三方类/函数/常量之间的名字冲突。
- 为很长的标识符名称（通常是为了缓解第一类问题而定义的）创建一个别名或简短的名称，从而提高源代码的可读性。

例如，我们编写两个 constants.php 文件，并将它们分别放在 zh 和 en 目录下。

en 目录下的 constants.php 文件代码如下：

```
<?php
function getContact() {
    return "Beijing Dongcheng District Telephone: 1380000000000 Contacts: Zhang San";
}
function getIntroduce() {
    return "We strive to maintain the PHP community and hope that PHP will develop better and better!";
}
?>
```

zh 目录下的 constants.php 文件代码如下：

```
<?php
function getContact(){
    return "北京市东城区　联系电话：1380000000 联系人：张三";
}
function getIntroduce(){
    return "我们致力于 PHP 社区的维护，希望 PHP 发展越来越好！";
}

?>
```

在其他地方引用这两个文件，然后调用函数，会产生错误。示例代码如下：

```
<?php
include 'zh/constants.php';
include 'en/constants.php';
echo "加入我们！".getContact();
?>
```

运行结果如下图所示。

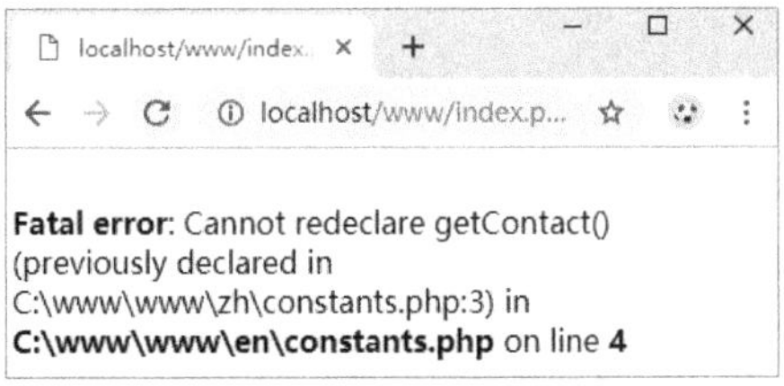

为了解决这种在不同的文件中的重名函数问题，可以引入命名空间，示例代码如下：

```
<?php
```

```
namespace zh;
function getContact(){
    return "北京市东城区  联系电话：1380000000 联系人：张三";
}
function getIntroduce(){
    return "我们致力于 PHP 社区的维护，希望 PHP 发展越来越好！";
}
?>
```

同时，在另外的 constants.php 文件中也加上命名空间，这时我们可以看到项目结构发生了变化。

引入命名空间前的项目结构如下图所示。

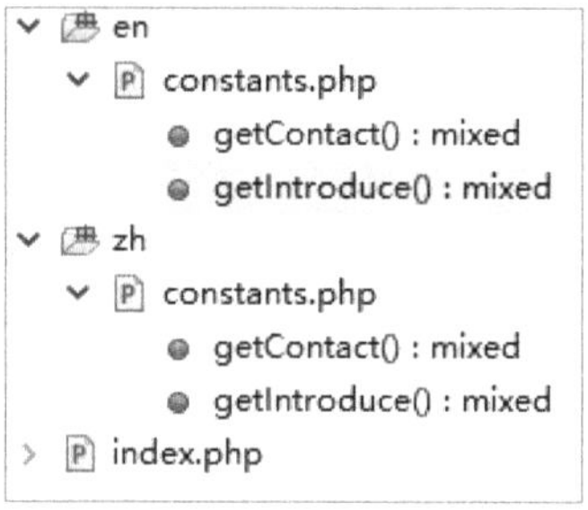

引入命名空间后的项目结构如下图所示。

命名空间的使用方式有两种：一种是导入使用；另一种是直接使用。示例代码如下：

```
<?php
include 'zh/constants.php';
include 'en/constants.php';
// 导入
use function zh\getContact;
echo "加入我们！" . getContact ();
echo "<br />";
// 直接使用
echo "加入我们！" . en\getContact ();
?>
```

运行结果如下图所示。

8.13　本章小结

本章重点讲解了 PHP 的语言基础，主要包括 PHP 的基本语法、关键定义，以及 PHP 的数据类型、常量、变量、运算符、函数、流程控制语句等，还介绍了 PHP 的数据输出和文件引用语句。

章节练习

1．举例说明“===”和“==”的区别。

2．针对任意 3 个数，编写程序并计算出这 3 个数的最大值。

3．针对任意一行字符，编写程序并分别统计出有多少个英文字母、空格、数字和其他字符。

4．编写程序并输出 9×9 乘法口诀表。

第 9 章
PHP 字符串操作函数

学习任务

【任务 1】掌握 PHP 字符串操作的常用函数。

【任务 2】掌握正则表达式。

学习路线

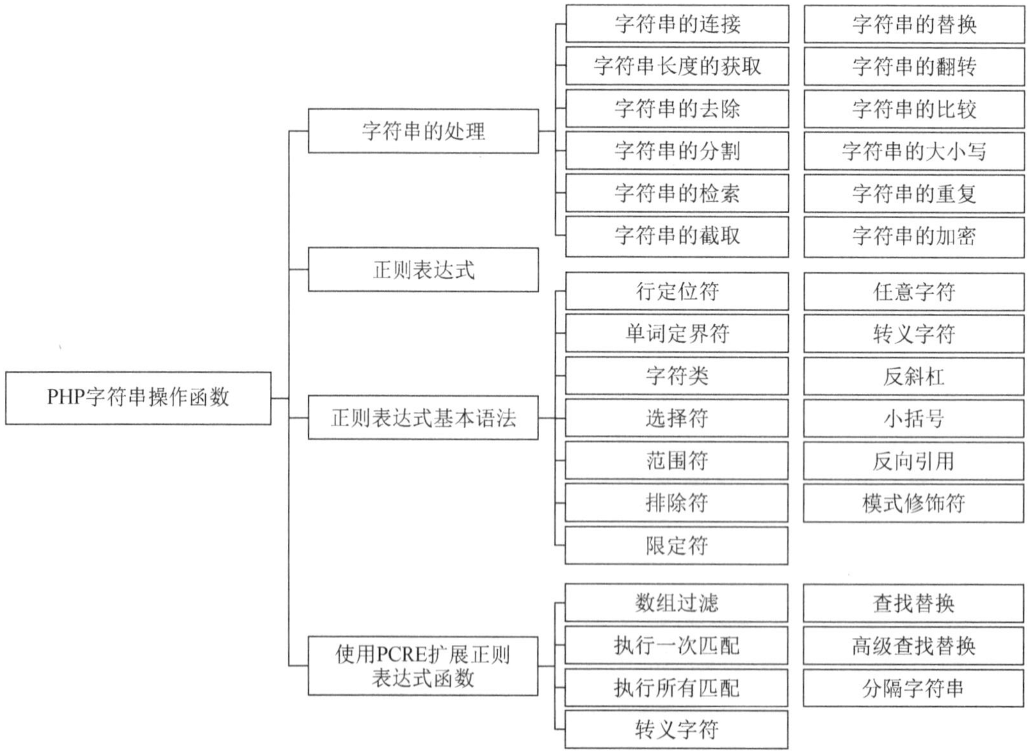

9.1　字符串的处理

9.1.1　字符串的连接

使用“.”运算符可以把两个或两个以上的字符串连接成一个字符串。例如：

```
<?php
$a = "张三";
$b = "在北京";
echo $a . $b . "爬长城";
?>
```

运行结果如下图所示。

字符串的连接还可以通过 implode()函数来实现，该函数可以将数组元素组合为一个字符串，并返回该字符串，它的语法格式如下：

```
string implode(string glue, array array)
```

其中，glue 表示连接数组元素的字符，array 表示需要连接的字符串数组。

示例代码如下：

```
<?php
$array = array (
        "张三",
        "在北京",
        "爬长城"
);
echo "<p>" . implode ( "", $array );
echo "<p>" . implode ( "^", $array );
?>
```

运行结果如下图所示。

9.1.2 字符串长度的获取

在 PHP 中，strlen()函数可以用来获取字符串的长度，它的语法格式如下：

```
string strlen(string string)
```

示例代码如下：

```
<?php
$string = "hello_world";
echo strlen ( $string );
$string = "北京欢迎你";
echo "<br />";
echo strlen ( $string );
?>
```

运行结果如下图所示。

9.1.3 字符串的去除

用于去除字符串首尾空白等特殊符号或指定字符序列的相关函数包括以下几个。

1. trim()函数

trim()函数用来去除字符串首尾空白等特殊符号或指定字符序列。它的语法格式如下：

```
string trim(string str[, charlist])
```

该函数表示去除字符串 str 首尾的特殊字符，这些字符都保存在 charlist 中，charlist 是可选参数，如果不设置该参数，则 charlist 为默认值“ \t\n\r\0\x0B”。charlist 的默认值所涉及的字符如下表所示。

字　符	说　明
	空格
\t	制表符
\n	换行符
\r	回车符
\0	空字节符
\x0B	垂直制表符

2. ltrim()函数

ltrim()函数用来去除字符串首部空白等特殊符号或指定字符序列。它的语法格式如下：

```
string ltrim(string str[, charlist])
```

参数意义同 trim()函数。

3．rtrim()函数

rtrim()函数用来去除字符串尾部空白等特殊符号或指定字符序列。它的语法格式如下：

```
string rtrim(string str[, charlist])
```

参数意义同 trim()函数。

示例代码如下：

```
<?php
$str = "     PHP     ";
echo "<pre>";
echo "<p>" . trim ( $str ) . "</p>";
echo "<p>" . ltrim ( $str ) . "</p>";
echo "<p>" . rtrim ( $str ) . "</p>";
?>
```

运行结果如下图所示。

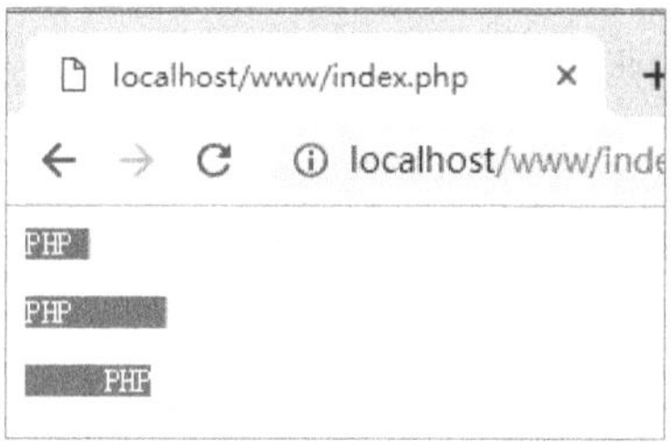

9.1.4　字符串的分割

字符串的分割通常按照一定的规则来进行，常用的字符串分割函数如下所述。

1．explode()函数

该函数使用字符串作为分割符，它的语法格式如下：

```
array explode(string separator, string string[, int limit])
```

该函数表示把字符串 string 用字符串 separator 来分割，limit 是可选的参数，如果将 limit 设置为正数，则返回的数组包括至多 limit 个元素，且最后一个元素会包含字符串 string 的剩余部分；如果将 limit 设置为负数，则返回的数组包含除最后 limit 个元素外的所有元素。

示例代码如下：

```
<?php
$string = "192.168.0.1";
var_dump ( explode ( ".", $string ) );
echo "<br />";
var_dump ( explode ( ".", $string, 2 ) );
echo "<br />";
var_dump ( explode ( ".", $string, - 2 ) );
echo "<br />";
```

```
$string = ".192.168.0.1";
var_dump ( explode ( ".", $string ) );
?>
```

运行结果如下图所示。

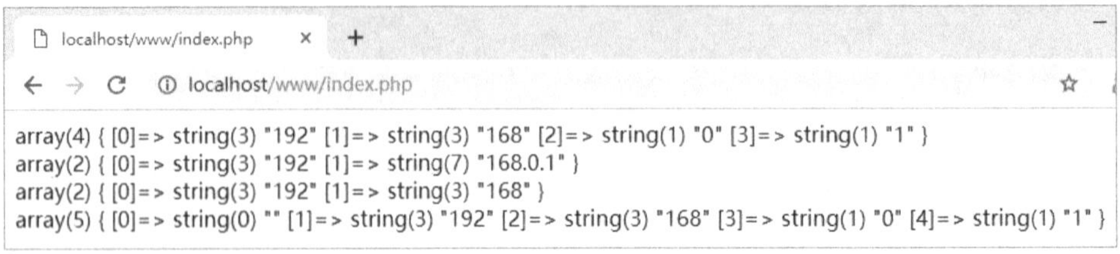

值得注意的是，如果字符串的首尾正好是分割符，则需要注意返回的数组的元素个数。例如，示例中“.192.168.0.1”以“.”来分割，将会分割出 5 个元素，其中第一个元素为空字符串。

2. str_split()函数

str_split()函数与 explode()函数不同的是，str_split()函数是按照长度来分割的，它的语法格式如下：

```
array str_split(string string[, int length])
```

其中，length 是可选参数，默认值为 1，如果设置了该参数，则其值不可小于 1。

示例代码如下：

```
<?php
$string = "hello_world";
var_dump ( str_split ( $string ) );
echo "<hr />";
var_dump ( str_split ( $string, 4 ) );
?>
```

运行结果如下图所示。

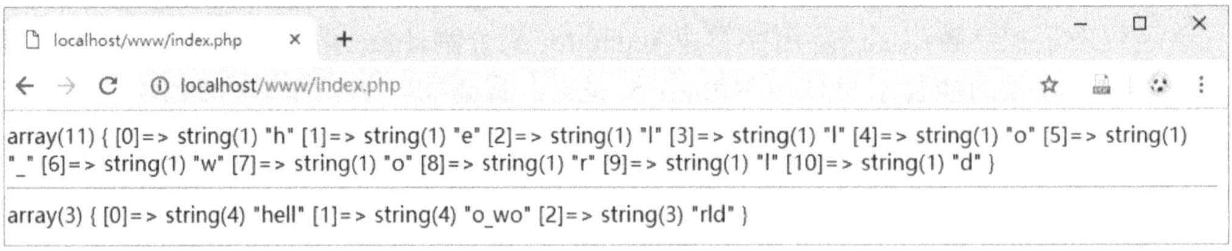

9.1.5 字符串的检索

PHP 提供了一系列的函数用来检索字符串。

1. strpos()函数

strpos()用来定位字符串第一次出现的位置，并返回下标值，它的语法格式如下：

```
int strpos(string string, string needle[, int offset])
```

其中，needle 表示要定位的字符串；offset 是可选参数，表示检索会从该字符串的第 offset 个字符处开始，如果该参数是负数，表示检索会从字符串尾部倒数 offset 位置开始。

示例代码如下：

```
<?php
$string = "hello_world";
echo strpos ( $string, "o");
echo "<br />";
echo strpos ( $string, "o", 5);
?>
```

运行结果如下图所示。

2．strrpos()函数

strrpos()函数用来定位字符串最后一次出现的位置，并返回下标值，它的语法格式如下：

```
int strrpos(string string, string needle[, int offset])
```

该函数的参数意义同 strpos()函数，不同的是，strrpos()函数用于取得指定字符串最后出现的位置。

示例代码如下：

```
<?php
$string = "hello_world";
echo strrpos ( $string, "o");
echo "<br />";
echo strrpos ( $string, "o", -5);
?>
```

运行结果如下图所示。

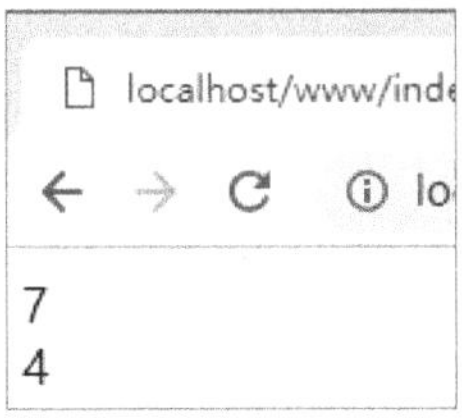

3．stripos()函数

stripos()函数的使用方法与 strpos()函数相同，区别是 stripos()函数不区分大小写。它的语法格式如下：

```
int stripos(string string, string needle[, int offset])
```

示例代码如下：

```
<?php
$string = "HELLO_world";
echo stripos ( $string, "o");
echo "<br />";
echo stripos ( $string, "o", 5);
?>
```

运行结果如下图所示。

4．strripos()函数

strripos()函数的使用方法与 strrpos()函数相同，区别是 strripos()函数不区分大小写。

```
int strripos(string string, string needle[, int offset])
```

5．strstr()函数

strstr()函数用来查找指定字符串的首次出现位置，并返回字符串的一部分，它的语法格式如下：

```
string strstr(string string, string needle[, bool before_needle)
```

其中，string 和 needle 的意义与之前的检索函数相同。before_needle 是可选参数，默认值为 false，表示返回 needle 在 string 中首次出现的位置之后的部分字符串（包含 needle）；如果将该参数设置为 true，则返回 needle 在 string 中的位置之前的部分（不包含 needle）。

示例代码如下：

```
<?php
$string = "hello_world";
echo strstr ( $string, "o");
echo "<br />";
echo strstr ( $string, "o", true);
?>
```

运行结果如下图所示。

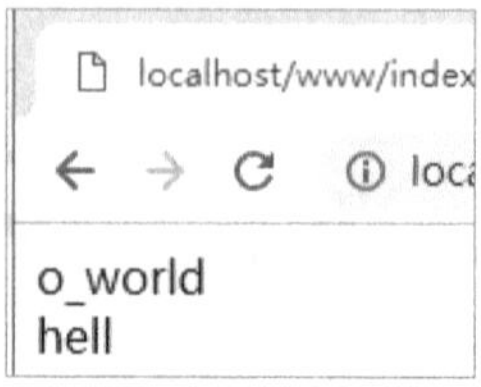

6. strrchr()函数

strrchr()函数类似于 strstr()函数，区别在于 strrchr()函数是查找指定字符串在字符串中最后一次出现的位置，并返回指定字符串及其之后的部分。它的语法格式如下：

```
string strrchr (string string, string needle)
```

示例代码如下：

```
<?php
$string = "hello_world";
echo strrchr ( $string, "o" );
?>
```

运行结果如下图所示。

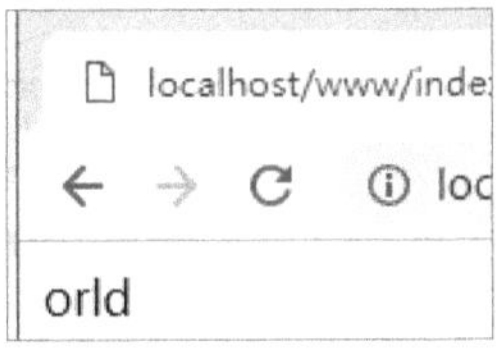

7. stristr()函数

stristr()函数的使用方法和 strstr()函数完全一致，区别是 stristr()函数不区分大小写。

```
string stristr(string string, string needle[, bool before_needle)
```

8. substr_count()函数

substr_count()函数用来检索指定字符串在字符串中出现的次数，它的语法格式如下：

```
int substr_count(string string, string needle[, int offset[, int length]])
```

该函数表示在字符串 string 中检索字符串 needle 出现的次数，offset 是可选参数，指定从字符串 string 的什么位置开始检索，length 也是可选参数，指定最大检索长度。

示例代码如下：

```
<?php
$string = "hello_world";
echo substr_count ( $string, "o" );
echo "<br />";
echo substr_count ( $string, "o", 5 );
?>
```

运行结果如下图所示。

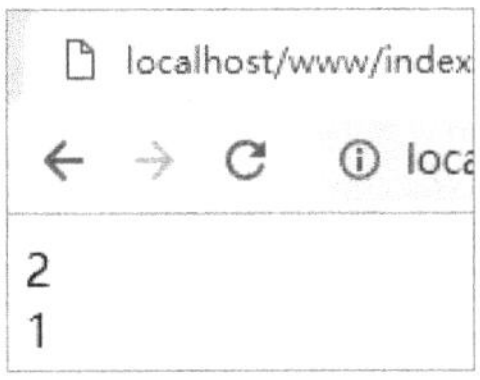

9.1.6 字符串的截取

在 PHP 中，substr()函数可以用来截取字符串，它的语法格式如下：

```
string substr (string string, int start[, int length])
```

其中，start 表示从什么位置开始截取字符串，如果该参数是正数，则表示从字符串 string 的第 start 个字符处开始返回字符串（包含 start 位置）；如果该参数是负数，则表示从字符串 string 结尾处向前数 start 个字符开始返回字符串（包含-start 位置）。

length 是可选参数，指定截取的字符串的长度。如果该参数是正数，则返回的字符串将从字符串 string 的 start 位置开始且最多包括 length 个字符，如果该参数是负数，则表示字符串 string 末尾的 length 个字符将被忽略。

示例代码如下：

```
<?php
echo substr ( "abcdef", - 1 );
echo "<br />" . substr ( "abcdef", - 2 );
echo "<br />" . substr ( "abcdef", - 3, 1 );
echo "<br />" . substr ( "abcdef", 4, - 4 );
echo "<br />" . substr ( "abcdef", - 3, - 1 );
?>
```

运行结果如下图所示。

9.1.7 字符串的替换

PHP 提供了两个用于字符串替换的函数。

1. substr_replace()函数

substr_replace()函数可以把字符串的一部分替换为另一个字符串，并返回混合类型。它的语法格式如下：

```
mixed substr_replace(mixed string, string replacement, int start[, int
length])
```

其中，string 表示要处理的字符串，replacement 表示要插入的字符串。start 表示执行替换操作的开始位置，起始位置为 0，如果该参数是正数，则从 start 位置开始替换；如果该参数是负数，则从字符串 string 的倒数第 start 位置开始替换。length 是可选参数，如果设置了这个参数，表示被替换的字符串的长度，如果设置该参数为 0，则表示将字符串 replacement 插入字符串 string 的 start 位置处；如果设置该参数为正数，表示被替换的字符串的长度是 length；如果设置该参数为负数，则表示从 start 开始到字符串倒数第 length 位置的字符串会被替换；默认设置是字符串 string 的长度。

示例代码如下：

```
<?php
echo substr_replace ( 'abcdefg', '###', 1 );
echo "<br />" . substr_replace ( 'abcdefg', '###', - 1 );
echo "<br />" . substr_replace ( 'abcdefg', '###', - 3, 2 );
echo "<br />" . substr_replace ( 'abcdefg', '###', 1, - 2 );
echo "<br />" . substr_replace ( 'abcdefg', '###', 3, 0 );
?>
```

运行结果如下图所示。

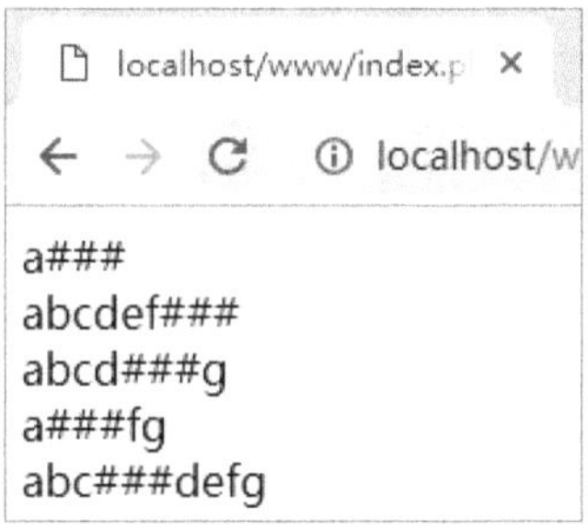

示例代码如下：

```
<?php
$input = array (
        'A: XXX',
        'B: XXX',
        'C: XXX'
);
var_dump ( substr_replace ( $input, 'YYY', 3, 3 ) );
echo "<br />";
$replace = array (
        'AAA',
        'BBB',
        'CCC'
);
var_dump ( substr_replace ( $input, $replace, 3, 3 ) );
echo "<br />";
$length = array (
        1,
        2,
        3
```

```
);
var_dump ( substr_replace ( $input, $replace, 3, $length ) );
?>
```

运行结果如下图所示。

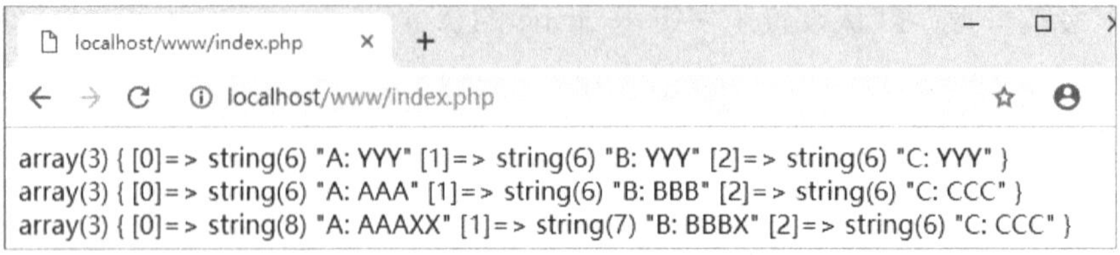

2．str_replace()函数

str_replace()函数可以使用一个字符串替换另一个字符串中的一些字符，并返回混合类型。它与 substr_replace()函数所不同的是，所有满足替换条件的字符都会被替换。它的语法格式如下：

```
mixed str_replace(mixed search, mixed replace, mixed string [, int &count])
```

该函数表示在字符串 string 中搜索字符串 search，并将其替换成字符串 replace，count 是可选参数，如果设置了该参数，就设置了被替换的次数。

示例代码如下：

```
<?php
echo str_replace ( "o", "***", "hello world" );
echo "<br />";
$search = array (
       "fruits",
       "vegetables"
);
$replace = array (
       "pizza",
       "beer"
);
$string = "You should eat fruits, vegetables every day.";
var_dump ( str_replace ( $healthy, $yummy, $string ) );

echo "<br />";

$search = array (
       'A',
       'B',
       'C',
       'D',
       'E'
);
$replace = array (
```

```
        'B',
        'C',
        'D',
        'E',
        'F'
);
$string = 'A';
var_dump ( str_replace ( $search, $replace, $string ) );

?>
```

运行结果如下图所示。

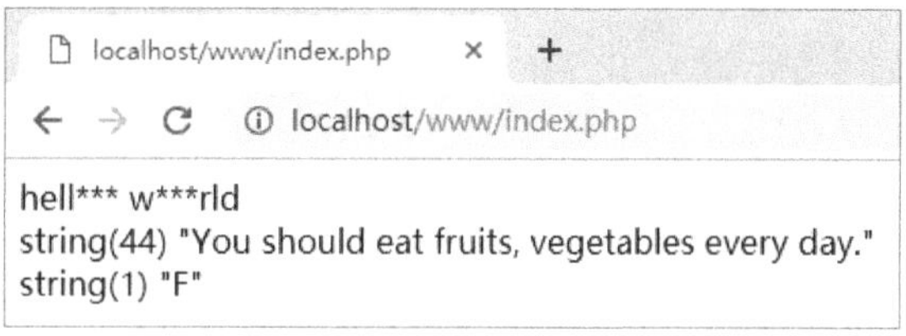

9.1.8　字符串的翻转

在 PHP 中，strrev()函数可以用来实现字符串的翻转，它的语法格式如下：

```
string strrev(string string)
```

示例代码如下：

```
<?php
echo strrev ( "Hello world!" );
?>
```

运行结果如下图所示。

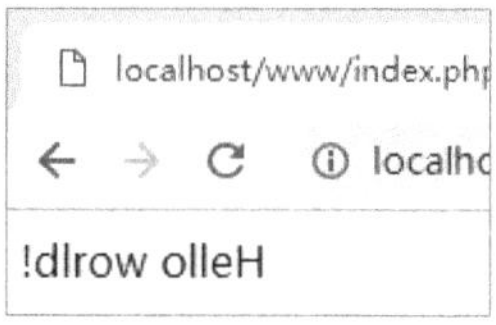

9.1.9　字符串的比较

对两个字符串进行比较有很多种形式，通常用“==”来比较两个字符串是否相等，PHP 还提供了一些函数用来进行复杂的比较。

1．strcmp()函数和 strcasecmp()函数

这两个函数都是按字节数进行字符串比较的，其中，strcmp()函数区分大小写，strcasecmp()函数不区分大小写，它们的语法格式如下：

```
int strcmp(string str1, string str2)
```

```
int strcasecmp(string str1, string str2)
```

如果字符串 str1 的字节数小于字符串 str2，则返回值小于 0；如果字符串 str1 的字节数等于字符串 str2，则返回值等于 0；如果字符串 str1 的字节数大于字符串 str2，则返回值大于 0。

示例代码如下：

```
<?php
$str1 = "Hello world";
$str2 = "hello world";
$a = strcmp ( $str1, $str2 );
switch ($a) {
    case 1 :
        echo "\"" . $str1 . "\"比\"" . $str2 . "\"大";
        break;
    case - 1 :
        echo "\"" . $str1 . "\"比\"" . $str2 . "\"小";
        break;
    case 0 :
        echo "\"" . $str1 . "\"和\"" . $str2 . "\"相等";
        break;
}
?>
```

运行结果如下图所示。

2. strnatcmp()函数

这个函数是按自然排序法进行字符串比较的，即比较的是字符串中的数字部分，它的语法格式如下：

```
int strnatcmp (string str1, string str2)
```

该函数的返回值同 strcmp()函数。

示例代码如下：

```
<?php
$str1 = "img01.jpg";
$str2 = "photo10.png";
$a = strnatcmp ( $str1, $str2 );
switch ($a) {
    case 1 :
        echo "\"" . $str1 . "\"比\"" . $str2 . "\"大";
```

```
        break;
    case - 1 :
        echo "\"" . $str1 . "\"比\"" . $str2 . "\"小";
        break;
    case 0 :
        echo "\"" . $str1 . "\"和\"" . $str2 . "\"相等";
        break;
}
?>
```

运行结果如下图所示。

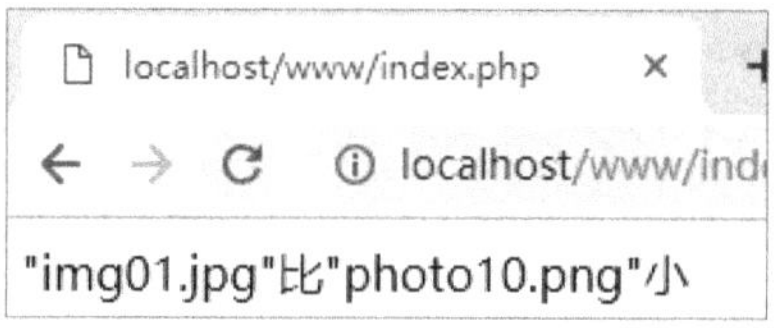

3．strncmp()函数

这个函数是根据指定的长度来比较两个字符串，它的语法格式如下：

```
int strncmp (string str1, string str2, int length)
```

其中，length 表示最大比较长度，该函数的返回值同 strcmp()函数。

示例代码如下：

```
<?php
$str1 = "img01.jpg";
$str2 = "img01.png";
$a = strncmp ( $str1, $str2, 6 );
switch ($a) {
    case 1 :
        echo "\"" . $str1 . "\"比\"" . $str2 . "\"大";
        break;
    case - 1 :
        echo "\"" . $str1 . "\"比\"" . $str2 . "\"小";
        break;
    case 0 :
        echo "\"" . $str1 . "\"和\"" . $str2 . "\"相等";
        break;
}
?>
```

运行结果如下图所示。

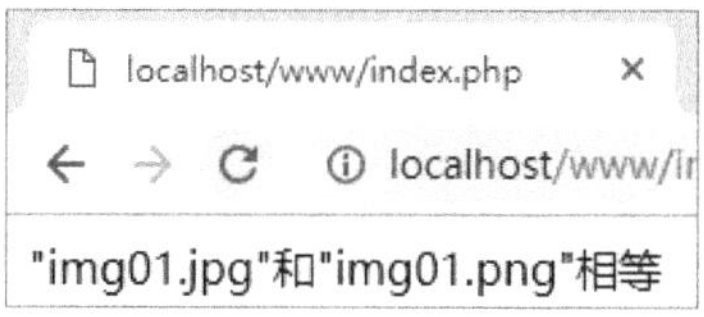

9.1.10 字符串的大小写

PHP 针对字符串的大小写提供了以下 4 个函数。

- strtoupper()函数：将字符串转换成大写。
- strtolower()函数：将字符串转换成小写。
- ucfirst()函数：将字符串的第一个字母大写，如果第一个字符不是字母，则忽视。
- ucwords()函数：将字符串中每个单词的首字母大写。

这些函数的语法格式如下：

```
string strtoupper(string str)
string strtolower(string str)
string ucfirst(string str)
string ucwords(string str)
```

示例代码如下：

```
<?php
$str = "to BE, or NoT tO be, tHAt is a QuestiON.";
echo strtoupper ( $str );
echo "<br />";
echo strtolower ( $str );
echo "<br />";
echo ucfirst ( $str );
echo "<br />";
echo ucwords ( $str );
echo "<br />";
?>
```

运行结果如下图所示。

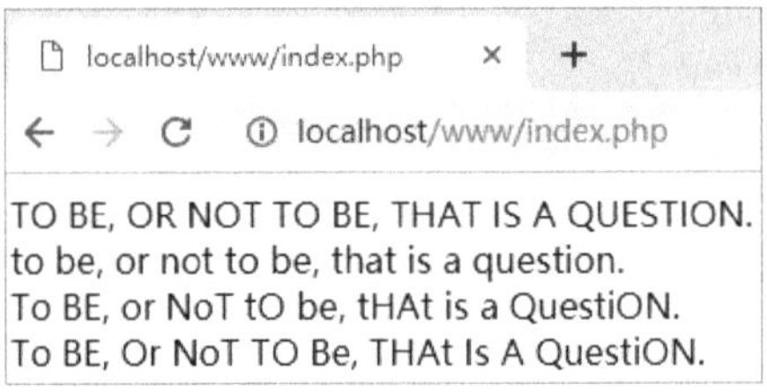

9.1.11 字符串的重复

在 PHP 中，str_repeat()函数可以用来重复一个字符串。它的语法格式如下：

```
string str_repeat( string string, int multiplier)
```

该函数的返回结果为字符串 string 重复 multiplier 次后的字符串，multiplier 必须大于 0，如果将该参数设置为 0，则返回一个空字符串。

示例代码如下：

```
<?php
echo "<pre>";
echo str_repeat ( "从前有座山，山上有个庙，庙里老和尚，对小和尚说：\n", 10 );
?>
```

运行结果如下图所示。

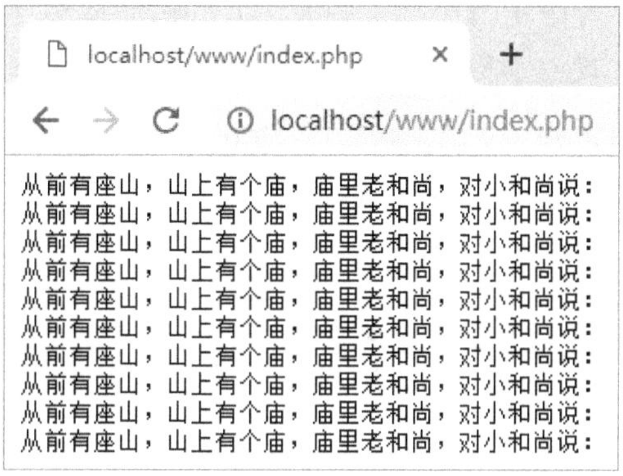

9.1.12　字符串的加密

1．md5()函数

md5()函数使用 MD5 算法对字符串进行加密。MD5 算法的英文全称为 Message-Digest Algorithm 5，中文名为信息-摘要算法，它是把不同长度的数据信息经过一系列的算法计算成一个 128 位的数值，这种变换只与字节有关，与字符集和编码方式无关。md5()函数的语法格式如下：

```
string md5(string str[, bool raw_output])
```

其中，raw_output 默认值为 false，表示返回的是字符串，如果将其设置为 true，则返回的是 16 字节长度的原始二进制格式。

2．sha1()函数

sha1()函数使用 SHA 算法进行字符串加密。SHA 算法的英文全称为 Secure Hash Algorithm，中文名为安全哈希算法。sha1()函数的语法格式如下：

```
string sha1(string str[, bool raw_output])
```

9.2　正则表达式

正则表达式，又称规则表达式，英文全称为 Regular Expression，在代码中常简写为 regex、regexp 或 RE，属于计算机科学中的一个概念。正则表达式通常被用来检索、替换那些符合某个模式（规则）的文本。

正则表达式是对字符串（包括普通字符，如字母 a～z；特殊字符，又称为“元字符”）

进行操作的一种逻辑公式，就是用事先定义好的一些特定字符及这些特定字符的组合，组成一个“规则字符串”，这个“规则字符串”用来表达对字符串的一种过滤逻辑。正则表达式是一种文本模式，该模式描述在搜索文本时要匹配的一个或多个字符串。

给定一个正则表达式和另一个字符串，我们可以达到如下目的。

- 可以判断给定的字符串是否符合正则表达式的过滤逻辑（称作“匹配”）。
- 可以通过正则表达式从字符串中获取我们想要的特定部分。

PHP 支持两种风格的正则表达式：POSIX 和 Perl。这两种风格的正则表达式是 PHP 编译时的默认风格。在 PHP 5.3 中，Perl 风格不能被禁用。

下面介绍与正则表达式相关的几项技术。

- grep：grep 是一种强大的文本搜索工具，它能使用正则表达式搜索文本，并把匹配的行打印出来。
- egrep：grep 更新的速度无法与技术更新的速度同步，为此，贝尔实验室推出了 egrep，即扩展的 grep，这大大增强了正则表达式的能力。
- POSIX：在 grep 发展的同时，还有一些开发人员也根据自己的喜好开发出了具有独特风格的版本。但问题也随之而来，有的程序支持某个元字符，而有的程序不支持该元字符，因此就有了 POSIX。POSIX 是一系列标准，确保了操作系统之间的可移植性。但 POSIX 和 SQL 一样没有成为最终标准，而只能作为一个参考标准。
- Perl：1987 年，Larry Wall 发布了 Perl 编程语言，它汲取了多种语言的精华，并内部集成了正则表达式的功能，以及巨大的第三方代码库 CPAN。Perl 经历了 Perl1 到 Perl6 的发展过程，最终成了继 POSIX 之后的另一个标准。
- PCRE：1997 年，Philip Hazel 开发了 PCRE 库，它是能够兼容 Perl 正则表达式的一套正则引擎，开发人员可以将 PCRE 整合到自己的语言中，为用户提供丰富的正则功能，PHP 默认支持 PCRE 库。

9.3 正则表达式基本语法

正则表达式由一些普通字符和一些元字符（metacharacters）组成。普通字符是指自身具有语义的普通文本，如数字、字母等。而元字符则是具有特殊含义的字符，如“.”和“?”。在一般情况下，正则表达式都被都放在定界符中，如“/”，以避免与其他字符串混淆。

9.3.1 行定位符

行定位符用来描述一行字符串的边界。

- ^：表示行的开始。
- $：表示行的结尾。

示例代码如下：

```
<?php
$subject = "html、htm";
$pattern = '/^htm/';
preg_match ( $pattern, $subject, $matches, PREG_OFFSET_CAPTURE );
echo "<pre>";
print_r ( $matches );
?>
```

运行结果如下图所示。

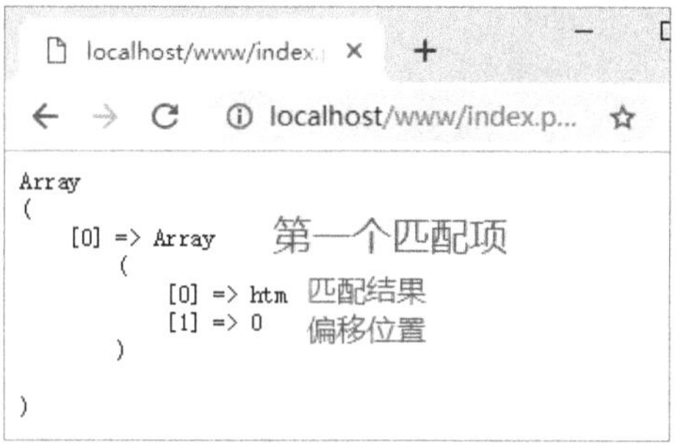

上述示例可以匹配到字符串中行开始位置的“htm”字符串。如果使用以下示例代码中的正则表达式，则可以匹配到字符串中行结尾位置的“htm”字符串：

```
<?php
$subject = "html、htm";
$pattern = '/htm$/';
preg_match ( $pattern, $subject, $matches, PREG_OFFSET_CAPTURE );
print_r ( $matches );
?>
```

运行结果如下图所示。

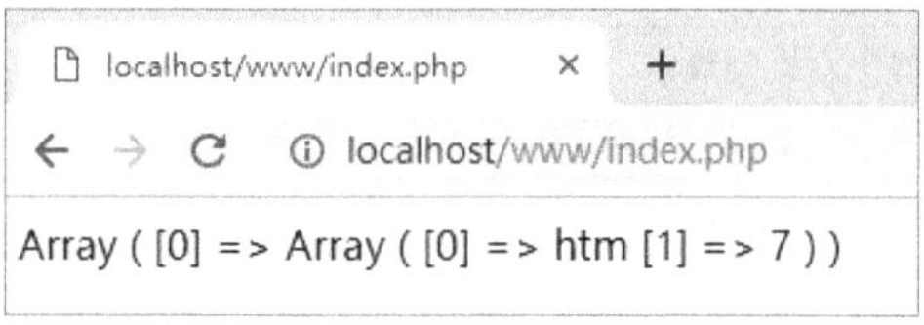

9.3.2 单词定界符

单词定界符用来描述一个单词的边界。

- \b：表示单词边界。
- \B：表示非单词边界。

示例代码如下：

```
<?php
```

```
$subject = "html、htm";
$pattern = '/\bhtm\b/';
preg_match($pattern, $subject, $matches, PREG_OFFSET_CAPTURE);
echo "<pre>";
print_r($matches)
?>
```

运行结果如下图所示。

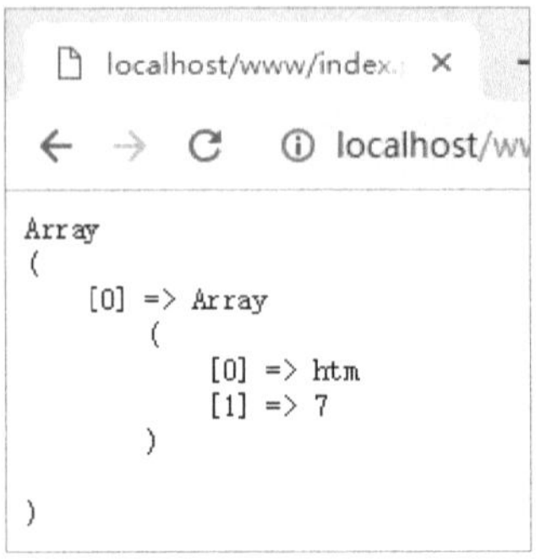

9.3.3 字符类

字符类就是一个字符列表，可以使用字符类指定字符列表，以匹配正则表达式中的一个位置。另外，可以使用方括号（[]）来定义字符类。

例如，以下正则表达式定义了匹配 html、HTML、Html、hTml 或 HTml 等的字符类：

```
$pattern = '/[hH][tT][mM][lL]/'
```

POSIX 和 PCRE 都使用了一些预定义字符类，但表示方法略有不同，POSIX 的预定义字符类如下表所示。

预定义字符类	说　明
'[:digit:]'	匹配任何十进制数字，等同于[0~9]
'[:xdigit:]'	匹配任何十六进制数字
'[:lower:]'	匹配任何小写字母，等同于[a～Z]
'[:upper:]'	匹配任何大写字母，等同于[A～Z]
'[:alpha:]'	匹配字母，等同于[a～z，A～Z]，或者'[:lower:]'和'[:upper:]'
'[:alnum:]'	匹配字母或数字，等同于[a～z，A～Z，0～9]，或者'[:alpha:]'和'[:digit:]'
'[:blank:]'	匹配空格和制表符
'[:space:]'	匹配空白符，如空格、换行符、换页符、回车符、水平制表符
'[:punct:]'	匹配任何标点符号，包括键盘上的所有特殊字符，如“!”“@”“#”“$”“?”等
'[:print:]'	匹配所有的可打印字符，包括空白字符
'[:graph:]'	匹配所有的可打印字符，不包括空白字符
'[:cntrl:]'	匹配控制字符

PCRE 的预定义字符类使用反斜杠来表示。具体如下表所示。

预定义字符类	说　　明
\d	匹配一个数字字符，等同于[0～9]
\D	匹配一个非数字字符，等同于[^0～9]
\w	匹配包括下画线的任何单词字符。等同于[A～Z，a～z，0～9]
\W	匹配任何非单词字符，等同于[^A～Z，a～z，0～9]

9.3.4　选择符

选择符（|）类似于字符类，可以实现选择字符的匹配模式的功能。使用“|”可以定义选择的匹配模式，类似于 PHP 运算中的逻辑或。字符类一次只能匹配一个字符，而“|”一次可以匹配任意长度的字符。

9.3.5　范围符

在字符类中可以使用连字符（-）定义字符范围。

“-”的左侧字符为范围起始点，右侧字符为范围终止点。需要注意的是，字符范围都是根据字符编码表的位置关系来确定的。

示例代码如下：

```
$pattern = '/[a-z]/';                        //匹配任意一个小写字母
$pattern = '/[A-Z]/';                        //匹配任意一个大写字母
$pattern = '/[0-9]/';                        //匹配任意一个数字
$pattern = '/[\u4e00-\u9fa5]/';              //匹配中文字符
$pattern = '/[\x00-\xff]/';                  //匹配单字节字符
```

9.3.6　排除符

在字符类中，除范围符外，还有一个元字符，即排除符（^）。将“^”放到方括号内最左侧，表示排除字符列表，也就是将反转该集合的意义。排除符类似于 PHP 运算中的逻辑非。

示例代码如下：

```
$pattern = '/[^0-9]/';                       //匹配非数字字符
$pattern = '/[^\x00-\xff]/';                 //匹配双字节字符
```

9.3.7　限定符

限定符用来指定正则表达式的一个给定符、字符类或子表达式必须要出现多少次才能满足匹配。如下表所示。

限 定 符	说　　明
*	匹配前面的字符或子表达式 0 次或多次。 例如，“zo*”能匹配“z”或“zoo”，等同于“{0,}”

续表

限定符	说明
+	匹配前面的字符或子表达式一次或多次。 例如，“zo+”能匹配“zo”或“zoo”，但不能匹配“z”，等同于“{1,}”
?	匹配前面的字符或子表达式 0 次或一次。 例如：“do(es)?”能匹配“do”或“does”中的“do”，等同于“{0,1}”
{n}	n 是非负整数。匹配确定的 n 次。例如，“o{2}”不能匹配“Bob”中的“o”，但是能匹配“food”中的两个“o”
{n,}	n 是非负整数。至少匹配 n 次。例如，“o{2,}”不能匹配“Bob”中的“o”，但是能匹配“foooood”中的所有“o”
{n,m}	m 和 n 均为非负整数，其中 n≤m。最少匹配 n 次，且最多匹配 m 次。例如，“o{1,3}”将匹配“foooood”中的前 3 个“o”。注意，在逗号和两个数之间不能有空格

示例代码如下：

```
<?php
$subject = "gooooooogle";
$pattern = '/o{1,4}/';
preg_match ( $pattern, $subject, $matches, PREG_OFFSET_CAPTURE );
print_r ( $matches );
?>
```

运行结果如下图所示。

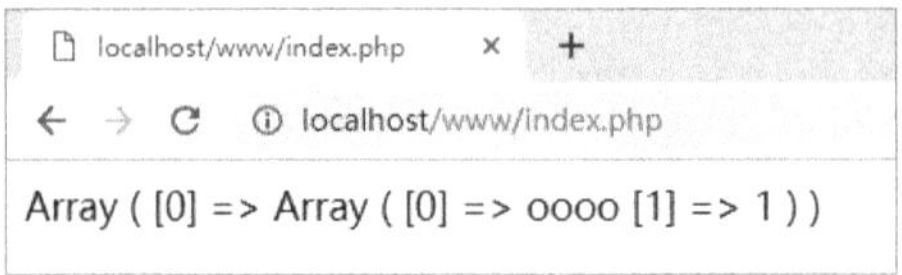

除“{n}”外，所有限定符都有贪婪性，因为它们会尽可能多地匹配字符，只有在它们的后面加上一个“？”，才可以实现非贪婪或最小匹配。

示例代码如下：

```
<?php
$subject = "gooooooogle";
$pattern = '/o{1,4}?/';
preg_match($pattern, $subject, $matches, PREG_OFFSET_CAPTURE);
print_r($matches);
?>
```

运行结果如下图所示。

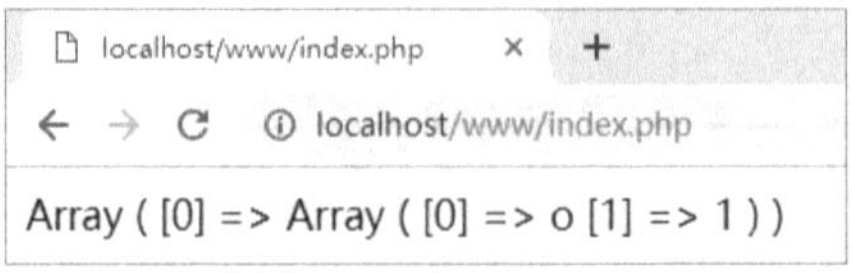

9.3.8 任意字符

点号（.）可以匹配除换行符（\n）之外的任何单字符。如果要匹配“.”，则需要使用“/”进行转义。

示例代码如下：

```
<?php
$subject = "foooooood";
$pattern = '/.{1,6}/';
preg_match($pattern, $subject, $matches, PREG_OFFSET_CAPTURE);
print_r($matches);
?>
```

运行结果如下图所示。

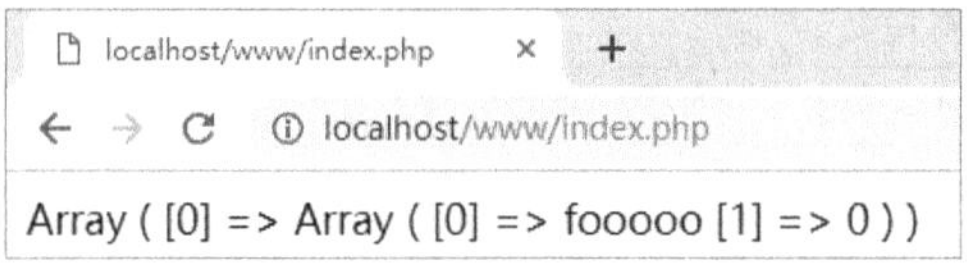

9.3.9 转义字符

转义字符（\）能够将特殊字符，如“.”“*”“^”“$”等变为普通的字符。

示例代码如下：

```
<?php
$subject = "192.0.0.1";
$pattern = '/([0-9]{1,3}\.?){4}/';
preg_match($pattern, $subject, $matches, PREG_OFFSET_CAPTURE);
print_r($matches);
?>
```

运行结果如下图所示。

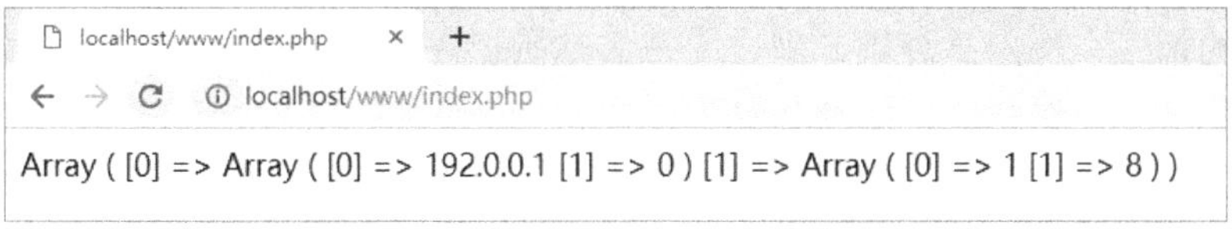

在上述代码中，如果不使用转义字符，则“.”会匹配所有字符。

9.3.10 反斜杠

反斜杠（\）可以定义非打印字符，如下表所示。

非打印字符	说　明
\cx	匹配由 x 指明的控制字符。例如，“\cM”匹配一个 Control-M 或回车符。x 的取值范围为 A～Z 或 a～z，否则，将“c”视为一个原义的“c”字符

续表

非打印字符	说　　明
\f	匹配一个换页符，等同于“\x0c”和“\cL”
\n	匹配一个换行符，等同于“\x0a”和“\cJ”
\r	匹配一个回车符，等同于“\x0d”和“\cM”
\s	匹配任何空白字符，包括空格、制表符、换页符等，等同于[\f\n\r\t\v]
\S	匹配任何非空白字符，等同于[^\f\n\r\t\v]
\t	匹配一个制表符，等同于“\x09”和“\cI”
\v	匹配一个垂直制表符，等同于“\x0b”和“\cK”

另外，“\”还可以定义断言限定符，如下表所示。

断言限定符	说　　明
\b	单词定界符
\B	非单词定界符
\A	字符串开头，类似于“^”，但不受处理多行选项的影响
\Z	字符串结尾或行尾（换行符之前的位置），不受处理多行选项的影响
\z	字符串结尾，类似于“$”，不受处理多行选项的影响
\G	当前搜索的开头（起始位置）

9.3.11　小括号

小括号用来改变作用范围。

示例代码如下：

```
$pattern = '/(php)|(PHP)/';
$pattern = '/(foo){1,3}/';
```

在上述代码中，第一行表达式定义选择符为两个单词，而不是简单的一个字符；第二行表达式定义限定符为 3 个字符，而不是其前面的一个字符。

小括号还可以用来定义子表达式。

小括号的第二个作用是分组，即定义子表达式。子表达式相当于一个独立的正则表达式。子表达式具有记忆功能，能够临时存储其匹配的字符，并在后面进行引用。

9.3.12　反向引用

反向引用就是根据子表达式的“记忆”功能来匹配连续出现的字符或子字符串。

对于一个正则表达式来说，如果在其中遇到小括号，则会导致小括号内的匹配字符被存储到一个临时缓冲区中，所捕获的每个子匹配都按照在正则表达式模式中从左至右所遇到的内容存储。存储子匹配的缓冲区的编号取值范围为 1～99。每个缓冲区都可以使用“\n”访问，其中 n 为一个标识特定缓冲区的一位或两位十进制数。

示例代码如下：

```
<?php
$subject = "adbcdebbcde";
$pattern = '/([ab])\1/';
preg_match($pattern, $subject, $matches, PREG_OFFSET_CAPTURE);
print_r($matches);
?>
```

运行结果如下图所示。

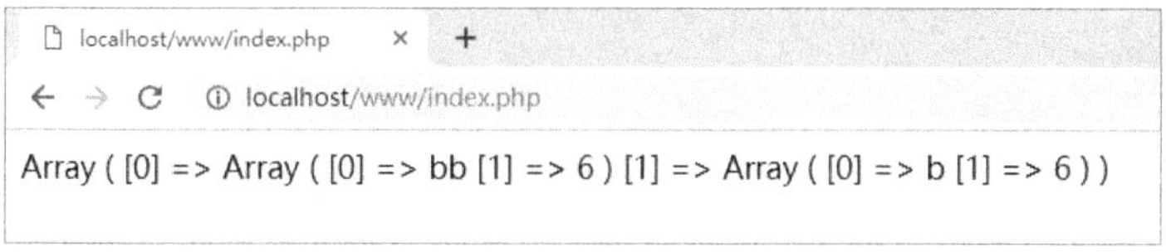

9.3.13 模式修饰符

模式修饰符也称为模式修正符，在正则表达式的定界符之外使用，主要用来调整正则表达式的解释，扩展正则表达式在匹配、替换等操作时的某些功能，从而增强正则表达式的能力。不同的语言具有自己的模式设置，PHP 中的主要模式修饰符及说明如下表所示。

模式修饰符	说　明
i	ignore，不区分大小写
m	在默认情况下，PCRE 认为目标字符串是由单行字符组成的（然而实际上它可能会包含多行），“行首”元字符（^）仅匹配字符串的开始位置，而“行末”元字符（$）仅匹配字符串末尾，或者最后的换行符（除非设置了 D 修饰符）。这个行为和 Perl 相同。当这个修饰符设置之后，“行首”和“行末”就会匹配目标字符串中任意换行符之前或之后的字符串，另外，还分别匹配目标字符串的开始和末尾位置。这等同于 Perl 的“/m”修饰符。如果目标字符串中没有“\n”字符，或者模式中没有出现“^”或“$”，则设置这个修饰符不会产生任何影响
s	如果设置了这个修饰符，则模式中的点号元字符会匹配所有字符，包含换行符。如果没有设置这个修饰符，则点号元字符不匹配换行符。这个修饰符等同于 Perl 中的“/s”修饰符。一个取反字符类，如[^a]总是匹配换行符，而不依赖于这个修饰符的设置
x	忽略空白，除非进行转义的空白不被忽略
e	只用在 preg_replace()中，对替换字符串的后向引用替换之后，会将替换后的字符串作为 PHP 代码评估执行（eval 函数方式），并使用执行结果作为实际参与替换的字符串。单引号、双引号、反斜杠和 NULL 字符在后向引用替换时会被用反斜杠转义
A	匹配字符串中的开头部分
D	如果这个修饰符被设置，则模式中的美元符号（$）仅仅匹配目标字符串的末尾。如果这个修饰符没有被设置，则当字符串以一个换行符结尾时，“$”还会匹配该换行符（但不会匹配之前的任何换行符）。如果设置了 m 修饰符，则这个修饰符会被忽略
E	与 m 相反，如果使用该修饰符，则“$”会匹配绝对字符串的结尾，而不是换行符前面，默认打开该模式
U	非贪婪模式，与“?”元字符的作用相同，最大限度的匹配是贪婪模式，最小限度的匹配是非贪婪模式，即惰性模式

模式修饰符既可以写在正则表达式的外面，也可以写在表达式的里面。

9.4 使用 PCRE 扩展正则表达式函数

正则表达式不能被独立使用，它只是一种用来定义字符串的规则模式，必须在相应的正则表达式函数中使用，才能实现对字符串的匹配、查找、替换和分割等操作。在 PHP 中有两套正则表达式的函数库，而使用与 Perl 兼容的正则表达式函数库的执行效率要略占优势。

9.4.1 数组过滤

preg_grep()函数可以使用正则表达式过滤数组中的元素。其语法格式如下：

```
array preg_grep( string $pattern, array $input[, int $flags = 0])
```

参数说明：

- pattern 表示要搜索的模式，是字符串类型。
- input 表示输入的数组。
- flags 为可选参数，如果设置该参数为 PREG_GREP_INVERT，则会返回输入数组中与给定模式 pattern 不匹配的元素组成的数组。

preg_grep()函数应返回给定数组 input 中与模式 pattern 相匹配的元素组成的数组。返回数组将使用 input 参数数组中的 key 作为索引。

示例代码如下：

```
<?php
$array = array(2, 3, 90, "b", 4.9, 8.1);
$pattern = '/^(\d+)?\.\d+$/';
$fl_array = preg_grep($pattern, $array);
print_r($fl_array);
?>
```

运行结果如下图所示。

9.4.2 执行一次匹配

preg_match()函数可以执行一个正则表达式匹配。其语法格式如下：

```
int preg_match(string $pattern, string $subject[, array &$matches[, int
$flags =0[, int $offset = 0]]])
```

参数说明：

- pattern 表示要搜索的模式，是字符串类型。
- subject 表示输入的字符串。
- matches 为可选参数，如果提供了该参数，则它会被填充为搜索结果：$matches[0]包含完整模式匹配到的文本；$matches[1]包含第 1 个捕获子组匹配到的文本，以此类推。
- flags 也是可选参数，其值可以被设置为 PREG_OFFSET_CAPTURE，表示对于每一个匹配返回值，都会附加字符串偏移量。注意，这会改变填充到 matches 参数的数组，使其每个元素成为一个数组，数组的第 0 个元素是匹配到的字符串，第 1 个元素是该匹配字符串在目标字符串 subject 中的偏移量。
- offset 也是可选参数，用于指定从目标字符串的某个位置开始搜索，单位是字节。在默认情况下，搜索会从目标字符串的开始位置开始。

preg_match()函数会返回 pattern 的匹配次数，返回值是 0（不匹配）或 1，因为 preg_match()函数在第 1 次匹配后会停止搜索。如果发生错误，则 preg_match()函数会返回 false。

示例代码如下：

```
<?php
$subject = "abcde:12345";
$pattern =  '/(?P<first>\w+):(?P<second>\d+)/';
preg_match($pattern, $subject, $matches);
print_r($matches);
?>
```

运行结果如下图所示。

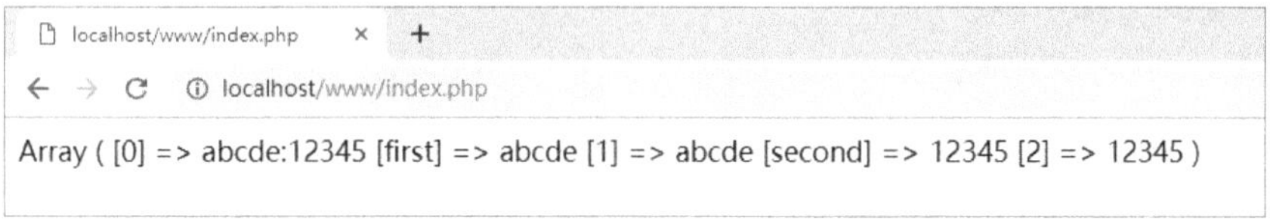

9.4.3 执行所有匹配

preg_match_all()函数可以执行一个全局正则表达式匹配。其语法格式如下：

```
    int preg_match_all(string $pattern, string $subject[, array &$matches[,
int $flags = PREG_PATTERN_ORDER [, int $offset = 0]]])
```

参数说明：

- pattern 表示要搜索的模式，是字符串类型。
- subject 表示输入的字符串。
- matches 是多维数组，作为输出参数输出所有匹配结果。
- flags 为可选参数，指定数组排序，该参数的值为以下 PHP 常量。
  - ➢ PREG_PATTERN_ORDER：这是默认设置，结果排序为$matches[0]保存完整模式的所有匹配，$matches[1]保存第一个捕获子组的所有匹配，以此类推。
  - ➢ PREG_SET_ORDER：结果排序为$matches[0]包含第一次匹配得到的所有匹配（包

含捕获子组），$matches[1]是包含第二次匹配到的所有匹配（包含捕获子组）的数组，以此类推。

➢ PREG_OFFSET_CAPTURE：如果设置了该标记，则每个发现的匹配在返回时会增加它相对目标字符串的偏移量。

- offset 为可选参数，用于指定从目标字符串的某个位置开始搜索，单位是字节。在默认情况下，从目标字符串的开始位置开始搜索。

preg_match_all()函数能够搜索 subject 中所有匹配 pattern 的匹配结果，并且将它们以 flags 指定的顺序输出到 matches 中，在第一次匹配到后，继续从最后一次匹配位置搜索。

示例代码如下：

```
<?php
$html = "<b>加粗文本</b><p>段落文本</p>";
preg_match_all("/(<([\w]+)[^>]*>)(.*?)(<\/\\2>)/", $html, $matches, PREG_
SET_ORDER);
foreach ($matches as $val) {
    echo "匹配信息: " . $val[0] . "\n";
    echo "子组 1: " . $val[1] . "\n";
    echo "子组 2: " . $val[2] . "\n";
    echo "子组 3: " . $val[3] . "\n";
    echo "子组 4: " . $val[4] . "\n";
}
?>
```

运行结果如下图所示。

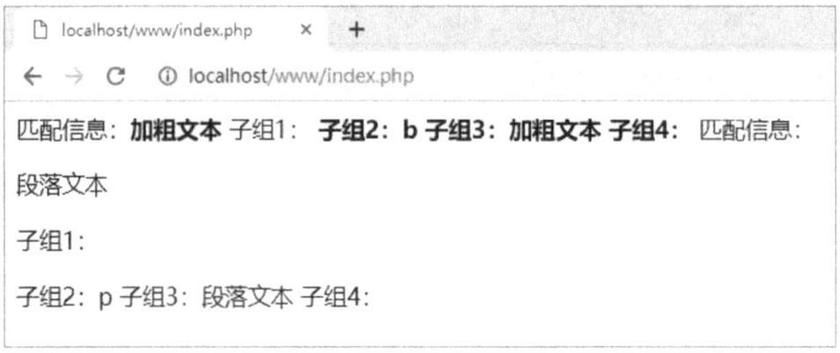

9.4.4 转义字符

preg_quote()函数能够转义正则表达式字符。其语法格式如下：

```
string preg_quote(string $str[, string $delimiter = NULL])
```

参数说明：

- str 表示输入的字符串。
- delimiter 是可选参数，指定会被转义的字符。通常用于转义 PCRE 函数使用的分隔符，如“/”是最通用的分隔符。

preg_quote()函数会在 str 中每个正则表达式语法中的特殊字符前添加一个反斜杠，如“\.”

“\+” “*” “\?” “\[” “\^” “\]” “\$” “\(” “\)” “\{” “\}” “\=” “\!” “\<” “\>” “\|” “\:” “\-”。

示例代码如下：

```
<?php
$keywords = '2019/3/26 3.68$';
$keywords = preg_quote($keywords, '/');
echo $keywords;
?>
```

运行结果如下图所示。

9.4.5 查找替换

preg_replace()函数能够执行一个正则表达式的搜索和替换，语法格式如下：

```
    mixed preg_replace(mixed $pattern, mixed $replacement, mixed $subject[,
int $limit = -1[, int &$count]])
```

参数说明：

- pattern 表示要搜索的模式，可以是一个字符串或字符串数组。
- replacement 表示用于替换的字符串或字符串数组。如果这个参数是一个字符串，并且 pattern 是一个数组，则每个 pattern 使用 replacement 中对应的元素进行替换；如果 replacement 中的元素比 pattern 中的少，则 pattern 中多出来的元素使用空字符串进行替换。
- subject 表示要进行搜索和替换的字符串或字符串数组。
- limit 表示每个 pattern 在每个 subject 上进行替换的最大次数，默认值是-1（无限）。
- count 为可选参数，如果指定该参数，则它会被填充为替换执行的次数。

如果 subject 是一个字符串数组，则 preg_replace()函数返回一个字符串数组，在其他情况下返回一个字符串。如果匹配内容被查找到，则替换后的 subject 被返回，在其他情况下返回没有改变的 subject。如果发生错误，则返回 NULL。

示例代码如下：

```
<?php
$string = 'March 26, 2019';
$pattern = '/(\w+) (\d+) (\d+)/i';
$replacement = '$3-${1}-12';
echo preg_replace ( $pattern, $replacement, $string );
?>
```

运行结果如下图所示。

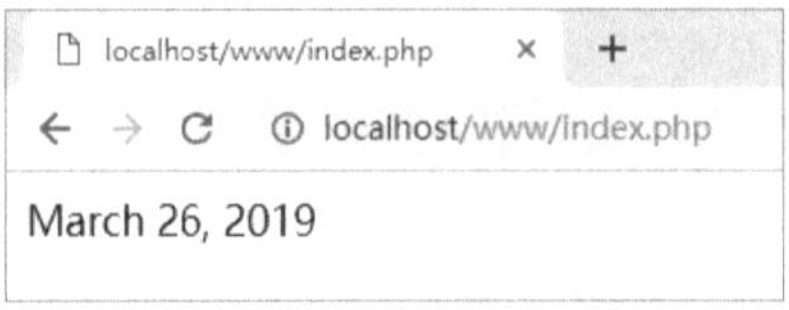

9.4.6 高级查找替换

preg_replace_callback()函数能够执行一个正则表达式搜索，并且使用一个回调函数进行替换。其语法格式如下：

```
mixed preg_replace_callback(mixed $pattern, callback $callback, mixed $subject[, int $limit = -1[, int &$count]])
```

参数说明：

- pattern 表示要搜索的模式，可以是一个字符串或字符串数组。
- callback 表示一个回调函数，在每次需要替换时被调用，在调用时函数得到的参数是从 subject 中匹配到的结果。回调函数返回真正参与替换的字符串。
- subject 表示要进行搜索和替换的字符串或字符串数组。
- limit 表示每个 pattern 在每个 subject 上进行替换的最大次数，默认值是-1（无限）。
- count 为可选参数。如果指定该参数，则它会被填充为替换执行的次数。

如果 subject 是一个字符串数组，则 preg_replace_callback()函数返回一个字符串数组，在其他情况下返回一个字符串。在错误发生时返回 NULL，如果匹配内容被查找到，则替换后的 subject 被返回，在其他情况下返回没有改变的 subject。

示例代码如下：

```
<?php
$pattern = "|(\d{1,2}/\d(1,2)/)(\d{4})|";
$text = "3/26/2019";
function next_year($matches) {
    return $matches[1].($matches[2]+1);
}
echo preg_replace_callback($pattern, "next_year", $text);
?>
```

运行结果如下图所示。

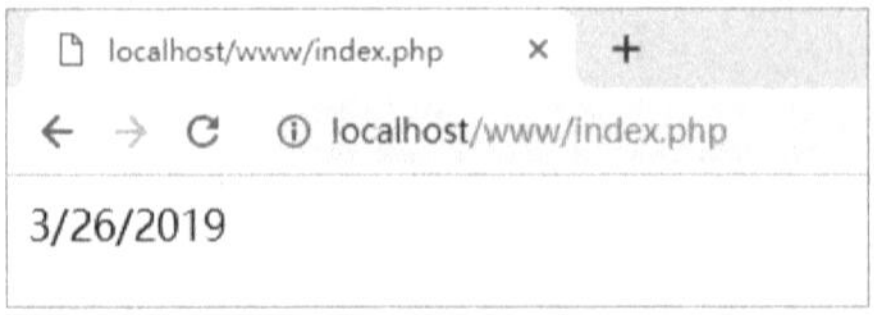

9.4.7 分隔字符串

preg_split()函数可以通过一个正则表达式分隔字符串，语法格式如下：

```
    array preg_split(string $pattern, string $subject, [, int $limit = -1[,
int $flags = 0]])
```

参数说明：

- pattern 表示要搜索的模式，是字符串类型。
- subject 表示输入的字符串。
- limit 为可选参数，如果指定了该参数，则会限制分隔得到的子串最多只有 limit 个，而且返回的最后一个子串会包含所有剩余部分。limit 值为-1、0 或 NULL 时，都代表不限制。
- flags 为可选参数，可以是任何下面标记的组合（以位或运算符“|”组合）。
  - PREG_SPLIT_NO_EMPTY：如果这个标志被设置，则 preg_split()函数会返回字符串分割后的非空部分。
  - PREG_SPLIT_DELIM_CAPTURE：如果这个标志被设置，则用于分隔的 pattern 中的括号表达式将被捕获并返回。
  - PREG_SPLIT_OFFSET_CAPTURE：如果这个标志被设置，则每一个出现的匹配在返回时会附加字符串偏移量。

preg_split()该函数将返回一个使用 pattern 边界分隔 subject 后得到的子串组成的数组。

示例代码如下：

```
<?php
$pattern = "/[\s,]+/";
$text = "hi, hello world";
$keywords = preg_split($pattern, $text);
print_r($keywords);
?>
```

运行结果如下图所示。

9.5　本章小结

本章主要介绍了字符串的操作，涉及字符串的连接、去除、分割、检索、截取等，以及正则表达式的相关知识。虽然字符串的操作对程序的开发不起决定性的作用，但是程序开发主要应用的就是字符串，所以本章内容应该重点掌握。

章节练习

1．请分别写出验证邮箱、手机号码和用户名是否包含非法字符的正则表达式。

2．如果操作系统是 Windows，则使用命令行进入一个目录并执行 dir 命令；如果操作系统是 Linux 或 mac OS，则使用命令行进入一个目录并执行 ls 命令，将运行命令后列出来的文件信息整理成数组。

第 10 章 PHP 数字操作函数

学习任务

【任务】掌握 PHP 数字操作的相关函数。

学习路线

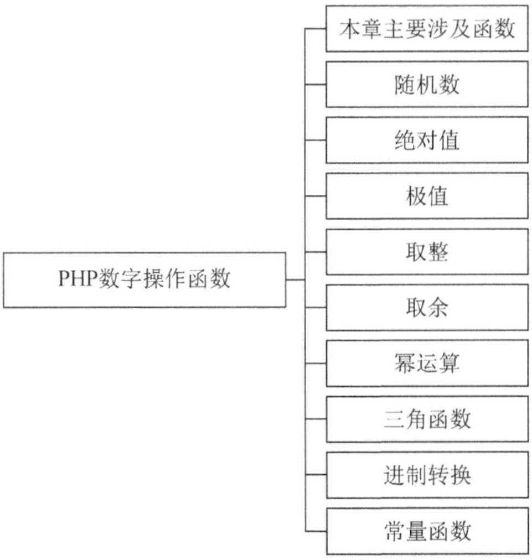

10.1 本章主要涉及函数

函数名	语法格式	说明
rand	int rand() int rand(int min, int max)	返回一个随机整数
mt_rand	int mt_rand() int mt_rand(int min, int max)	使用 Mersenne Twister 算法返回随机整数

续表

函 数 名	语 法 格 式	说 明
abs	mixed abs(mixed number)	返回数字的绝对值
min	mixed min(array values) mixed min(mixed value1, mixed value2[, …])	返回最小值
max	mixed max(array values) mixed max(mixed value1, mixed value2[, …])	返回最大值
round	float round(float val[, int prec [, int mode]])	四舍五入
floor	float floor(float value)	舍去小数部分取整
ceil	float ceil(float value)	若小数部分非零，则返回值的整数部分加 1
fmod	float fmod(float x, float y)	返回被除数除以除数所得的浮点数余数
pow	mixed pow(mixed base, mixed exp)	返回 base 的 exp 次方的值
sqrt	float sqrt(float arg)	返回平方根
sin	float sin(float arg)	返回参数的正弦值
cos	float cos(float arg)	返回参数的余弦值
tan	float tan(float arg)	返回参数的正切值
deg2rad	float deg2rad(float number)	将角度转换为弧度
bindec	number bindec(string bin_string)	二进制转十进制
decbin	string decbin(int number)	十进制转二进制
octdec	number octdec(string oct_string)	八进制转十进制
decoct	string decoct(int number)	十进制转八进制
hexdec	number hexdec(string hex_string)	十六进制转十进制
dechex	string dechex(int number)	十进制转十六进制
exp	float exp(float arg)	返回 e 的 arg 幂次值，e 为自然对数的底数，值为 2.718282
pi	float pi(void)	返回圆周率的值

10.2 随机数

PHP 中常用的两种生成随机数的函数如下表所示。

函 数 名	语 法 格 式	说 明
rand	int rand() int rand(int min, int max)	返回一个随机整数
mt_rand	int mt_rand () int mt_rand(int min, int max)	使用 Mersenne Twister 算法返回随机整数

其中，min 和 max 指定了随机数的范围。如果不指定随机数的范围，则其范围是 int 的范围。示例代码如下：

```
<?php
echo rand () . "<br />";
echo rand () . "<br />";
echo rand () . "<hr />";
echo rand ( 0, 100 ) . "<br />";
```

```
echo rand ( 0, 100 ) . "<br />";
echo rand ( 0, 100 ) . "<hr />";
echo mt_rand () . "<br />";
echo mt_rand () . "<br />";
echo mt_rand () . "<hr />";
echo mt_rand ( 0, 100 ) . "<br />";
echo mt_rand ( 0, 100 ) . "<br />";
echo mt_rand ( 0, 100 ) . "<hr />";
?>
```

运行结果如下图所示。

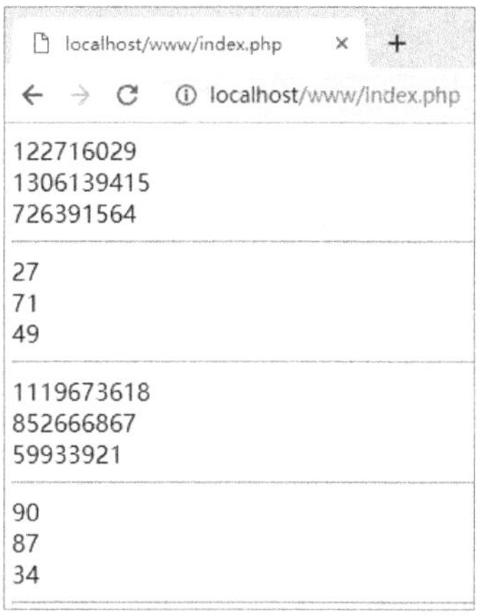

10.3 绝对值

函 数 名	语 法 格 式	说　明
abs	mixed abs(mixed number)	返回数字的绝对值

其中，mixed 可以是 int，也可以是 float。

示例代码如下：

```
<?php
echo abs ( 3.14 ) . "<br />";
echo abs ( - 3.14 ) . "<br />";
echo abs (998) . "<br />";
echo abs (-998 ) . "<br />";
?>
```

运行结果如下图所示。

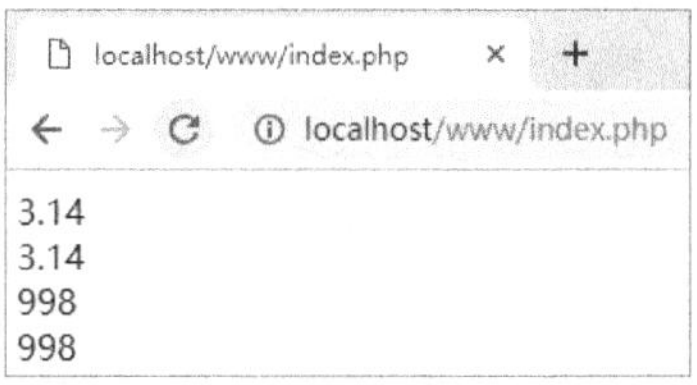

10.4 极值

函 数 名	语 法 格 式	说 明
min	mixed min(array values) mixed min(mixed value1, mixed value2[, …])	返回最小值
max	mixed max(array values) mixed max(mixed value1, mixed value2[, …])	返回最大值

如果仅有一个参数且为数组，则返回该数组中的极值。如果第一个参数是整数、字符串或浮点数，则至少需要两个参数才能返回其中的极值。非数值的字符串会被当作 0，如果 0 恰好是极值，则返回字母顺序的极值。这两个函数可以比较无限多个值。

示例代码如下：

```
<?php
echo max ( 3.14, "sdfsdf", - 1, 1000 ) . "<br />";
echo max ( array (
        1768,
        20987,
        3467,
        666,
        5456
) ) . "<br />";
echo min ( 3.14, "sdfsdf", - 1, 1000 ) . "<br />";
echo min ( array (
        "jjjs",
        "ijlls",
        4535,
        34567,
        678
) ) . "<br />";
?>
```

运行结果如下图所示。

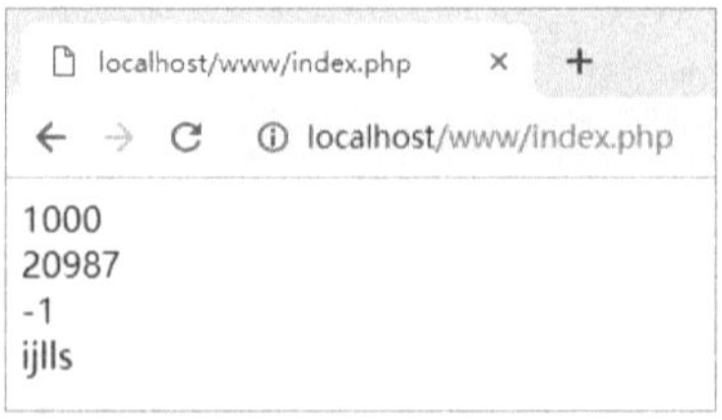

10.5 取整

函 数 名	语 法 格 式	说 明
round	float round(float val[, int prec [, int mode]])	四舍五入

续表

函 数 名	语 法 格 式	说　明
floor	float floor(float value)	舍去小数部分取整
ceil	float ceil(float value)	若小数部分非零，则返回值的整数部分加 1

round()函数可以根据参数 prec 来调整四舍五入的精度，表示十进制小数点后数字的个数，是进行四舍五入的结果。prec 可以是正数，也可以是负数或 0（默认值）。

示例代码如下：

```
<?php
echo round ( 4545.4545 ) . "<br />";
echo round ( 4545.4545, 3 ) . "<br />";
echo round ( 4545.4545, - 2 ) . "<br />";
echo ceil ( 4545.4545 ) . "<br />";
echo floor ( 4545.4545 ) . "<br />";
?>
```

运行结果如下图所示。

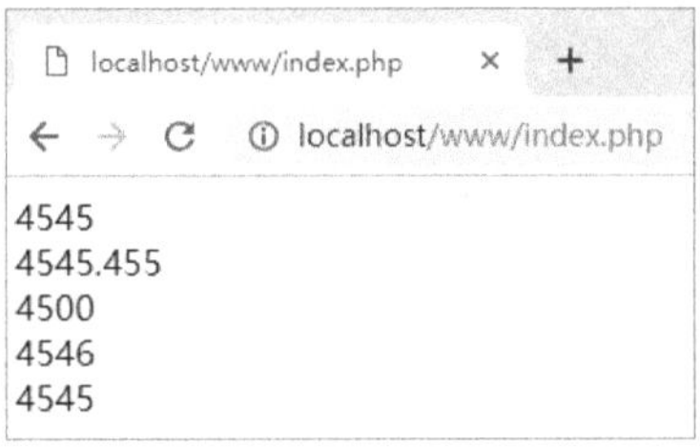

10.6 取余

函 数 名	语 法 格 式	说　明
fmod	float fmod(float x, float y)	返回被除数除以除数所得的浮点数余数

fmod()函数类似于算术运算符“%”，但两者还是有少许区别：算术运算符前后的两个数只能为整型，而且第二个数不能为 0；fmod()函数没有上述两个限制。

示例代码如下：

```
<?php
echo "fmod ( 50, 4 ): " . fmod ( 50, 4 ) . "<br />";
echo "fmod ( 50.55, 4 ): " . fmod ( 50.55, 4 ) . "<br />";
echo "fmod ( 50.55, 4.5 ): " . fmod ( 50.55, 4.5 ) . "<br />";
echo "fmod ( 50, 0 ): " . fmod ( 50, 0 ) . "<br />";
echo "50 % 4 = " . 50 % 4 . "<br />";
echo "50.55 % 4 = " . 50.55 % 4 . "<br />";
echo "50.55 % 4.5 = " . 50.55 % 4.5 . "<br />";
echo "50 % 0 = " . 50.55 % 0 . "<br />";
?>
```

运行结果如下图所示。

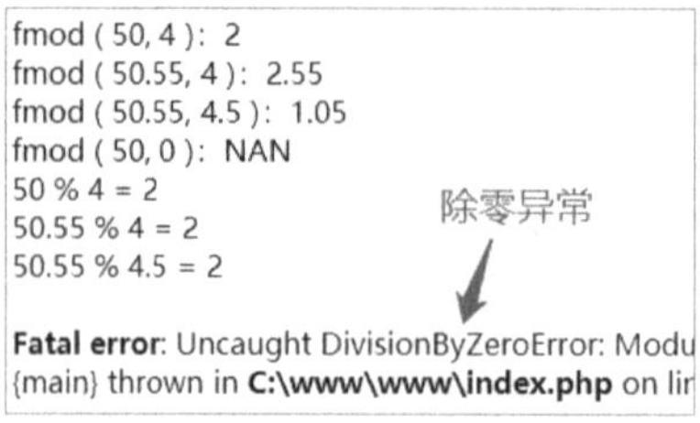

10.7 幂运算

函 数 名	语 法 格 式	说　　明
pow	mixed pow(mixed base, mixed exp)	返回 base 的 exp 次方的值
sqrt	float sqrt(float arg)	返回平方根

示例代码如下：

```
<?php
echo "pow ( 50, 4 ): " . pow ( 50, 4 ) . "<br />";
echo "pow ( 50.55, 4 ): " . pow ( 50.55, 4 ) . "<br />";
echo "pow ( 50.55, 4.5 ): " . pow ( 50.55, 4.5 ) . "<br />";
echo "pow ( 50, 0 ): " . pow ( 50, 0 ) . "<br />";
echo "pow ( 50, -2 ): " . pow ( 500, -2 ) . "<br />";
echo "pow ( 50, 500 ): " . pow ( 500, 500 ) . "<br />";
echo "sqrt ( 50 ): " . sqrt( 50 ) . "<br />";
echo "sqrt ( 25 ): " . sqrt( 25 ) . "<br />";
echo "sqrt ( 66.66 ): " . sqrt( 66.66 ) . "<br />";
?>
```

运行结果如下图所示。

10.8 三角函数

函 数 名	语 法 格 式	说　　明
sin	float sin(float arg)	返回参数的正弦值
cos	float cos(float arg)	返回参数的余弦值

续表

函 数 名	语 法 格 式	说 明
tan	float tan(float arg)	返回参数的正切值
deg2rad	float deg2rad(float number)	将角度转换为弧度

示例代码如下：

```
<?php
echo "sin ( 45 度 ):" . sin ( deg2rad ( 45 ) ) . "<br />";
echo "sin ( 90 度 ):" . sin ( deg2rad ( 90 ) ) . "<br />";
echo "cos ( 45 度 ):" . cos ( deg2rad ( 45 ) ) . "<br />";
echo "cos ( 0 度 ):" . cos ( deg2rad ( 0 ) ) . "<br />";
echo "tan ( 45 度 ):" . tan ( deg2rad ( 45 ) ) . "<br />";
?>
```

运行结果如下图所示。

10.9 进制转换

函 数 名	语 法 格 式	说 明
bindec	number bindec(string bin_string)	二进制转十进制
decbin	string decbin(int number)	十进制转二进制
octdec	number octdec(string oct_string)	八进制转十进制
decoct	string decoct(int number)	十进制转八进制
hexdec	number hexdec(string hex_string)	十六进制转十进制
dechex	string dechex(int number)	十进制转十六进制

在 PHP 中，数字是可以直接定义其进制形式的。

- 二进制：用 0b 开头，如 0b1011。
- 八进制：用 0 开头，如 012。
- 十六进制：用 0x 开头，如 0x12。

示例代码如下：

```
<?php
$a = 12;
$b = 012;
$c = 0x12;
$d = 0b1011;
```

```
echo "12 =" . $a . "<br />";
echo "012 =" . $b . "<br />";
echo "0x12 =" . $c . "<br />";
echo "0b1011 =" . $d . "<br />";
?>
```

运行结果如下图所示。

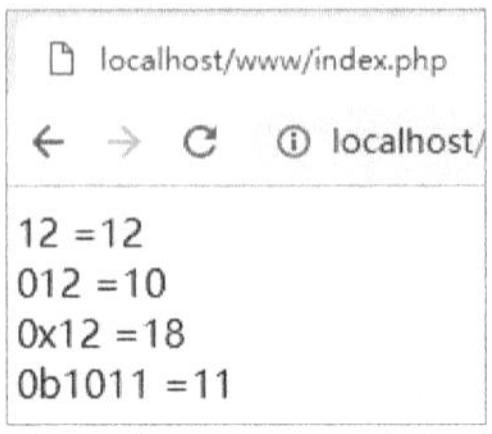

进制之间还可以互相转换，为了表现转换结果，返回的都是对应进制值的字符串。

示例代码如下：

```
<?php
echo "bindec ( \"1011\" ):" . bindec ( "1011" ) . "<br />";
echo "decbin ( 19 ):" . decbin ( 11 ) . "<br />";
echo "octdec ( \"12\" ):" . octdec ( "12" ) . "<br />";
echo "decoct ( 12 ):" . decoct ( 12 ) . "<br />";
echo "hexdec ( \"1F\" ):" . hexdec ( "1F" ) . "<br />";
echo "dechex ( 18 ):" . dechex ( 18 ) . "<br />";
?>
```

运行结果如下图所示。

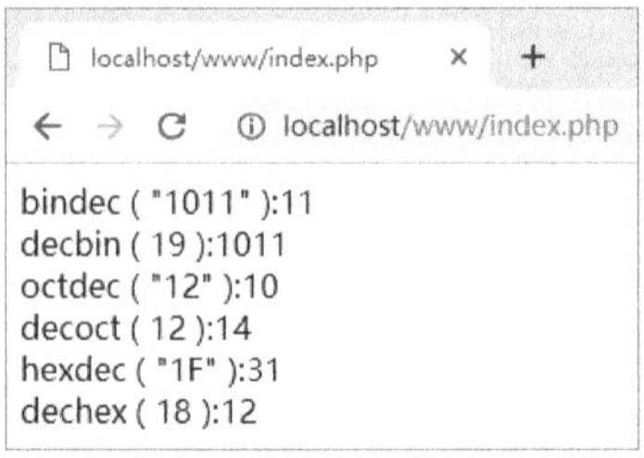

10.10 常量函数

函 数 名	语 法 格 式	说 明
exp	float exp(float arg)	返回 e 的 arg 幂次值，e 为自然对数的底数，值为 2.718282
pi	float pi(void)	返回圆周率的值

示例代码如下：

```
<?php
echo "exp ( 1 ):" . exp ( 1 ) . "<br />";
echo "exp ( 2 ):" . exp ( 2 ) . "<br />";
```

```
echo "exp ( -2 ):" . exp ( - 2 ) . "<br />";
echo "pi():" . pi () . "<br />";
?>
```

运行结果如下图所示。

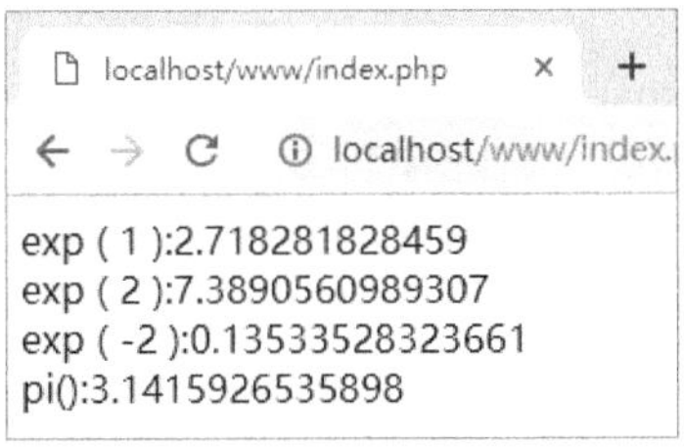

10.11　本章小结

本章重点介绍了 PHP 数字操作的相关函数，包括随机数、绝对值、极值、取整、幂运算等，还介绍了数字的进制表示形式及它们之间的相互转换。

第 11 章 PHP 日期和时间操作函数

学习任务

【任务 1】了解时区并学会设置时区。

【任务 2】掌握时间戳。

【任务 3】掌握日期和时间。

【任务 4】掌握时间戳与日期、时间的相互转换。

学习路线

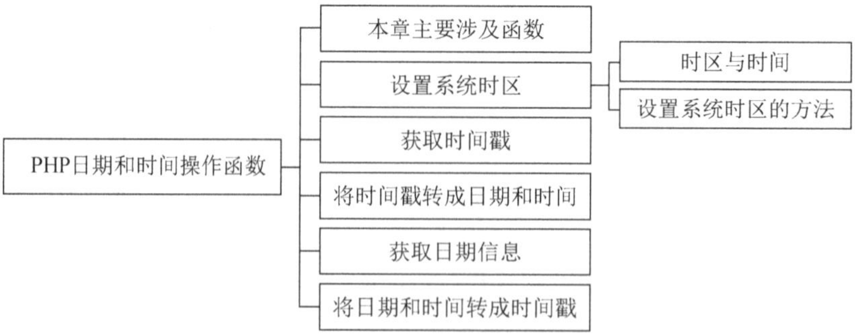

11.1 本章主要涉及函数

函 数 名	语 法 格 式	说 明
date_default_timezone_set	bool date_default_timezone_set (string $timezone_identifier)	设置时区

续表

函 数 名	语 法 格 式	说 明
time	int time()	获取当前 UNIX 时间戳
mktime	int mktime(int hour, int minute, int second, int month, int day, int year)	将一个给定的时间转换成 UNIX 时间戳
date	string date (string format, int timestamp)	将时间戳转换成日期和时间
getdate	array getdate (int timestamp)	获取日期信息
strtotime	int strtotime (string time, int now)	将英文日期和时间转换成时间戳

11.2 设置系统时区

11.2.1 时区与时间

由于世界各个国家与地区的经度不同，地方时也有所不同，因此会划分为不同的时区。正式的时区划分包括 24 个时区，每个时区都有自己的本地时间。

人类历史上一直在使用 GMT（Greenwich Mean Time，格林尼治平时）。随着科技的进步，人们发现该时间不够精确。由于地球自转速度变化的影响，该时间不是一种均匀的时间系统。但是，尽管该时间不够精确，也是有很多行业使用 GMT 时间。

在 IT 互联网行业中，我们通常使用的时间标准是 UTC（Universal Time Coordinated，协调世界时），它是一种原子时，可以精确到纳秒，在实际使用中，UTC 可以等同于 GMT。

中国使用的是北京时间，由于北京地处东八区，领先 UTC 时间 8 小时，因此通常将其记作“+0800”或“+08:00”。

为了使相互通信的信息（特指时间信息，如电子邮件的发送时间等）正确，我们必须要正确的设置时区和时间。

11.2.2 设置系统时区的方法

设置系统时区可以使用 date_default_timezone_set()函数，它的语法格式如下：

```
bool date_default_timezone_set (string $timezone_identifier)
```

其中，timezone_identifier 为 PHP 可识别的时区名称，北京时间通常使用字符串 PRC、Asia/Shanghai、Asia/Chongqing，还可以使用字符串 Asia/Hong_kong、Asia/Macao、Asia/Taipei，这些字符串都表示东八区。

该函数的返回值为布尔值，表示设置是否成功，如果设置不成功，则表示使用之前设置的时区，如果没有设置，则默认使用 UTC 时区。

示例代码如下：

```
<?php
$str = date("Y-m-d H:i:s", time());
echo "标准时间: $str<br />";
```

```
date_default_timezone_set("Asia/Shanghai");
$str = date("Y-m-d H:i:s", time());
echo "北京时间: $str<br />";

date_default_timezone_set("Asia/Tokyo");
$str = date("Y-m-d H:i:s", time());
echo "东京时间: $str<br />";

date_default_timezone_set("America/New_York");
$str = date("Y-m-d H:i:s", time());
echo "纽约时间: $str<br />";

date_default_timezone_set("Europe/Moscow");
$str = date("Y-m-d H:i:s", time());
echo "莫斯科时间: $str<br />";

date_default_timezone_set("PRC");
$str = date("Y-m-d H:i:s", time());
echo "中国时间: $str<br />";

date_default_timezone_set("hello");
$str = date("Y-m-d H:i:s", time());
echo "不识别时区: $str<br />";
?>
```

运行结果如下图所示。

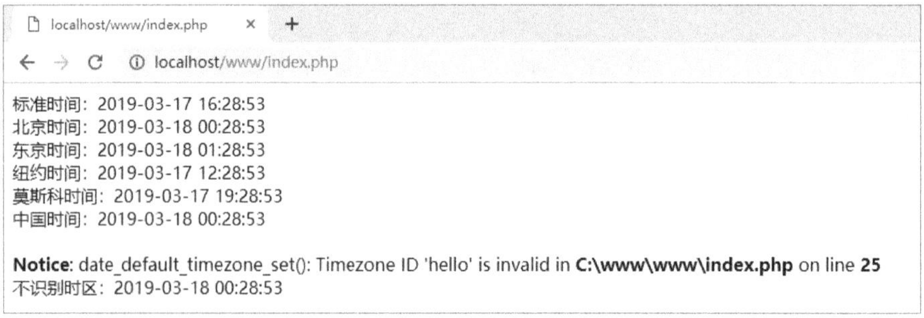

由于用函数设置时区的操作比较烦琐，因此我们通常会使用修改 PHP 配置文件的方法来设置时区。首先，打开 php.ini 文件，找到如下图所示的位置。

```
[Date]
; Defines the default timezone used by the date functions
; http://php.net/date.timezone
;date.timezone =
```

然后，将 date.timezone 前面的分号去掉，对 PHP 识别的时区名称进行赋值，再重启 Apache 服务即可成功设置时区，如下图所示。

```
[Date]
; Defines the default timezone used by the date functions
; http://php.net/date.timezone
date.timezone = PRC
```

11.3　获取时间戳

UNIX 时间戳是从 1970 年 1 月 1 日（UTC/GMT 的午夜）开始所经过的秒数，不考虑闰秒。按照 ISO 8601 规范，可以表示为 1970-01-01T00:00:00Z。在明确时间戳的概念后，我们有两个方法可以获得 UNIX 时间戳，如下表所示。

函 数 名	语 法 格 式	说　明
time	int time()	获取当前 UNIX 时间戳
mktime	int mktime(int hour, int minute, int second, int month, int day, int year)	将一个给定的时间转换成 UNIX 时间戳

使用 time()函数可以直接获取当前时间的 UNIX 时间戳。

使用 mktime()函数可以将一个时间转换成 UNIX 时间戳，这个函数的参数可以从右向左依次省略，省略的参数将被设置成本地时间的当前值。

示例代码如下：

```
<?php
$str = time ();
echo "time 获取时间戳:$str<br />";

$str = mktime ( 15 );
echo "mktime 参数只有小时获得时间戳: $str<br />";

date_default_timezone_set ( "UTC" );
$str = mktime ( 1, 0, 0, 1, 1, 1970 );
echo "1970 年 1 月 1 日 1 时的时间戳应该是: $str<br />";
?>
```

运行结果如下图所示。

11.4　将时间戳转成日期和时间

在 PHP 中，使用 date()函数可以获取指定时间戳的日期和时间，它的语法格式如下：

```
string date (string format, int timestamp)
```

其中，timestamp 是可选参数，可以省略，如果省略该参数，则表示使用本地时间的当前值。format 是必要参数，用来设置输出的日期字符串的格式。常用的 format 字符如下表所示。

format 字符	说明	取值
	年	
Y	4 位数字完整表示的年份	如 1993、2003
y	2 位数字表示的年份	如 93、03
L	是否是闰年	如果是闰年，则值为 1；如果不是闰年，则值为 0
	月	
F	月份，完整的文本格式	January～December
m	数字表示的月份，有前导零	01～12
M	3 个字母缩写表示的月份	Jan～Dec
n	数字表示的月份，没有前导零	1～12
t	指定的月份有几天	28～31
	日	
d	月份中的第几天，有前导零	01～31
D	星期中的第几天，由 3 个字母缩写表示	Mon～Sun
j	月份中的第几天，没有前导零	1～31
l	星期几，完整的文本格式	Sunday～Saturday
N	ISO-8601 标准，星期中的第几天，用数字表示	1～7，表示星期一到星期日
w	星期中的第几天，用数字表示	0～6，表示星期日到星期六
z	年份中的第几天	0～365
	时间	
a	小写的上午和下午值	am 或 pm
A	大写的上午和下午值	AM 或 PM
g	时，12 时格式，没有前导零	1～12
G	时，24 时格式，没有前导零	0～23
h	时，12 时格式，有前导零	01～12
H	时，24 时格式，有前导零	00～23
i	分，有前导零	00～59
s	秒，有前导零	00～59
u	毫秒	123456
	时区	
e	时区标识	UTC，Asia/Shanghai
I	是否为夏令时	如果是夏令时，则值为 1；如果不是夏令时，则值为 0
O	与 UTC 相差的小时数	如+0200，-0200
P	与 UTC 相差的小时数，时和分之间由冒号分隔	如+02:00，-02:00
T	本机所在的时区	EST、MDT、CST
Z	时差偏移量的秒数	-43200～43200

续表

format 字符	说　　明	取　　值
其他		
c	ISO 8601 格式的日期	如 2007-02-12T15:19:21+00:00
r	RFC 822 格式的日期	如 Thu, 21 Dec 2000 16:01:07 +0200
U	UNIX 时间戳	如 1552895271

示例代码如下：

```
<?php
echo "<p>format 参数的使用：";
echo "<p>" . date("Y-m-d h:i:s A");
echo "<p>" . date("Y 年 m 月 d 日 H 时 i 分 s 秒");
echo "<p>" . date("Ymd");
echo "<p>" . date("Y-m-d 是 Y 年的第 z 天");
?>
```

运行结果如下图所示。

format 还可以使用预定义常量，如下表所示。

预定义常量	说　　明
DATE_ATOM	原子钟格式
DATE_COOKIE	HTTP Cookie 格式
DATE_ISO8601	ISO-8601 格式
DATE_RFC822	RFC822 格式
DATE_RFC850	RFC850 格式
DATE_RSS	RSS 格式
DATE_W3C	W3C 格式

示例代码如下：

```
<?php
echo "<p>预定义常量：";
echo "<p>date(DATE_ATOM) = " . date(DATE_ATOM);
echo "<p>date(DATE_COOKIE) = " . date(DATE_COOKIE);
echo "<p>date(DATE_ISO8601) = " . date(DATE_ISO8601);
```

```
    echo "<p>date(DATE_RFC822) = " . date(DATE_RFC822);
    echo "<p>date(DATE_RFC850) = " . date(DATE_RFC850);
    echo "<p>date(DATE_RSS) = " . date(DATE_RSS);
    echo "<p>date(DATE_W3C) = " . date(DATE_W3C);
    ?>
```

运行结果如下图所示。

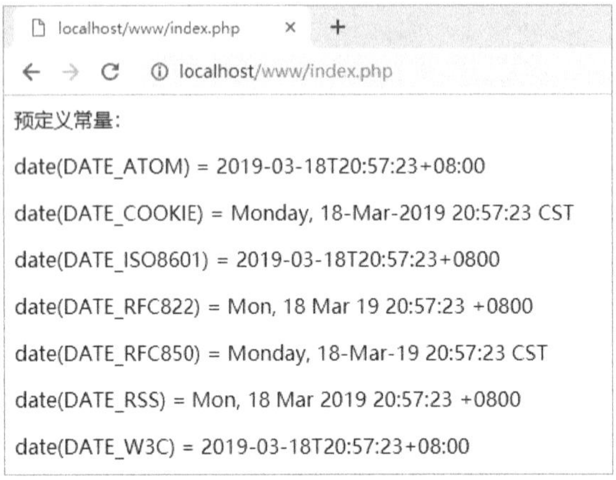

11.5 获取日期信息

在 PHP 中，使用 getdate()函数可以获取日期的相关信息，它的语法格式如下：

```
array getdate (int timestamp)
```

其中，timestamp 为可选参数，可以省略，如果省略该参数，则表示使用本地时间的当前值。该函数的返回值为一个数组，包含了日期的所有信息，如下表所示。

key	value
seconds	秒数
minutes	分钟数
hours	小时数
mday	当月的第几天
wday	这一周的第几天
mon	月份的数字表示
year	年份
yday	这一年的第几天
weekday	星期几的完整文本表示
month	月份的完整文本表示
0	UNIX 时间戳

示例代码如下：

```
<?php
```

```
echo "<pre>";
$past = getdate(90000);
print_r($past);
echo "<br />";
print_r(getdate());
?>
```

运行结果如下图所示。

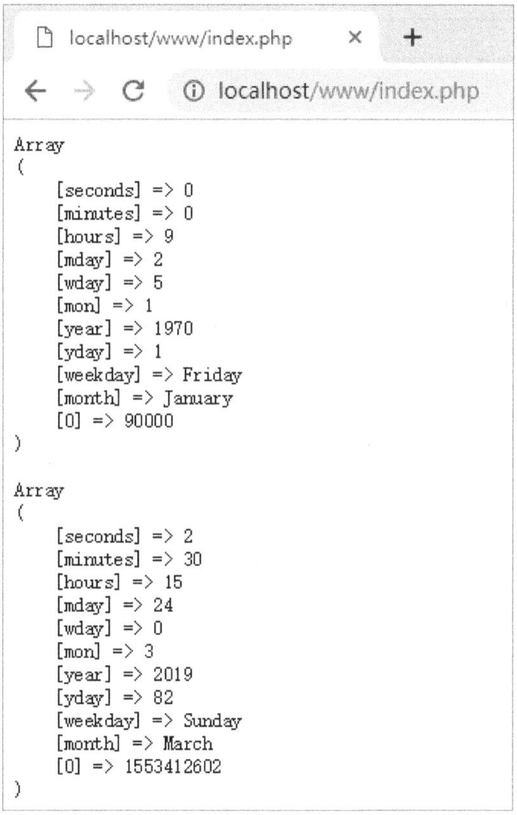

11.6 将日期和时间转成时间戳

使用 strtotime()函数可以将任意英文文本的日期和时间解析成 UNIX 时间戳，它的语法格式如下：

```
int strtotime (string time, int now)
```

其中，为了避免潜在的错误，time 通常会使用 YYYY-MM-DD 格式、MM/DD/YYYY 格式的文本；也可以使用一些对比性的英文语句，对比对象为 now，该参数为可选参数，可以省略，如果省略该参数，则表示使用本地时间的当前值。在对比时会涉及一系列的时间名词，如下表所示。

年 year	复数 years	时 hour	复数 hours
月 month	复数 months	分 minute	复数 minutes
日 day	复数 days	秒 second	复数 seconds
周 week	复数 weeks		
星期一 Monday	星期二 Tuesday	星期三 Wednesday	星期四 Thursday
星期五 Friday	星期六 Saturday	星期日 Sunday	

另外，可能会用到的对比度量词如下表所示。

+n	-n	上一个 last	下一个 next

示例代码如下：

```
<?php
echo "<p>获取指定日期的时间戳：" . strtotime("01/31/2018");
echo "<p>获取指定日期的时间戳：" . strtotime("31 January 2018");
echo "<p>获取指定时间的时间戳：" . strtotime("2018-01-31 12:20:22");
echo "<hr />";
echo "<p>获取当前时间：" . strtotime("now") . " " . date("Y-m-d H:i:s",
strtotime("now"));
echo "<p>对比时间戳（+n 时间名词，对比对象）：" . strtotime("+3 day", 0) .
" " . date("Y-m-d H:i:s", strtotime("+3 day", 0));
echo "<p>对比时间戳（+n 时间名词）：" . strtotime("+1 day") . " " .
date("Y-m-d H:i:s", strtotime("+1 day"));
echo "<p>对比时间戳（+n 时间名词）：" . strtotime("+1 year 2 months 3 days 4
hours 5 minutes 6 seconds") . " " . date("Y-m-d H:i:s", strtotime("+1
year 2 months 3 days 4 hours 5 minutes 6 seconds"));
echo "<p>对比时间戳（-n 时间名词）：" . strtotime("-1 week") . " " .
date("Y-m-d H:i:s", strtotime("-1 week"));
echo "<p>对比时间戳（-n 时间名词）：" . strtotime("-2 years") . " " .
date("Y-m-d H:i:s", strtotime("-2 years"));
echo "<p>对比时间戳(last 时间名词)：" . strtotime("last Monday") . " " .
date("Y-m-d H:i:s", strtotime("last Monday"));
echo "<p>对比时间戳(last 时间名词)：" . strtotime("last month") . " " .
date("Y-m-d H:i:s", strtotime("last month"));
echo "<p>对比时间戳(next 时间名词)：" . strtotime("next Friday") . " " .
date("Y-m-d H:i:s", strtotime("next Friday"));
echo "<p>对比时间戳(next 时间名词)：" . strtotime("next week") . " " .
date("Y-m-d H:i:s", strtotime("next week"));
?>
```

运行结果如下图所示。

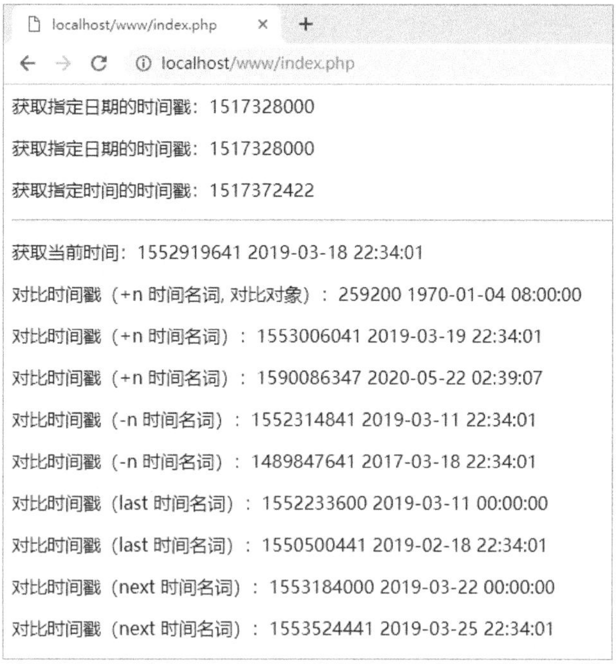

11.7　本章小结

本章重点介绍了 PHP 中时区、时间和时间戳的相关概念，以及如何获取时间、时间戳和日期等，需要重点掌握它们之间的转换。

章节练习

1. 请给出一个算法，并计算到今天为止你出生的天数。
2. 请设计一个日历，任意一个月份即可。

第 12 章 PHP 数组操作函数

学习任务

【任务 1】掌握数组的分类、创建和输出。

【任务 2】掌握数组的遍历。

【任务 3】掌握数组的指针。

【任务 4】掌握数组的排序。

【任务 5】掌握数组的检索。

【任务 6】掌握数组元素的操作。

学习路线

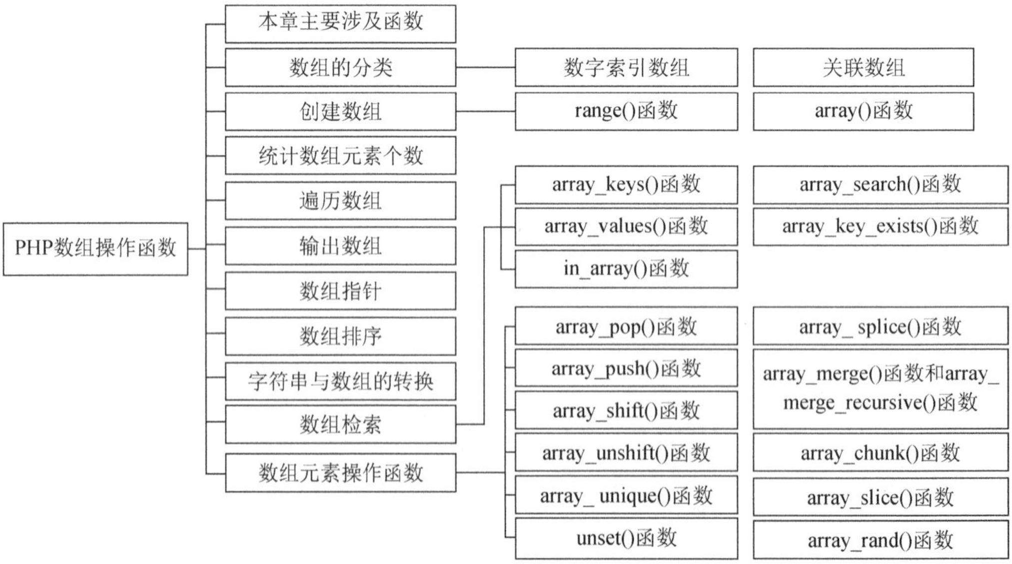

12.1　本章主要涉及函数

函　数　名	语 法 格 式	说　　明
range	range(start, end[, step])	创建数组
array	索引数组：array(value1, value2, value3, …) 关联数组：array(key1=>value1, key2=>value2, key3=>value3, …)	创建数组
count	int count(array array[, int mode])	统计数组元素个数
list	list(mixed1, mixed2)	将数组的键和值赋给一些变量
print_r	print_r(mixed)	将变量的值输出成字符串
var_dump	var_dump(mixed)	将变量的信息输出成字符串
key	key(array)	返回当前元素的键
current	current(array)	返回当前元素的值
next	next(array)	先将指针向前移动一个位置，然后返回当前元素的值
prev	prev(array)	先将指针往回移动一个位置，然后返回当前元素的值
each	each (array)	先返回当前元素的一个数组，再将指针向前移动一个位置
reset	reset (array)	将指针移动到第一个元素，并返回第一个元素的值
end	end(array)	将指针移动最后一个元素，并返回最后一个元素的值
sort	bool sort(array $arr, int flag)	正序，改变了下标，变成默认的索引下标
rsort	bool rsort(array $arr, int flag)	倒序，改变了下标，变成默认的索引下标
asort	bool asort(array $arr, int flag)	正序，下标不变，元素的位置发生变化
arsort	bool arsort(array $arr, int flag)	倒序，下标不变，元素的位置发生变化
ksort	bool ksort(array $arr, int flag)	正序，按照下标排序
krsort	bool krsort(array $arr, int flag)	倒序，按照下标排序
shuffle	bool shuffle(array $arr, int flag)	随机排序
array_reverse	array array_reverse(array array, bool preserve_key)	将数组翻转，得到一个新数组
explode	array explode(string separator, string string, int limit)	将字符串分割成数组
implode	string implode(string separator, array array)	将数组拼接成字符串
array_keys	array array_keys(array array, [mixed value[, bool strict]])	获取数组中所有键名，返回值为数组
array_values	array array_values(array array)	获取数组中所有值，返回值为数组
in_array	bool in_array(mixed value, array array, bool strict)	在数组中搜索某个值，找到返回 true，否则返回 false
array_search	mixed array_search(mixed value, array array, bool strict)	在数组中搜索某个值，找到返回键名，否则返回 false
array_key_exists	bool array_key_exists(mixed key, array array)	在数组中搜索某个键，找到返回 true，否则返回 false
array_pop	mixed array_pop(array array)	删除最后一个元素，并返回这个元素的值
array_push	mixed array_push(array array, mixed mixed1, mixed mixed2, …)	在数组末尾添加一个或多个元素
array_shift	mixed array_shift(array array)	删除第一个元素，并返回这个元素的值
array_unshift	mixed array_unshift(array array, mixed mixed1, mixed mixed2, …)	在数组开头添加一个或多个元素

续表

函 数 名	语 法 格 式	说 明
array_unique	array array_unique(array array[, int flag])	删除重复的元素
unset	unset(mixed)	删除指定位置的元素
array_splice	array array_splice(array array, int start[, int length[, array replace_ array]])	在指定位置删除 0 个以上的元素并插入新的元素
array_merge	array array_merge(array array1, array array2, array array3, ...)	两个或两个以上的数组合并成一个新数组
array_merge_recursive	array array_merge_recursive(array array1, array array2, array array3, ...)	两个或两个以上的数组合并成一个新数组
array_chunk	array array_chunk(array array, int size[, bool preserve_key])	将数组分割为新的数组块
array_slice	array array_ slice(array array, int start[, int length[, bool preserve_ key]])	从数组截取一定长度的元素作为新数组返回
array_rand	array array_rand(array array[, int number])	从数组中随机选出一个或多个元素，组成新数组返回

12.2 数组的分类

数组是一组数据的集合，这组数据应按照一定的规则组织起来，形成一个可操作的整体。数组中每个实体都包含键和值。键可以是数字，也可以是字符串，值可以是任意数据类型，甚至是数组。根据键的不同，数组可以分成以下两类。

12.2.1 数字索引数组

键由数字组成的数组被称为数字索引数组，默认从 0 开始，一般不需要特殊指定，PHP 会自动为数字索引数组的键赋一个整数值，然后从这个整数值开始递增，也可以指定从某个位置开始保存数据。

12.2.2 关联数组

键由字符串组成的数组被称为关联数组，当然，字符串可以包含数字。在一个数组中，只要有一个键不是数字，这个数组就是关联数组。

12.3 创建数组

PHP 提供了两个方法来创建数组，如下表所示。

函 数 名	语 法 格 式	返 回 值
range	range (start, end[, step])	array
array	索引数组：array (value1, value2, value3, …) 关联数组：array (key1=>value1, key2=>value2, key3=>value3, …)	

12.3.1　range()函数

range()函数可以用来创建一个包含指定范围的元素的数组，用到的参数有以下 3 个。

- start：必选参数，用来规定数组的最低值，可以为数字、字母。
- end：必选参数，用来规定数组的最高值，可以为数字、字母。
- step：可选参数，用来规定元素之间的步进值，如果不设置该参数，则步进值为 1。

range()函数在创建数组时，start 不一定要比 end 小，如果 start 比 end 大，则创建出来的数组为倒序数组。

示例代码如下：

```
<?php
$array = range(1, 10);
print_r($array);
echo "<br />";
$array = range(10, 1);
print_r($array);
echo "<br />";
$array = range(1, 10, 2);
print_r($array);
echo "<br />";
$array = range(1, 10, 3);
print_r($array);
echo "<br />";
$array = range("a", "n");
print_r($array);
echo "<br />";
$array = range("a", "n", 2);
print_r($array);
?>
```

运行结果如下图所示。

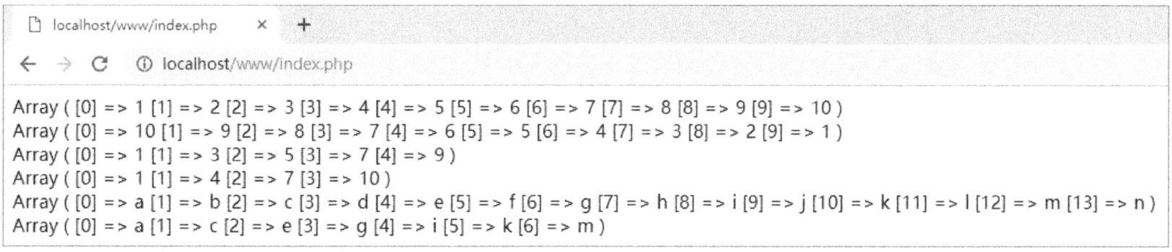

12.3.2　array()函数

array()函数可以用来创建各种各样的数组，包含索引数组、关联数组和多维数组。在创建数组时，每一个参数都有键和值。如果在创建数组时省略了键，则生成一个整数键，这个键从 0 开始，然后以步进值 1 开始递增。同时每一个参数都用“=>”来分割键和值。

1．创建空数组

在某些情况下，需要创建空数组，示例代码如下：

```
<?php
$new = array();
var_dump($new);
?>
```

运行结果如下图所示。

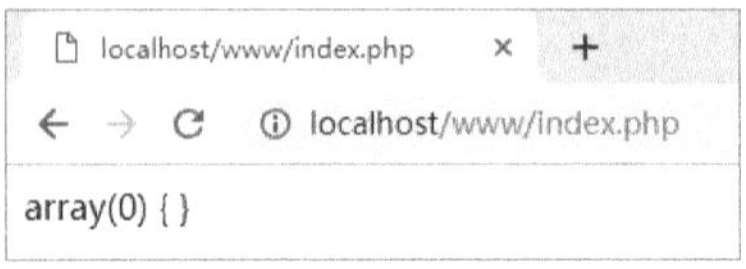

2．创建一维数组

使用 array()函数可以创建数组，它的语法格式如下：

```
array(value1, value2, value3, …)
```

或者

```
array(key1=>value1, key2=>value2, key3=>value3, …)
```

第一种语法所创建出来的数组一定是索引数组，而且键的值从 0 开始依次递增；第二种语法可以创建索引数组，也可以创建关联数组，区别就是对 key 的赋值。

示例代码如下：

```
<?php
echo "<pre>";
$arr = array(
        "a",
        "b",
        "c"
);
var_dump($arr);

$arr = array(
        1,
        "hello",
        true,
        3.14
);
var_dump($arr);

$arr = array(
        0 => "a",
        1 => "b",
        2 => "c"
);
var_dump($arr);
```

```
$arr = array(
        "张三" => "25 岁",
        "李四" => "33 岁",
        "王五" => "99"
);
var_dump($arr);

echo "下面这个数组虽然键都是数字，本质是索引数组，但有两个因素可以理解为关联数组：<br />";
echo "一是隐藏了"年"这个单位，二是人为指定有意义的数字，并不是自增长的无意义的数字<br />";
$arr = array(
        1988 => "汉城奥运会",
        1992 => "巴塞罗那奥运会",
        1996 => "年亚特兰大奥运会"
);
var_dump($arr);
?>
```

运行结果如下图所示。

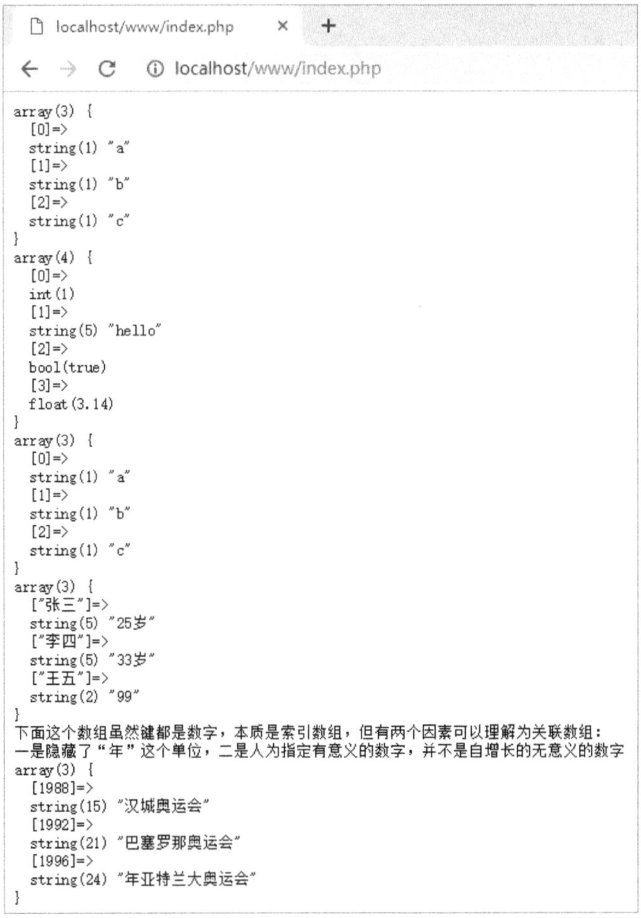


```
array(3) {
  [0]=>
  string(1) "a"
  [1]=>
  string(1) "b"
  [2]=>
  string(1) "c"
}
array(4) {
  [0]=>
  int(1)
  [1]=>
  string(5) "hello"
  [2]=>
  bool(true)
  [3]=>
  float(3.14)
}
array(3) {
  [0]=>
  string(1) "a"
  [1]=>
  string(1) "b"
  [2]=>
  string(1) "c"
}
array(3) {
  ["张三"]=>
  string(5) "25岁"
  ["李四"]=>
  string(5) "33岁"
  ["王五"]=>
  string(2) "99"
}
下面这个数组虽然键都是数字，本质是索引数组，但有两个因素可以理解为关联数组：
一是隐藏了“年”这个单位，二是人为指定有意义的数字，并不是自增长的无意义的数字
array(3) {
  [1988]=>
  string(15) "汉城奥运会"
  [1992]=>
  string(21) "巴塞罗那奥运会"
  [1996]=>
  string(24) "年亚特兰大奥运会"
}
```

由于 PHP 的数组并不需要预先初始化，我们完全可以通过数组标识符（[]）来创建数组，示例代码如下：

```
<?php
$arr[0] = "a";
$arr[1] = "b";
$arr[1] = "c";
var_dump($arr);
echo "<br />";
$arr = array();
echo "<p>数组置空：\$arr = array()</p>";
$arr["张三"] = "20 岁";
$arr["李四"] = "30 岁";
$arr["王五"] = "40 岁";
var_dump($arr);
?>
```

运行结果如下图所示。

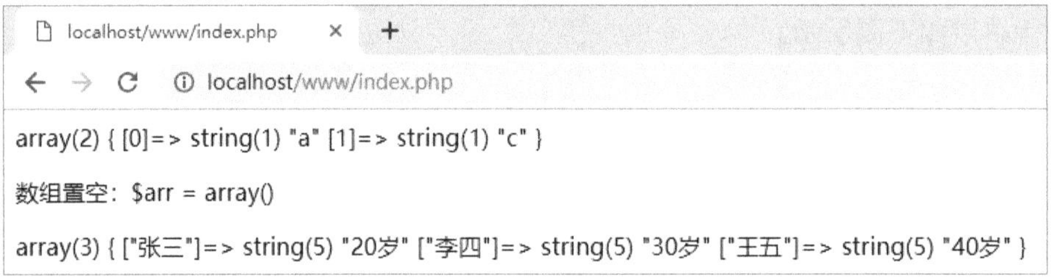

通过数组标识符构造数组的方法，常常用于修改数组中某一项的值，或者将一个数组按照某种规则转变为一个新的数组。示例代码如下：

```
<?php
$arr["张三"] = "居住地：北京";
$arr["李四"] = "居住地：天津";
$arr["王五"] = "居住地：新加坡";
var_dump($arr);
echo "<br />";
$arr["张三"] = "失踪";
var_dump($arr);
echo "<br />";
$arr = array(
    1,
    2,
    3,
    4,
    5,
    6,
```

```
    7,
    8,
    9,
    10,
    11,
    12,
    13,
    14,
    15
);
print_r($arr);
echo "<br />游戏规则：遇到 3 或者 3 的倍数则拍手</p>";
for ($i = 0; $i < count($arr); $i ++) {
    if ($arr[$i] % 3 == 0 | strstr((string) $arr[$i], "3")) {
        $arr[$i] = "拍手";
    }
}
print_r($arr);
?>
```

运行结果如下图所示。

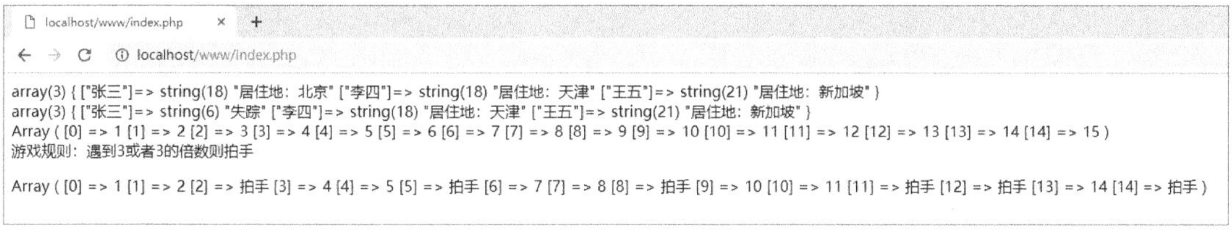

3. 创建多维数组

当一个数组的元素是一个数组时，它就是二维数组，如果二维数组的元素还是一个数组，则该数组是三维数组，以此类推。在创建多维数组时，可以直接使用 array()函数进行创建，也可以使用数组标识符进行创建。

示例代码如下：

```
<?php
echo "<pre>";
echo "<p>用 array()函数创建一个二维数组</p>";
$arr = array(
        "春季" => array(
                "一月",
                "二月",
                "三月"
        ),
        "夏季" => array(
```

```
                "四月",
                "五月",
                "六月"
        ),
        "秋季" => array(
                "七月",
                "八月",
                "九月"
        ),
        "冬季" => array(
                "十月",
                "十一月",
                "十二月"
        )
);
var_dump($arr);
echo "<p>用数组标识符创建一个三维数组</p>";
$arr1[0][0] = array(
        "a",
        "b",
        "c"
);
$arr1[0][1] = array(
        "d",
        "e",
        "f"
);
$arr1[1][0] = array(
        "aaa",
        "bbb",
        "ccc"
);
$arr1[1][1] = array(
        "ddd",
        "eee",
        "ffff"
);
var_dump($arr1);
?>
```

运行结果如下图所示。

```
用array()函数创建一个二维数组

array(4) {
  ["春季"]=>
  array(3) {
    [0]=>
    string(6) "一月"
    [1]=>
    string(6) "二月"
    [2]=>
    string(6) "三月"
  }
  ["夏季"]=>
  array(3) {
    [0]=>
    string(6) "四月"
    [1]=>
    string(6) "五月"
    [2]=>
    string(6) "六月"
  }
  ["秋季"]=>
  array(3) {
    [0]=>
    string(6) "七月"
    [1]=>
    string(6) "八月"
    [2]=>
    string(6) "九月"
  }
  ["冬季"]=>
  array(3) {
    [0]=>
    string(6) "十月"
    [1]=>
    string(9) "十一月"
    [2]=>
    string(9) "十二月"
  }
}
```

```
用数组标识符创建一个三维数组

array(2) {
  [0]=>
  array(2) {
    [0]=>
    array(3) {
      [0]=>
      string(1) "a"
      [1]=>
      string(1) "b"
      [2]=>
      string(1) "c"
    }
    [1]=>
    array(3) {
      [0]=>
      string(1) "d"
      [1]=>
      string(1) "e"
      [2]=>
      string(1) "f"
    }
  }
  [1]=>
  array(2) {
    [0]=>
    array(3) {
      [0]=>
      string(3) "aaa"
      [1]=>
      string(3) "bbb"
      [2]=>
      string(3) "ccc"
    }
    [1]=>
    array(3) {
      [0]=>
      string(3) "ddd"
      [1]=>
      string(3) "eee"
      [2]=>
      string(4) "ffff"
    }
  }
}
```

12.4　统计数组元素个数

在 PHP 中，count()函数可以用来统计数组中元素的个数。它的语法格式如下：

```
int count (array array[, int mode])
```

其中，array 是要统计的数组；mode 是统计模式，这个参数是可选参数，默认值是 0，表示不进行递归遍历统计，如果将其设置成 1，则表示递归遍历数组，即统计多维数组中的所有元素。

示例代码如下：

```
<?php
$arr = array (
        "春季" => array (
                "一月",
                "二月",
                "三月"
        ),
        "夏季" => array (
```

```
                "四月",
                "五月",
                "六月"
        ),
        "秋季" => array (
                "七月",
                "八月",
                "九月"
        ),
        "冬季" => array (
                "十月",
                "十一月",
                "十二月"
        )
);
echo "<p>普通统计: " . count ( $arr );
echo "<p>递归统计: " . count ( $arr, 1 );
?>
```

运行结果如下图所示。

12.5 遍历数组

遍历数组的方法有很多，通常使用 for 循环、foreach 循环、list()函数和 each()函数来遍历。

1. for 循环

for 循环只能遍历键名有规律，并且可以用数字来表达的数组，使用语法见 PHP 流程控制语句章节。

2. foreach 循环

foreach 循环可以遍历任意数组，因为这种遍历方法和键名无关，所以在使用时，会在“$value”前加上“&”，表示引用元素的值，使用语法见 PHP 流程控制语句章节。

示例代码如下：

```
<?php
$arr = array (
        "hello",
        "张三",
        2,
```

```
        3.14
);
echo "<p>for 循环:";
for($i = 0; $i < count ( $arr ); $i ++) {
    echo "<p>" . $arr [$i];
}
echo "<p>foreach 循环:";
foreach ( $arr as &$value ) {
    $value = $value . "?";
}
echo "<br />";
print_r ( $arr );
?>
```

运行结果如下图所示。

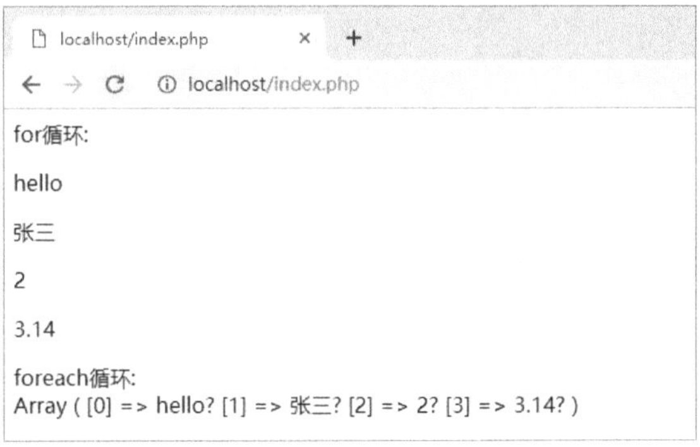

3. list()函数和 each()函数

list()函数可以将数组的键和值赋给一些变量，在 PHP 7 之前，list()函数仅能用于数字索引数组，且索引从 0 开始。each()函数用来返回数组中当前指针位置的键和值，并将指针移动到下一个元素。在遍历时通常要放在 while 循环中使用。当使用 each()函数时，数组会记录当前元素，若要重新开始统计，则必须使用 reset()函数将指针重置到数组开始的位置。它们的语法格式如下：

```
list (mixed1, mixed2)
each (array)
reset (array)
```

示例代码如下：

```
<?php
$arr [0] = "张三";
$arr [1] = "李四";
$arr [2] = "王五";

while ( list ( $a, $b ) = each ( $arr ) ) {
    echo "<p>" . $a . " " . $b;
}
```

```
echo "<hr />";
$arr ["北京"] = "欢迎您";
$arr ["a"] = 26;
while ( list ( $a, $b ) = each ( $arr ) ) {
    echo "<p>" . $a . " " . $b;
}
echo "<hr />";
reset ( $arr ); //需要重置指针才能从头开始遍历
while ( list ( $a, $b ) = each ( $arr ) ) {
    echo "<p>" . $a . " " . $b;
}
?>
```

运行结果如下图所示。

12.6 输出数组

前文提及输出语句有 echo 语句和 print 语句，但在数组里，这两个语句只能用于输出单一元素，如果要输出整个数组，则输出结果是没有内容的。为了解决这一问题，PHP 增加了两个函数，在前文中已经多次涉及这两个函数。

1. print_r()函数

它的语法格式为“print_r (mixed)”。

其中，mixed 可以是任意数据类型，如果是普通的整型数据、浮点型数据、字符串型数据等，则会直接输出该数据本身。如果是数组，则会按照一定的顺序输出数组中的所有元素。

2. var_dump()函数

它的语法格式为“var_dump (mixed)”。

var_dump()函数可以输出变量的相关信息，包括类型和值。示例代码如下：

```
<?php
$arr = 0;
show ( $arr );
$arr = 3.14;
show ( $arr );
$arr = "hello";
show ( $arr );
$arr = true;
show ( $arr );
$arr = false;
show ( $arr );
$arr = NULL;
show ( $arr );
$arr = array (
      1,
      2,
      3,
      "a",
      "b"
);
show ( $arr );
function show($arr) {
   var_dump ( $arr );
   echo "<br />";
   print_r ( $arr );
   echo "<hr />";
}
?>
```

运行结果如下图所示。

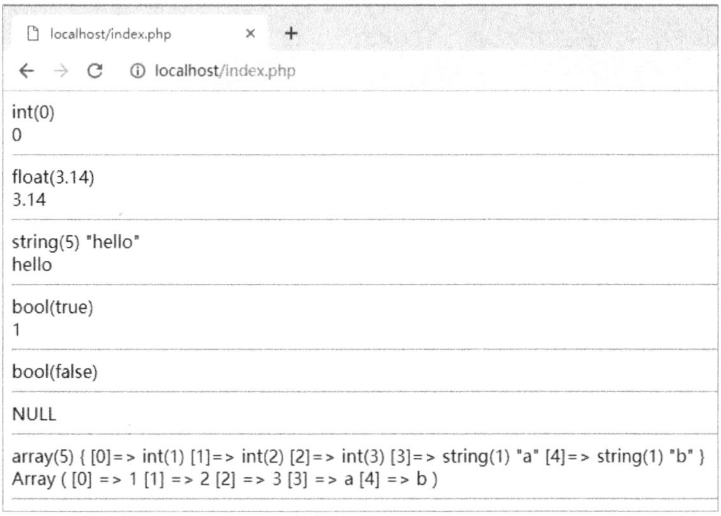

12.7 数组指针

前文在介绍遍历数组时，提到了数组指针，在 PHP 中，每一个数组内部都有一个当前元素，这个指示被称为数组指针。对于创建的新数组来说，数组指针默认在其第一个元素。PHP 针对指针操作提供了如下表所示的函数。

函 数 名	说 明
key	返回当前元素的键
current	返回当前元素的值
next	先将指针向前移动一个位置，然后返回当前元素的值
prev	先将指针往回移动一个位置，然后返回当前元素的值
each	先返回当前元素的一个数组，再将指针向前移动一个位置
reset	将指针移动到第一个元素，并返回第一个元素的值
end	将指针移动最后一个元素，并返回最后一个元素的值

示例代码如下：

```
<?php
$array = array (
        1988 => "汉城奥运会",
        1992 => "巴塞罗那奥运会",
        1996 => "亚特兰大奥运会",
        2000 => "悉尼奥运会",
        2004 => "雅典奥运会",
        2008 => "北京奥运会"
);
print_r ( $array );
echo "<p>当前指针在第一个元素，获取它的键：" . key ( $array );
echo "<p>获取它的值：" . current ( $array );
echo "<p>获取下一个元素的值：" . next ( $array );
list ( $a, $b ) = each ( $array );
echo "<p>使用 each 获取当前元素，并将指针移动到下一个元素：" . $a . $b;
echo "<p>检查使用 each 后，指针的位置的值：" . current ( $array );
echo "<p>移动到最后一个元素，并获取它的值：" . end ( $array );
echo "<p>向前移动一个元素，并获取它的值：" . prev ( $array );
echo "<p>移动到第一个元素，并获取它的值：" . reset ( $array );
?>
```

运行结果如下图所示。

12.8 数组排序

PHP 针对数组排序提供了一系列的方法，如下表所示。

函 数 名	说 明
sort	正序，改变了下标，变成默认的索引下标
rsort	倒序，改变了下标，变成默认的索引下标
asort	正序，下标不变，元素的位置发生变化
arsort	倒序，下标不变，元素的位置发生变化
ksort	正序，按照下标排序
krsort	倒序，按照下标排序
shuffle	随机排序
array_reverse	将数组翻转，得到一个新数组

sort()函数的语法格式为“bool sort (array $arr, int flag)”。

rsort()函数、asort()函数、arsort()函数、ksort()函数、krsort()函数、shuffle()函数的语法格式同 sort()函数。排序的返回值为布尔型，true 表示排序成功，false 表示排序失败。flag 通常会被省略，它决定了排序时选择的比较方式，其常用取值如下表所示。

flag 参数值	说 明
0 = SORT_REGULAR	默认值，把每一项按常规顺序排列，不改变类型
1 = SORT_NUMERIC	把每一项作为数字来处理
2 = SORT_STRING	把每一项作为字符串来处理
3 = SORT_LOCALE_STRING	基于当前区域设置把每一项作为字符串来处理

示例代码一如下：

```
<?php
$arr = array (
```

```
        2 => 1,
        1 => 8,
        9 => 22,
        4 => 12
);

echo "<p>原始顺序</p>";
var_dump ( $arr );

echo "<p>sort</p>";
$arr1 = $arr;
sort ( $arr1 );
var_dump ( $arr1 );

echo "<p>rsort</p>";
$arr1 = $arr;
rsort ( $arr1 );
var_dump ( $arr1 );

echo "<p>asort</p>";
$arr1 = $arr;
asort ( $arr1 );
var_dump ( $arr1 );

echo "<p>arsort</p>";
$arr1 = $arr;
arsort ( $arr1 );
var_dump ( $arr1 );

echo "<p>ksort</p>";
$arr1 = $arr;
ksort ( $arr1 );
var_dump ( $arr1 );

echo "<p>krsort</p>";
$arr1 = $arr;
krsort ( $arr1 );
var_dump ( $arr1 );

echo "<p>shuffle</p>";
$arr1 = $arr;
shuffle ( $arr1 );
var_dump ( $arr1 );
echo "<br />";
shuffle ( $arr1 );
var_dump ( $arr1 );
echo "<br />";
```

```
shuffle ( $arr1 );
var_dump ( $arr1 );
?>
```

运行结果如下图所示。

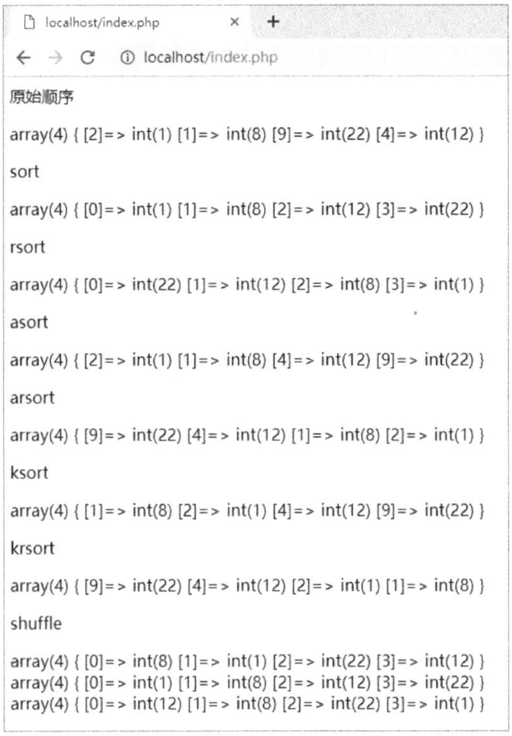

示例代码二如下：

```
<?php
$arr = array (
        0,
        111,
        "中",
        "a",
        0,
        "A",
        3.14
);

echo "<p>原始顺序</p>";
var_dump ( $arr );

echo "<p>默认正序排序</p>";
asort ( $arr );
var_dump ( $arr );
```

```
echo "<p>每一项当作数组正序排序</p>";
asort ( $arr, 1 );
var_dump ( $arr );

echo "<p>每一项当作字符串正序排序</p>";
asort ( $arr, 2 );
var_dump ( $arr );

echo "<p>基于当前区域设置(默认), 每一项当作字符串正序排序</p>";
echo setlocale ( LC_ALL, NULL ) . "<br />";
asort ( $arr, 3 );
var_dump ( $arr );

echo "<p>基于当前区域设置(英国), 每一项当作字符串正序排序</p>";
echo setlocale ( LC_ALL, "US" ) . "<br />";
asort ( $arr, 3 );
var_dump ( $arr );
?>
```

运行结果如下图所示。

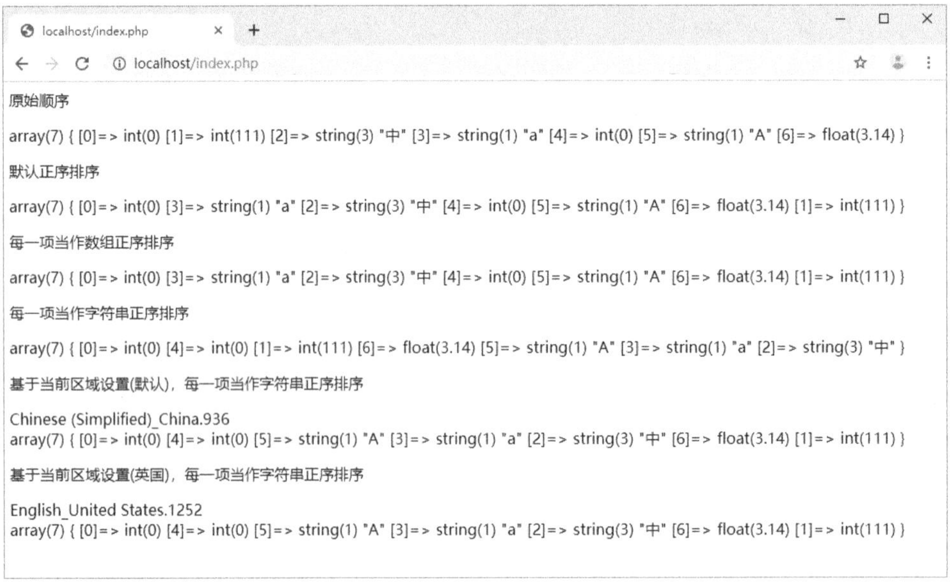

array_reverse()函数和排序函数有一些不同，它的语法格式如下：

```
array array_reverse (array array, bool preserve_key)
```

第一是返回值不同，array_reverse()函数会产生一个新的数组；第二是 flag 不同，preserve_key 是翻转的 flag，如果将其设置为 true，表示保持原有的键值对关系进行翻转，默认值为 false。

示例代码如下：

```
<?php
```

```
$arr = array (
        2 => 1,
        1 => 8,
        9 => 22,
        4 => 12
);
echo "<p>原始顺序</p>";
var_dump ( $arr );

echo "<p>默认翻转</p>";
var_dump ( array_reverse ( $arr ) );

echo "<p>保留键值对关系翻转</p>";
var_dump ( array_reverse ( $arr, true ) );
?>
```

运行结果如下图所示。

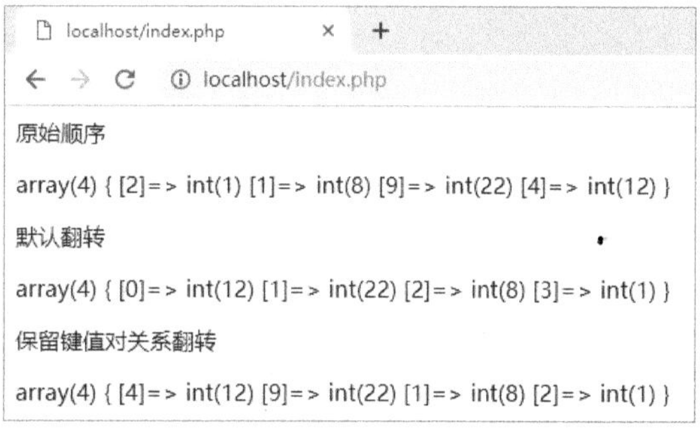

12.9　字符串与数组的转换

在 PHP 中，explode()函数和 implode()函数可以用来进行字符串和数组之间的相互转换。

1．explode()函数

这个函数在前面已经讲过，是用一个字符串来分割另一个字符串。其语法格式如下：

```
array explode (string separator, string string, int limit)
```

其中，string 是被分割的字符串；separator 指定作为分隔符的字符串；limit 是可选参数，可以省略，如果设置该参数大于 0，则返回包含最多 limit 个元素的数组，如果设置该参数小于 0，则返回包含除最后 limit 个元素外的所有元素的数组，如果设置该参数为 0，则返回包含一个元素的数组。

2．implode()函数

implode()函数能够将一个一维数组转化成字符串，它的语法格式如下：

```
string implode (string separator, array array)
```

其中，array 表示要连接成一个字符串的数组；separator 指定用于连接数组元素的符号，它可以省略，默认为空字符串，返回值是一个字符串。

示例代码如下：

```
<?php
$a = "2018-01-01";
$a = explode ( "-", $a );
print_r ( $a );
echo "<br />";
$a = implode ( $a );
print_r ( $a );
echo "<br />";
$a = implode ( "?", explode ( "0", $a ) );
print_r ( $a );
?>
```

运行结果如下图所示。

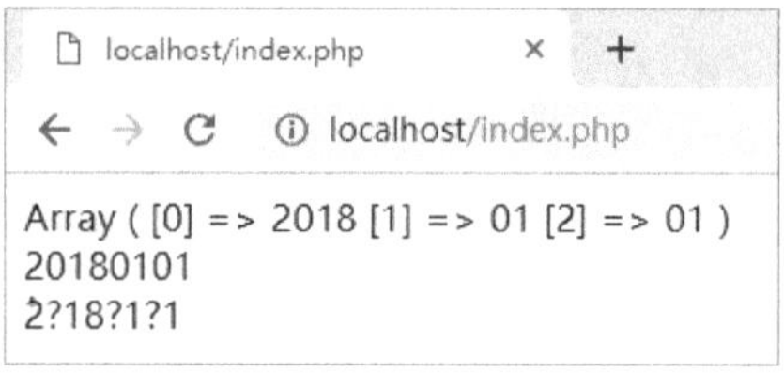

12.10 数组检索

数组检索是指利用关键字、结构等内容在数组中进行相关信息的搜索。数组检索涉及的函数如下表所示。

函 数 名	说 明
array_keys	获取数组中所有键名，返回值为数组
array_values	获取数组中所有值，返回值为数组
in_array	在数组中搜索某个值，找到返回 true，否则返回 false
array_search	在数组中搜索某个值，找到返回键名，否则返回 false
array_key_exists	在数组中搜索某个键，找到返回 true，否则返回 false

12.10.1 array_keys()函数

array_keys()函数用于获取数组中的所有键名，返回值为一个数组，它的语法格式如下：

```
array array_keys (array array, [mixed value[, bool strict]])
```

其中，array 为要检索的数组，是必选参数；value 为要检索的值，是可选参数，如果设置了这个参数，则表示只有该值对应的键名会被返回；strict 需要配合 value 使用，true 表示严格模式，考虑类型，如果设置该参数为 true，则 1 和"1"是不一样的，而 false 表示不考虑类型，如果设置该参数为 false，则 1 和"1"是一样的，默认值为 false。

示例代码如下：

```
<?php
$arr = array(
    "张三" => "60",
    "李四" => "50",
    "王五" => "40",
    "赵六" => "60",
    "孙七" => 60
);
echo "<p>返回所有键名</p>";
var_dump(array_keys($arr));
echo "<p>返回所有值为 60 键名</p>";
var_dump(array_keys($arr, "60"));
echo "<p>返回所有值为 60 键名,严格模式</p>";
var_dump(array_keys($arr, "60", true));
?>
```

运行结果如下图所示。

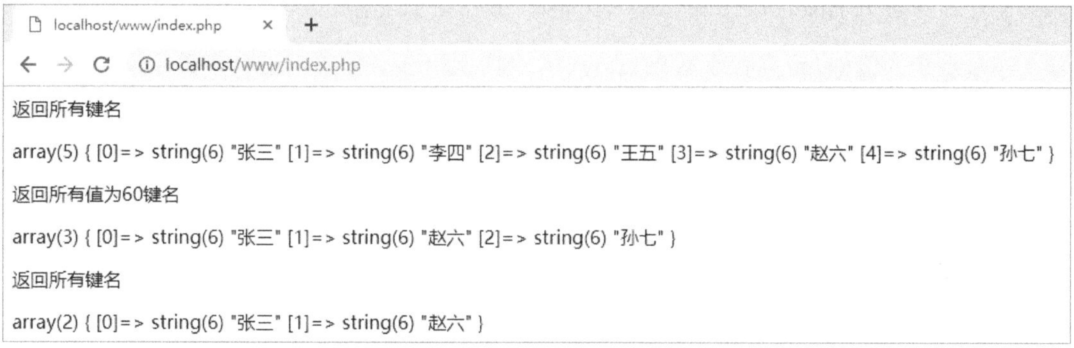

12.10.2 array_values()函数

array_values()函数用于获取数组中所有值，返回值为数组，它的语法格式如下：

```
array array_values (array array)
```

其中，array 是要检索的数组。

示例代码如下：

```
<?php
$arr = array(
    "张三" => "60",
    "李四" => "50",
    "王五" => "40",
    "赵六" => "60",
    "孙七" => 60
```

```
);
echo "<p>返回所有值</p>";
var_dump(array_values($arr));
?>
```

运行结果如下图所示。

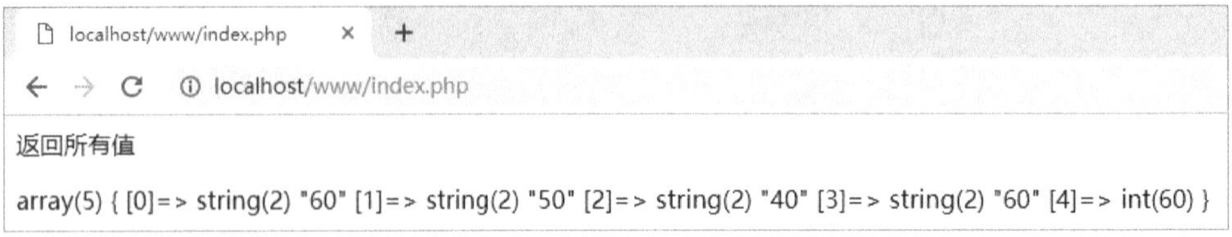

12.10.3 in_array()函数

in_array()函数用来在数组中检索某个值是否存在，它的语法格式如下：

```
bool in_array (mixed value, array array, bool strict)
```

其中，array 是要检索的数组；value 是要检索的值；strict 是可以省略的，true 表示严格模式，考虑类型，如果设置该参数为 true，则 1 和"1"是不一样的，而 false 表示不考虑类型，如果设置该参数为 false，则 1 和"1"是一样的，默认值为 false。

如果给定的值 value 存在于数组 array 中，则返回 true，如果第三个参数 strict 也设置为 true，则该函数只有在元素存在于数组中且数据类型与给定值相同时才返回 true，否则一律返回 false。

示例代码如下：

```
<?php
$arr = array(
    "张三" => "60",
    "李四" => "50",
    "王五" => "40",
    "赵六" => "60",
    "孙七" => 60
);
var_dump($arr);
echo "<p>查找 60 是否存在:";
var_dump(in_array("60", $arr));
echo "<p>查找 40 是否存在:";
var_dump(in_array(40, $arr));
echo "<p>查找 40 是否存在,严格模式:";
var_dump(in_array(40, $arr, true));
?>
```

运行结果如下图所示。

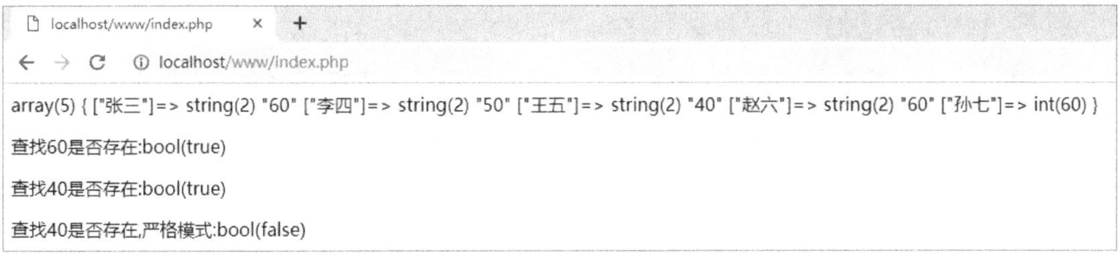

12.10.4　array_search()函数

array_search()函数与 in_array()函数一样，可以在数组中检索一个键值是否存在。不同的是，如果找到了该值，则匹配元素的键名会被返回。语法格式如下：

```
mixed array_search (mixed value, array array, bool strict)
```

array_search()函数的参数意义和 in_array()函数一样。

示例代码如下：

```
<?php
$arr = array(
    "张三" => "60",
    "李四" => "50",
    "王五" => "40",
    "赵六" => "60",
    "孙七" => 60
);
var_dump($arr);
echo "<p>查找 60 是否存在:";
var_dump(array_search("60", $arr));
echo "<p>查找 40 是否存在:";
var_dump(array_search(40, $arr));
echo "<p>查找 40 是否存在,严格模式:";
var_dump(array_search(40, $arr, true));
?>
```

运行结果如下图所示。

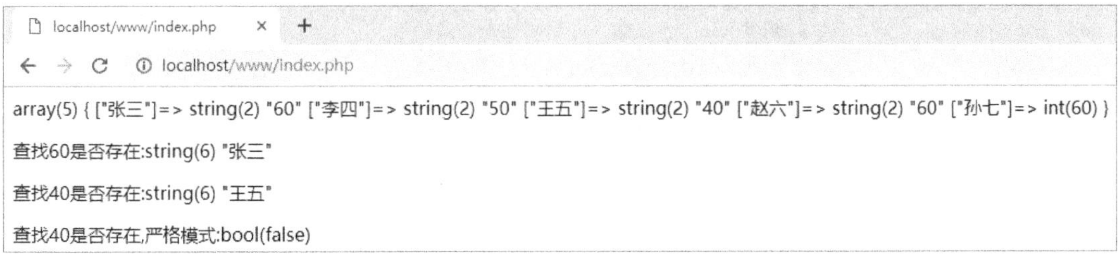

12.10.5　array_key_exists()函数

array_key_exists()函数用来在数组中检索某个键是否存在，它的语法格式如下：

```
bool array_key_exists (mixed key, array array)
```

其中，array 是要检索的数组；key 是要检索的键名。如果键名存在，则返回 true，如果键名不存在，则返回 false。

示例代码如下：

```
<?php
$arr = array(
    "张三" => "60",
    "李四" => "50",
    "王五" => "40",
    "赵六" => "60",
    "孙七" => 60
);
var_dump($arr);
echo "<p>查找张三是否存在:";
var_dump(array_key_exists("张三", $arr));
echo "<p>查找刘一是否存在:";
var_dump(array_key_exists("刘一", $arr));
?>
```

运行结果如下图所示。

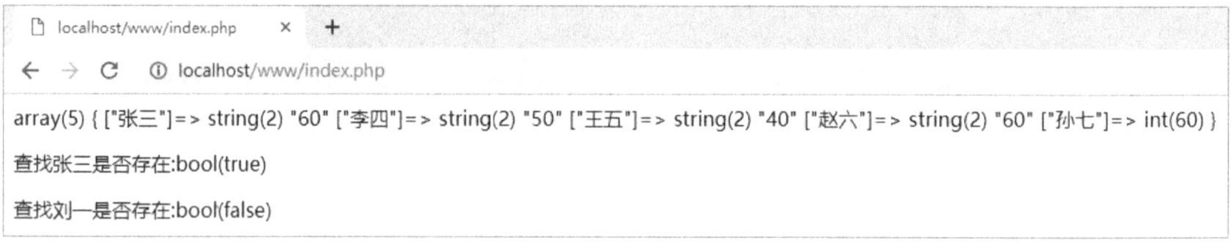

12.11 数组元素操作函数

在数组创建成功后，就可以对数组中的元素进行相应的增加、删除、合并、拆分等操作，针对数组元素操作，PHP 提供了如下表所示的常用函数。

函 数 名	说 明
array_pop	删除最后一个元素，并返回这个元素的值
array_push	在数组末尾添加一个或多个元素
array_shift	删除第一个元素，并返回这个元素的值
array_unshift	在数组开头添加一个或多个元素
array_unique	删除重复的元素
unset	删除指定位置的元素
array_splice	在指定位置删除 0 个以上的元素并插入新的元素
array_merge	两个或两个以上的数组合并成一个新数组
array_merge_recursive	两个或两个以上的数组合并成一个新数组

续表

函 数 名	说 明
array_chunk	将数组分割为新的数组块
array_slice	从数组截取一定长度的元素作为新数组返回
array_rand	从数组中随机选出一个或多个元素，组成新数组返回

12.11.1 array_pop()函数

array_pop()函数用来删除数组中的最后一个元素，并且返回该元素的值，这种队列操作被称为出栈。它的语法格式如下：

```
mixed array_pop (array array)
```

其中，array 就是要被执行出栈操作的数组。

```
<?php
$arr = array(
    2,
    4,
    6,
    9,
    1
);
echo "<p>原始数组:";
var_dump($arr);
echo "<p>出栈元素:";
var_dump(array_pop($arr));
echo "<p>数组现在情况:";
var_dump($arr);
?>
```

运行结果如下图所示。

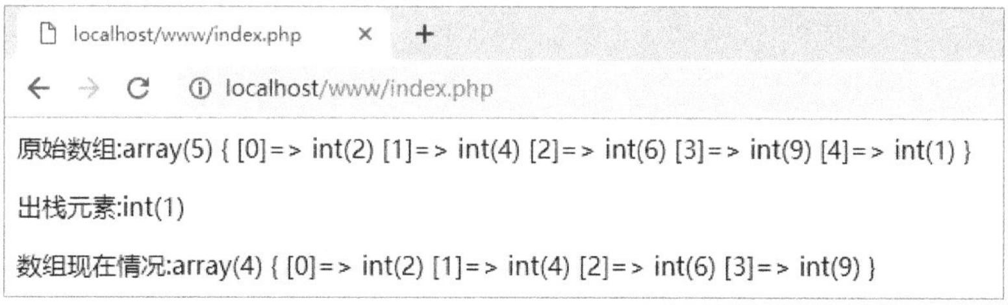

12.11.2 array_push()函数

array_push()函数用来添加一个或多个元素到数组末尾，并返回新数组的元素个数，这种队列操作被称为入栈。它的语法格式如下：

```
mixed array_push (array array, mixed mixed1, mixed mixed2, …)
```

其中，array 是要进行入栈的数组，mixed 是要入栈的元素，可以是一个元素，也可以是多个元素。在实际使用中，如果只入栈一个元素，则通常会通过数组标识符来添加一个新元素，这样做性能更好，而且没有调用函数的性能损耗。

示例代码如下：

```
<?php
$arr = array(
    2,
    4
);
echo "<p>原始数组:";
var_dump($arr);
echo "<p>入栈 1 个元素，现在数组长度:";
var_dump(array_push($arr, "hello"));
echo "<p>数组现在情况:";
var_dump($arr);
echo "<p>入栈 2 个元素，现在数组长度:";
var_dump(array_push($arr, "world", 6));
echo "<p>数组现在情况:";
var_dump($arr);
echo "<p>通过数组标识符来入栈:";
$arr[] = "hi";
var_dump($arr);
?>
```

运行结果如下图所示。

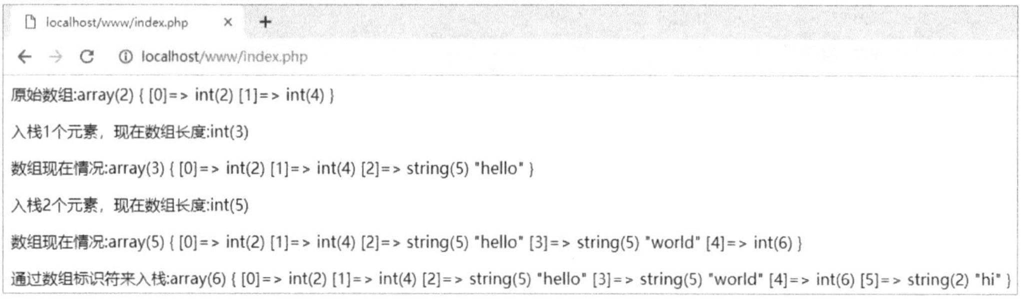

12.11.3 array_shift()函数

array_shift()函数用来删除数组中的第一个元素，并且返回该元素的值，它的语法格式如下：

```
mixed array_shift (array array)
```

其中，array 是要被操作的数组。如果数组元素的键名是数字，则在删除数组中的第一个元素后，这个数组的所有元素都会获得新的键名，即键名从 0 开始递增。

示例代码如下：

```
<?php
```

```
$arr = array(
    2 => 2,
    4 => 4,
    6 => 6
);
echo "<p>原始数组:";
var_dump($arr);
echo "<p>删除第一个元素:";
var_dump(array_shift($arr));
echo "<p>数组现在情况:";
var_dump($arr);
?>
```

运行结果如下图所示。

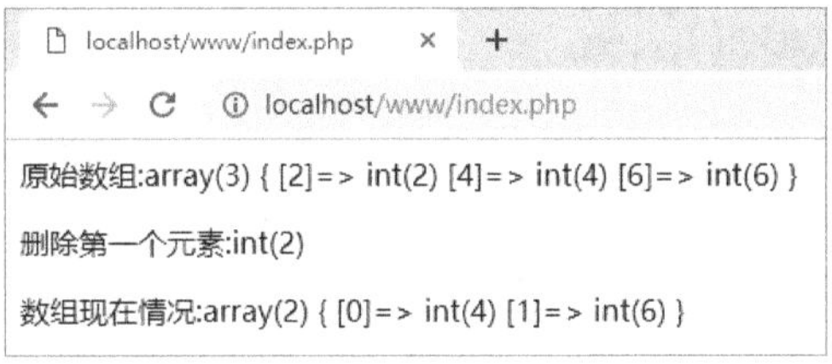

12.11.4　array_unshift()函数

array_unshift()函数用来在数组头部插入一个或多个元素，并返回新数组的元素个数，它的语法格式如下：

```
mixed array_unshift (array array, mixed mixed1, mixed mixed2, …)
```

其中，array 是要进行插入的数组；mixed 是要插入的元素，可以是一个元素，也可以是多个元素。和 array_shift()函数不同的是，如果数组元素的键名是数字，则在数组头部插入一个或多个元素后，这个数组的所有元素都会获得新的键名，即键名从 0 开始递增。

示例代码如下：

```
<?php
$arr = array(
    2,
    4
);
echo "<p>原始数组:";
var_dump($arr);
echo "<p>头部插入 1 个元素，现在数组长度:";
var_dump(array_unshift($arr, "hello"));
echo "<p>数组现在情况:";
var_dump($arr);
echo "<p>头部插入 2 个元素，现在数组长度:";
var_dump(array_unshift($arr, "world", 6));
echo "<p>数组现在情况:";
```

```
var_dump($arr);
?>
```

运行结果如下图所示。

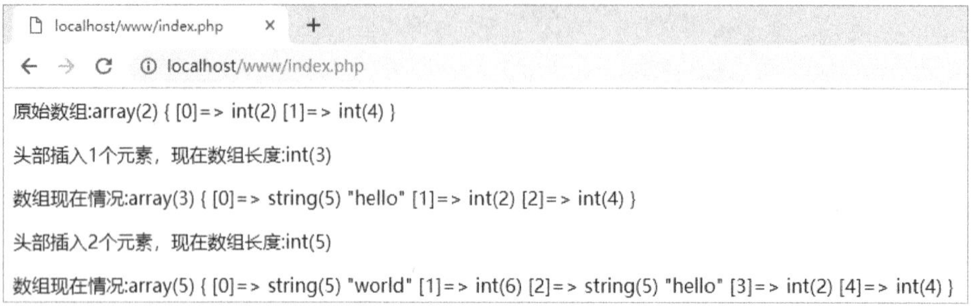

12.11.5 array_ unique()函数

array_ unique()函数用来删除数组中的重复元素，array_unique()函数先将数组元素的值作为字符串排序，再对每个值只保留第一个遇到的键名，然后忽略所有后面的键名，这就意味着在未排序的 array 中同一个值的第一个出现的键名不一定会被保留，具体还需要看排序情况。它的语法格式如下：

```
array array_unique (array array[, int flag])
```

其中，array 表示要操作的数组，flag 是可选参数，它决定了排序时选择的比较方式，它的常用取值如下表所示。

flag 参数值	说　明
0 = SORT_REGULAR	把每一项按常规顺序排列，不改变类型
1 = SORT_NUMERIC	把每一项作为数字来处理
2 = SORT_STRING	默认值，把每一项作为字符串来处理
3 = SORT_LOCALE_STRING	基于当前区域设置把每一项作为字符串来处理

示例代码如下：

```
<?php
$arr = array(
    "a" => "red",
    "b" => "blue",
    "c" => "red",
    "d" => "dark"
);
echo "<p>原始数组：";
print_r($arr);
echo "<p>删除重复值后数组：";
print_r(array_unique($arr));
?>
```

运行结果如下图所示。

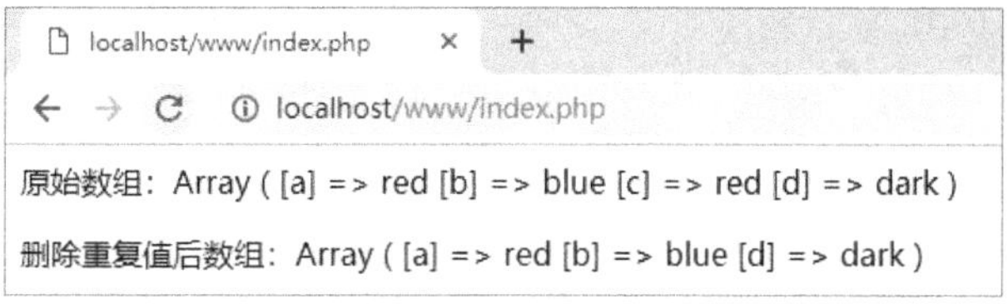

12.11.6 unset()函数

在严格意义上，unset()函数并不是数组专用的函数，它可以用来销毁指定的变量，包括数组的元素，它没有任何返回值。值得注意的是，unset()函数销毁的变量的类型决定了它的行为结果，例如，使用 unset()函数销毁一个局部变量和一个全局变量会有不同的结果。通常我们会用 array_ splice()来删除元素。

示例代码如下：

```
<?php
$arr = array (
        "a",
        "b",
        "c",
        "d",
        "e"
);
echo "<p>原始数组：";
print_r ( $arr );
echo "<p>删除第三个元素后数组：";
unset ( $arr [2] );
print_r ( $arr );

$arr = array (
        "第一名" => "张三",
        "第二名" => "李四",
        "第三名" => "王五",
        "第四名" => "赵六",
        "第五名" => "孙七"
);
echo "<p>原始数组：";
print_r ( $arr );
echo "<p>删除第三个元素后数组：";
$i = 0;
while ( list ( $a, $b ) = each ( $arr ) ) {
    if ($i == 2) {
        unset ( $arr [$a] );
        break;
    } else {
        $i ++;
    }
}
```

```
print_r ( $arr );
?>
```

运行结果如下图所示。

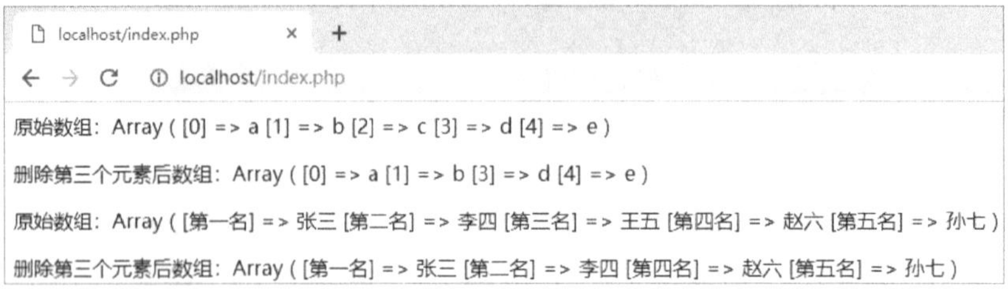

12.11.7 array_ splice()函数

array_ splice()函数的功能主要有两个：第一是移除选定的元素，第二是在该元素的位置插入新的元素。它的语法格式如下：

```
array array_splice (array array, int start[, int length[, array replace_
array]])
```

其中，array 表示要操作的数组。start 表示删除元素的开始位置，如果将其设置为 0 和正数，则可以理解为默认的索引下标，而数组的第一个元素的索引下标是 0，第 n 个元素的索引下标是 n-1；如果将 start 设置为负数，则表示从数组末端倒数该值才是开始位置，如-3 表示倒数第三个元素。

length 是可选参数，如果不设置该参数，则表示移除数组中从 start 开始到末尾的所有元素；如果设置该参数为正数，则表示移除数组中从 start 开始的 length 数量的元素；如果设置该参数为负数，则表示移除数组中从 start 开始到末端倒数 length 为止的所有元素，如果设置该参数为 0，则表示不移除数组中的任何元素。

replace_array 也是可选参数，表示被移除的元素会被此数组中的元素代替。如果不设置该参数，则表示不插入元素；如果要在数组中插入多个元素，则该参数为一个数组；如果要插入一个元素，则可以使用数组，也可以直接将其设置为参数。

示例代码如下：

```
<?php
$arr = array (
        "a",
        "b",
        "c",
        "d",
        "e"
);
echo "<p>原始数组：";
print_r ( $arr );
```

```
echo "<p>从第 1 个元素开始删除: ";
$arr1 = $arr;
print_r ( array_splice ( $arr1, 0 ) );
echo "<br />数组现在状态:";
print_r ( $arr1 );

echo "<p>从第 2 个元素开始删除: ";
$arr1 = $arr;
print_r ( array_splice ( $arr1, 1 ) );
echo "<br />数组现在状态:";
print_r ( $arr1 );

echo "<p>从倒数第 2 个元素开始删除: ";
$arr1 = $arr;
print_r ( array_splice ( $arr1, - 2 ) );
echo "<br />数组现在状态:";
print_r ( $arr1 );

echo "<p>从第 2 个元素开始删除 2 个元素: ";
$arr1 = $arr;
print_r ( array_splice ( $arr1, 1, 2 ) );
print_r ( $arr1 );

echo "<p>从第 2 个元素位置插入 1 个元素: ";
$arr1 = $arr;
print_r ( array_splice ( $arr1, 1, 0, 2 ) );
echo "<br />数组现在状态:";
print_r ( $arr1 );

echo "<p>从第 2 个元素位置插入一系列元素: ";
$arr1 = $arr;
print_r ( array_splice ( $arr1, 1, 0, array (
        1,
        2
) ) );
echo "<br />数组现在状态:";
print_r ( $arr1 );

echo "<p>2~4 元素位置删除并插入另一系列元素: ";
$arr1 = $arr;
array_splice ( $arr1, 1, 3, array (
        "张三",
        "李四"
) );
echo "<br />数组现在状态:";
print_r ( $arr1 );
?>
```

运行结果如下图所示。

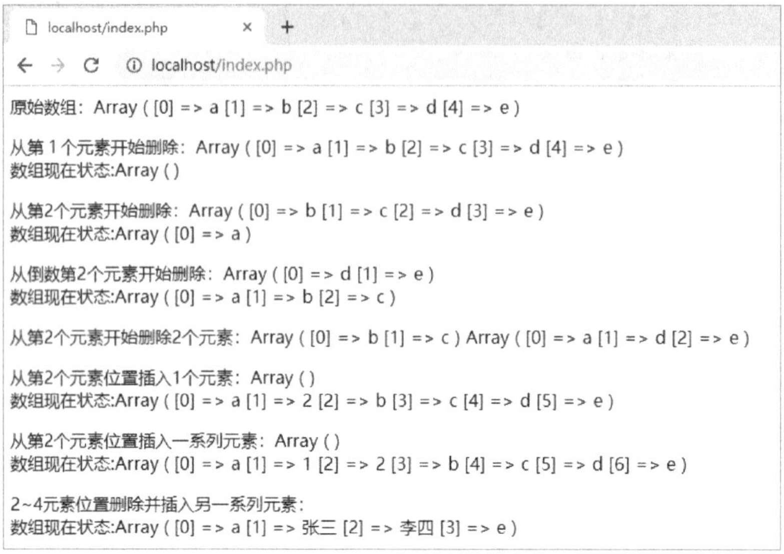

12.11.8 array_merge()函数和 array_merge_recursive()函数

array_merge()函数可以用来把一个或多个数组合并为一个数组，如果多个关联数组中出现相同的键名，则后面的元素会覆盖之前的元素。

array_merge_recursive()函数同样可以用来把一个或多个数组合并为一个数组，但它不会进行键名覆盖，而是把具有相同键名的元素递归组成一个数组。

两个函数的语法格式相同：

```
array array_merge (array array1, array array2, array array3, ...)
array array_merge_recursive (array array1, array array2, array array3, ...)
```

其中，array1 是必选参数，如果不再设置其他数组且 array1 是索引数组，则表示将数组 array1 进行重新索引，键名从 0 开始递增。

示例代码如下：

```
<?php
echo "<p>重新索引</p>";
$arr = array (
        21 => "apple",
        31 => "bear",
        41 => "cat"
);
echo "原始数组：";
var_dump ( $arr );
echo "<br />重新索引数组：";
var_dump ( array_merge ( $arr ) );
```

```
echo "<p>索引数组</p>";
$arr1 = array (
        2 => 1,
        4 => 2,
        6 => 3
);
$arr2 = array (
        2 => 6,
        4 => 7,
        6 => 8
);
var_dump ( array_merge ( $arr1, $arr2 ) );
echo "<hr />";
var_dump ( array_merge_recursive ( $arr1, $arr2 ) );

echo "<p>关联数组</p>";
$arr1 = array (
        "a" => "apple",
        "b" => "bear",
        "c" => "cat"
);
$arr2 = array (
        "b" => "bee",
        "d" => "duck",
        "e" => "egg"
);
var_dump ( array_merge ( $arr1, $arr2 ) );
echo "<hr />";
var_dump ( array_merge_recursive ( $arr1, $arr2 ) );
?>
```

运行结果如下图所示。

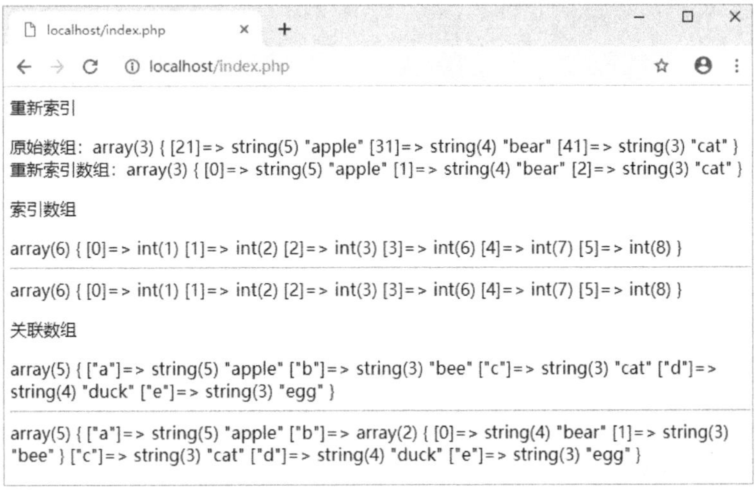

12.11.9 array_chunk()函数

array_chunk()函数用来把数组分割为新的数组块，其中每个数组的元素数目由 size 参数决定，最后一个数组的元素数目可能由于原始数组的元素总数不能被 size 整除，从而导致该数组少几个元素。该函数的语法格式如下：

```
array array_chunk (array array, int size[, bool preserve_key])
```

其中，array 表示要分割的数组；size 表示每个新数组包含的元素的个数；preserve_key 是可选参数，默认值为 false，表示每个新数组都使用新的数字索引，如果设置该参数为 true，则表示保留原始数组中的键名。

示例代码如下：

```
<?php
$arr = array (
        1,
        2,
        3,
        4,
        5,
        6,
        7,
        8,
        9
);
echo "<p>原始数组：";
print_r ( $arr );
echo "<p>长度为 4 来分割数组：";
print_r ( array_chunk ( $arr, 4 ) );
echo "<p>长度为 3 来分割数组：";
print_r ( array_chunk ( $arr, 3 ) );
echo "<p>长度为 3 来分割数组，且保留键名：";
print_r ( array_chunk ( $arr, 3, true ) );
?>
```

运行结果如下图所示。

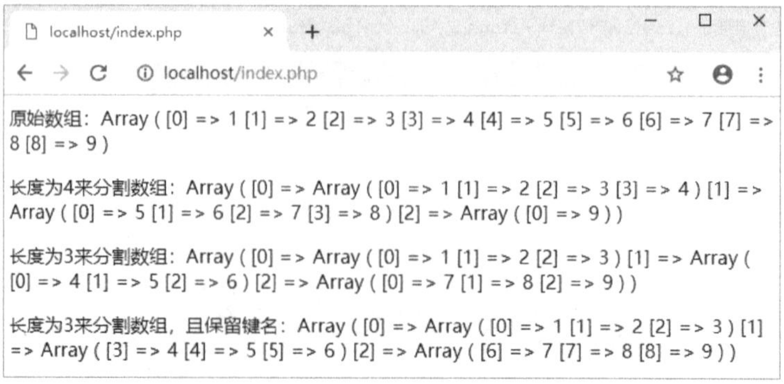

12.11.10　array_slice()函数

array_slice()函数用来截取数组中的一段元素，使用方法类似于 array_ splice()函数，但该函数没有移除和插入元素的效果。它的语法格式如下：

```
array array_ slice (array array, int start[, int length[, bool preserve_
key]])
```

其中，array 表示要操作的数组。start 表示要截取的元素的开始位置，如果将其设置为 0 或正数，则可以理解为默认的索引下标，而第一个元素的索引下标是 0，第 n 个元素的索引下标是 n-1；如果将其设置为负数，则表示从数组末端倒数该值才是开始位置，如-3 表示倒数第三个元素。

length 是可选参数，如果不设置该参数，则表示截取数组中从 start 开始到末尾的所有元素；如果设置该参数为正数，则表示截取数组中从 start 开始的 length 数量的元素，如果设置该参数为负数，则表示截取数组中从 start 开始到末端倒数 length 为止的所有元素，如果设置该参数为 0，则表示截取出一个空数组。

preserve_key 是可选参数，默认值为 false，表示每个新数组都使用新的数字索引，如果设置该参数为 true，则表示保留原始数组中的键名。

示例代码如下：

```
<?php
$arr = array (
        1,
        2,
        3,
        4,
        5
);
echo "<p>原始数组: ";
print_r ( $arr );
echo "<p>从第 2 个元素开始截取: ";
print_r ( array_slice ( $arr, 2 ) );
echo "<p>从倒数第 2 个元素开始截取: ";
print_r ( array_slice ( $arr, - 2 ) );
echo "<p>从第 2 个元素开始截取 3 个元素: ";
print_r ( array_slice ( $arr, - 2, 3 ) );
echo "<p>从第 2 个元素开始截取 3 个元素且保留键名: ";
print_r ( array_slice ( $arr, - 2, 3, true ) );
?>
```

运行结果如下图所示。

12.11.11 array_rand()函数

array_rand()函数用来从数组中随机抽取一个或多个元素，并返回一个新数组。它的语法格式如下：

```
array array_rand (array array[, int number])
```

其中，array 表示要操作的数组，number 表示要随机抽取的元素个数，这个参数是可选参数，默认值为 1，返回抽取的元素的值，如果设置该参数为 1 以上，则返回一个数组。

示例代码如下：

```
<?php
$arr = array (
        1,
        2,
        3,
        4,
        5
);
echo "<p>原始数组：";
print_r ( $arr );
echo "<p>随机选取 1 个元素：";
var_dump ( array_rand ( $arr ) );
echo "<p>随机选取 2 个元素：";
var_dump ( array_rand ( $arr, 2 ) );
echo "<p>随机选取 2 个元素：";
var_dump ( array_rand ( $arr, 2 ) );
?>
```

运行结果如下图所示。

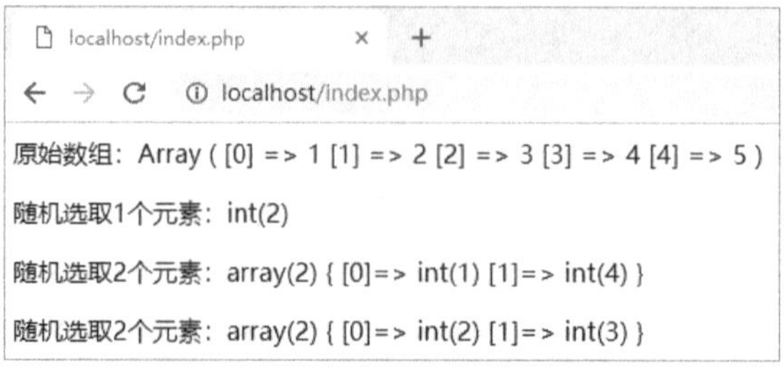

12.12　本章小结

数组通常用来管理同类数据，数组操作函数可以对大量类型相同的数组进行读写、排序、插入、删除、截取、合并等操作，本章主要介绍了 PHP 数组操作的相关函数，这些操作函数需要熟练掌握并灵活应用。

章节练习

1．定义一个三维数组，并且数组的每一维至少包括 4 个元素，然后进行数组遍历。

2．编写一个函数来创建出一个长度为 10 的数组，而且数组中的元素为递增的奇数，首项为 1。

3．编写一个算法来创建出一个数组，而且数组中的元素满足斐波那契数列的规律。斐波那契数列，又称黄金分割数列，指的是这样一个数列：0、1、1、2、3、5、8、13、21……

第 13 章 PHP 文件系统处理

学习任务

【任务 1】掌握文件操作。

【任务 2】掌握目录操作。

学习路线

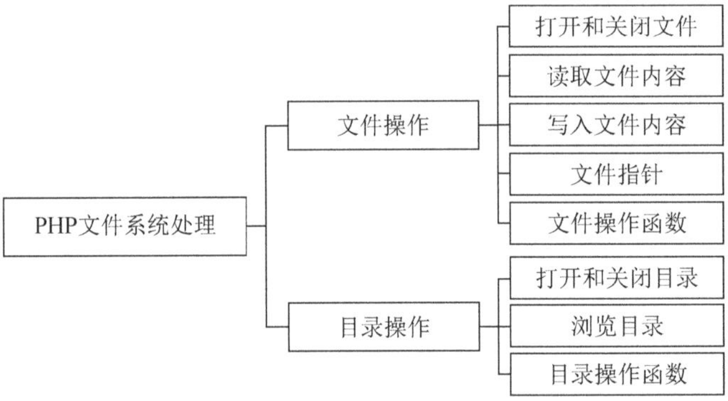

13.1 文件操作

文件操作基本步骤如下所述。

（1）打开文件。

（2）读写文件，包括显示文件内容、编辑内容、写入内容等操作。

（3）关闭文件。

13.1.1　打开和关闭文件

在 PHP 中，fopen()函数可以用来进行打开文件的操作，fclose()函数可以用来进行关闭文件的操作。

fopen()函数的语法格式如下：

```
resource fopen(string filename, string mode[, bool use_include_path[, resource context]])
```

其中，filename 是要打开的文件的路径，可以是相对路径，也可以是绝对路径，还可以是 URL。

mode 是打开文件的访问权限，可能的值如下表所示。

r	以只读方式打开，将文件指针指向文件头
r+	以读写方式打开，将文件指针指向文件头
w	以写入方式打开，清除文件内容，如果文件不存在则尝试创建该文件
w+	以读写方式打开，清除文件内容，如果文件不存在则尝试创建该文件
a	以写入方式打开，将文件指针指向文件末尾进行写入，如果文件不存在则尝试创建该文件
a+	以读写方式打开，将文件指针指向文件末尾进行写入，如果文件不存在则尝试创建该文件
x	创建一个新的文件并以写入方式打开，如果文件已存在则返回 false
x+	创建一个新的文件并以读写方式打开，如果文件已存在则返回 false

use_include_path 是可选参数，用于在配置文件 php.ini 中指定一个路径，如果希望在这个路径下打开指定的文件，则设置该参数为 true。

fclose()函数的语法格式如下：

```
bool fopen(resource handle)
```

在文件操作结束后，应关闭文件，否则会引发错误。handle 是通过 fopen()函数打开的 resource 文件。如果文件关闭成功，则返回 true，否则返回 false。

示例代码如下：

```
<?php
echo "<pre>";
$handle = fopen("files/doc.txt", "r");
var_dump($handle);
var_dump(fclose($handle));

//Windows 路径中“\”需要转义
$handle = fopen("C:\\www\\www\\files\\doc.txt", "r");
var_dump($handle);
var_dump(fclose($handle));

$handle = fopen("http://www.baidu.com", "r");
var_dump($handle);
var_dump(fclose($handle));
```

```
$handle = fopen("C:\\www\\www\\files\\不存在的.txt", "r");
var_dump($handle);
var_dump(fclose($handle));
?>
```

运行结果如下图所示。

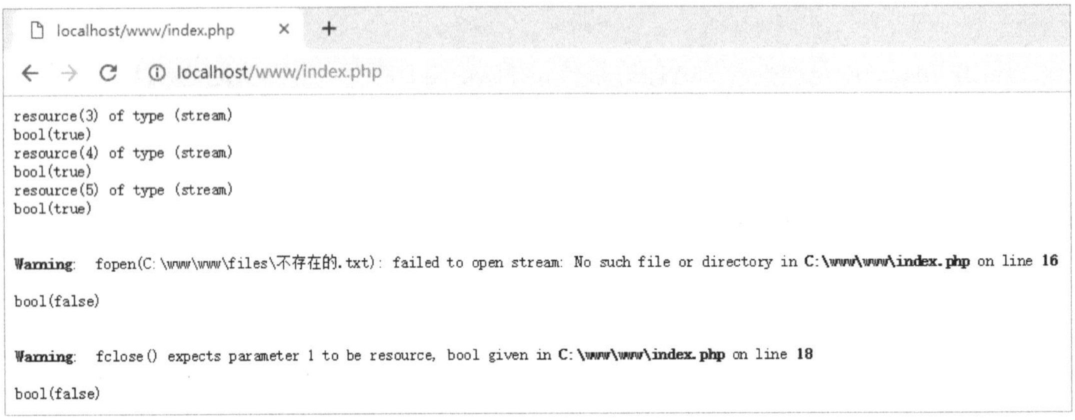

13.1.2　读取文件内容

在 PHP 中，读取文件内容通常分为读取整个文件、读取一行字符、读取一个字符、读取一定长度的字符串四种情况。

13.1.2.1　读取整个文件

readfile()函数用于读入一个文件，并将其写入输出缓冲中，如果出现错误，则返回 false。它的语法格式如下：

```
int readfile(string filename[, bool use_include_path[, resource context]])
```

其中，filename 是要打开的文件，返回值是文件的字节数，如果文件打开失败，则返回 false，并显示错误信息。

```
<?php
$size = readfile("files/doc.txt");
var_dump($size);
echo "<p>$size";
?>
```

运行结果如下图所示。图中乱码是换行符，Windows 系统的换行符为“/r/n”，其他操作系统大部分是“/n”。

file()函数可以读取整个文件，它和 readfile()函数不同的是，其返回值是一个数组，每一行都是数组的一个元素，包含换行符。它的语法格式如下：

```
array file (string filename[, bool use_include_path[, resource context]])
```

示例代码如下：

```
<?php
echo "<pre>";
$file = file("files/doc.txt");
var_dump($file);
?>
```

运行结果如下图所示。

file_get_contents()函数能够将文件内容读入一个字符串中，可以设置 offset 和 maxlen 参数，表示在 offset 位置读取 maxlen 字节的内容，它的语法格式如下：

```
string file_get_contents(string filename[, bool use_include_path[, resource context[, int offset[, int maxlen]]]])
```

示例代码如下：

```
<?php
echo "<pre>";
$file = file_get_contents("files/doc.txt");
var_dump($file);
$file = file_get_contents("files/doc.txt", false, NULL, 4, 6);
var_dump($file);
?>
```

运行结果如下图所示。

值得注意的是，以上 3 个函数都可以读取 URL。

13.1.2.2　读取一行字符

在 PHP 中，fgets()函数和 fgetss()函数可以用来读取一行字符。

fgets()函数的语法格式如下：

```
string fgets(resource handle[, int length])
```

该函数表示从 handle 文件中读取一行字符，读取的字符串最大字节为 length-1。length 是可选参数，如果不指定该参数，则默认读取的字符串长度为 1024。示例代码如下：

```
<?php
echo "<pre>";
$handle = fopen ( "files/doc.txt", "r" );
$str = fgets ( $handle, 4 );
var_dump($str) ;
$str = fgets ( $handle );
var_dump($str) ;
fclose ( $handle );
?>
```

运行结果如下图所示。

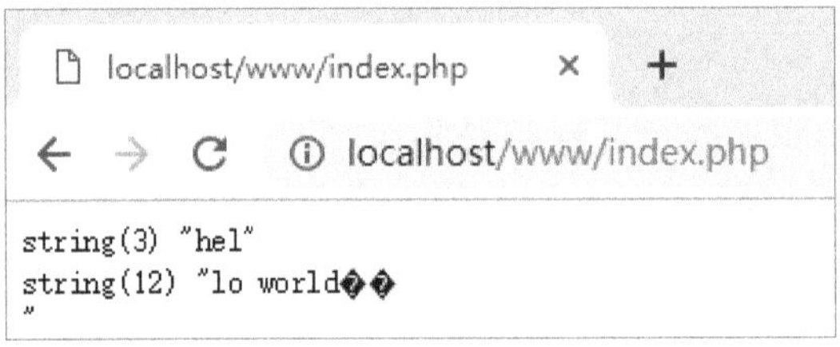

fgetss()函数是 fgets()函数的扩展，也是用来读取一行字符，不同的是，fgetss()函数会过滤掉内容中的 HTML 和 PHP 标记，它的语法格式如下：

```
string fgetss(resource handle[, int length[, string allowable_tags]])
```

示例代码如下：

```
<?php
echo "<pre>";
$handle = fopen ( "files/table.html", "r" );
while ( $str = fgets ( $handle ) ) {
    echo "$str";
}
fclose ( $handle );
echo "<hr/>";
$handle = fopen ( "files/table.html", "r" );
while ( $str = @fgetss ( $handle ) ) {
    echo "$str";
}
```

```
fclose ( $handle );
?>
```

运行结果如下图所示。

13.1.2.3　读取一个字符

fgetc()函数可以用来读取单个字符，它的语法格式如下：

```
string fgetc(resource handle)
```

示例代码如下：

```
<?php
echo "<pre>";
$handle = fopen ( "files/doc.txt", "r" );
while ( $str = fgetc( $handle ) ) {
    echo "$str<br />";
}
fclose ( $handle );
?>
```

运行结果如下图所示。

13.1.2.4 读取一定长度的字符

除了使用 file_get_contents()函数读取一定长度的字符，还可以使用 fread()函数进行读取，fread()函数的语法格式如下：

```
string fread(resource handle, int length)
```

fread()函数表示从 handle 文件中读取最多 length 字节的字符。

示例代码如下：

```
<?php
echo "<pre>";
$handle = fopen ( "files/doc.txt", "r" );
while ( $str = fread( $handle, 5 ) ) {
    echo "$str<br />";
}
fclose($handle);
?>
```

运行结果如下图所示。

13.1.3 写入文件内容

在 PHP 中写入文件可以使用 fputs()函数、fwrite()函数和 file_put_contents()函数来实现。

fputs()函数和 fwrite()函数的使用方法完全一样，它们的语法格式如下：

```
int fputs(resource handle, string string, int length)
int fwrite (resource handle, string string, int length)
```

上述函数表示在 handle 文件的指针位置写入 string 内容，并且最多写入 length 个字节，返回值为写入的字符数。

示例代码如下：

```
<?php
echo "<pre>";
$filename1 = "files/fput.txt";
$filename2 = "files/fwrite.txt";
$str = "明月几时有，把酒问青天。不知天上宫阙，今夕是何年？我欲乘风归去，又恐琼楼玉宇，高处不胜寒。起舞弄清影，何似在人间！转朱阁，低绮户，照无眠。不应有恨，何事长向别时圆？人有悲欢离合，月有阴晴圆缺，此事古难全。但愿人长久，千里共婵娟。";
$handle = fopen ( $filename1, "wb" );
echo fputs ( $handle, $str );
fclose ( $handle );
echo "<br />";
$handle = fopen ( $filename2, "wb" );
echo fwrite ( $handle, $str, 50 );
fclose ( $handle );
?>
```

运行结果如下图所示。

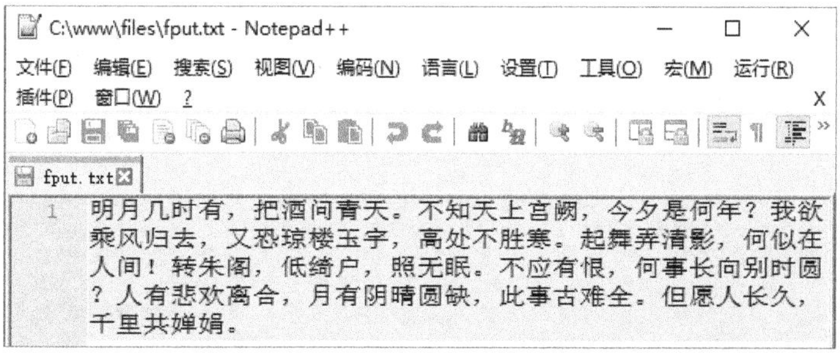

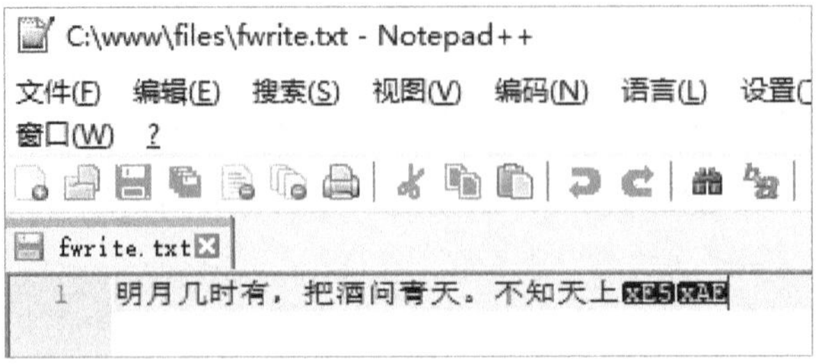

我们可以看到，在写入 50 个字节长度时出现了乱码，这是因为一个汉字占多个字节，后面的汉字由于没有输出完整而导致乱码。

file_put_contents()函数的语法格式如下：

```
int file_put_contents(string filename, mixed data[, int flag[, resource context]])
```

其中，filename 表示要写入数据的文件，如果文件不存在则创建该文件；string 表示要写入的数据，可以是 string、array 或 stream 流；flag 是可选参数，其取值如下表所示。

FILE_USE_INCLUDE_PATH	在 include 目录里搜索并打开 filename
FILE_APPEND	如果 filename 已经存在，则追加数据而不覆盖数据
LOCK_EX	在写入时获得一个独占锁

示例代码如下：

```
<?php
echo "<pre>";
$filename = "files/fileputcontent.txt";
$str = "明月几时有，把酒问青天。不知天上宫阙，今夕是何年？我欲乘风归去，又恐琼楼玉宇，高处不胜寒。起舞弄清影，何似在人间！转朱阁，低绮户，照无眠。不应有恨，何事长向别时圆？人有悲欢离合，月有阴晴圆缺，此事古难全。但愿人长久，千里共婵娟。";
echo file_put_contents ( $filename, $str );
echo file_put_contents ( $filename, $str ); // 覆盖
echo file_put_contents ( $filename, $str, FILE_APPEND ); // 追加
?>
```

运行结果如下图所示。

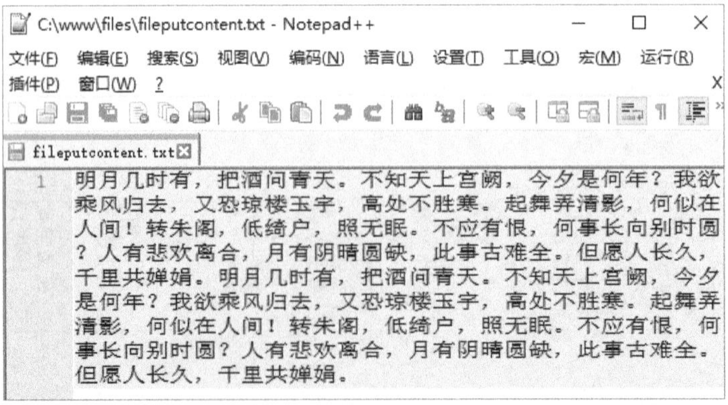

13.1.4 文件指针

无论是读还是写，都是通过文件指针的方式来完成的，针对文件指针，PHP 也提供了 4 个函数，如下表所示。

函数名	语 法 格 式	说 明
rewind	bool rewind(resource handle)	将指针移动到开头
feof	bool feof(resource handle)	判断是否到了文件结束的位置
fseek	int fseek(resource handle, int offset[, int whence])	移动指针到指定位置，在移动成功时返回 0，在移动失败时返回-1
ftell	int ftell(resource handle)	返回指针的位置

其中，fseek()函数的参数 whence 表示移动的相对位置，默认值为 SEEK_SET，设定位置等于 offset 字节；如果设置该参数为 SEEK_CUR，则表示相对于当前位置加上 offset；如果设置该参数为 SEEK_END，则表示在文件末尾加上 offset；如果要移动文件指针到文件末尾之前的位置，则 offset 必须是一个负数。

示例代码如下：

```
<?php
$filename = "files/libai.txt";
$handle = fopen ( $filename, "r+" );
echo "第一次读：<br />";
while ( ! feof ( $handle ) ) {
    echo fgets ( $handle ) . "<br />";
}
echo "<hr />";
rewind ( $handle );
echo "第二次读：<br />";
while ( ! feof ( $handle ) ) {
    echo fgets ( $handle ) . "<br />";
    echo "当前指针位置：" . ftell ( $handle ) . "<br />";
}
echo "<hr />";

fseek ( $handle, 34 );
fwrite ( $handle, "野火烧不尽\n 春风吹又生" );
rewind ( $handle );
echo "第三次读：<br />";
while ( ! feof ( $handle ) ) {
    echo fgets ( $handle ) . "<br />";
    echo "当前指针位置：" . ftell ( $handle ) . "<br />";
}
?>
```

运行结果如下图所示。

13.1.5 文件操作函数

文件操作主要包括复制文件、删除文件、重命名文件和查看文件信息等操作，常用的文件操作函数如下表所示。

函数名	语 法 格 式	说　　明
copy	bool copy(string source, string dest)	从 source 复制到 dest
unlink	bool unlink(string filename)	删除 filename
rename	bool rename(string oldname, string newname[, resource context])	将文件名从 oldname 重命名为 newname
filesize	int filesize(string filename)	获取文件大小
fileatime	int fileatime(string filename)	获取上次访问时间
filemtime	int filemtime(string filename)	获取上次修改时间
realpath	string realpath(string filename)	获取规范化绝对路径
stat	array stat(string filename)	获取文件统计信息
pathinfo	mixed pathinfo(string filename[, int options])	获取 path 信息

13.2 目录操作

目录是一种特殊的文件，想要浏览目录下的文件，需要按照以下基本步骤来进行。

（1）打开目录。

（2）浏览目录。

（3）关闭目录。

13.2.1　打开和关闭目录

使用 opendir()函数可以打开目录，它的语法格式如下：

```
resource opendir(string path[, resource context])
```

使用 closedir()函数可以关闭目录，它的语法格式如下：

```
void closedir(resource handle)
```

其中，path 表示要打开的目录路径，如果该目录不存在，或者存在浏览权限问题，则会返回 false。

示例代码如下：

```
<?php
echo "<pre>";
$path = "files";
$handle = opendir ( $path );
closedir ( $handle );
?>
```

13.2.2　浏览目录

在 PHP 中，scandir()函数可以用来浏览目录，它的语法格式如下：

```
array scandir(string directory[, int sort_order[, resource context]])
```

其中，directory 是要浏览的目录；sort_order 是可选参数，表示输出数组的排序，默认是按照字母升序排序，如果将其设置为 1，则表示按照字母降序排序。

该函数的返回值是一个数组，包含 directory 中的文件和目录，如果浏览目录失败，则返回 false。

示例代码如下：

```
<?php
echo "<pre>";
$path = "files";
$result = scandir ( $path );
var_dump ( $result );
$result = scandir ( $path, 1 );
var_dump ( $result );
?>
```

运行结果如下图所示。

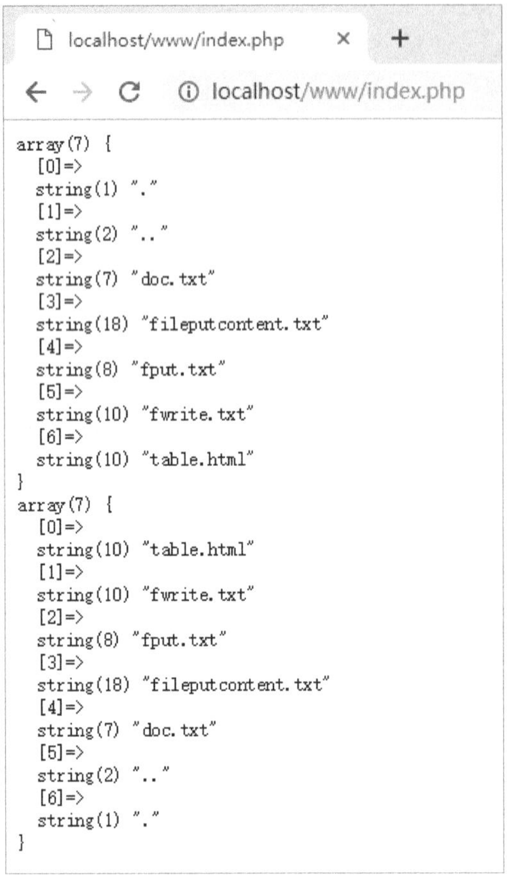

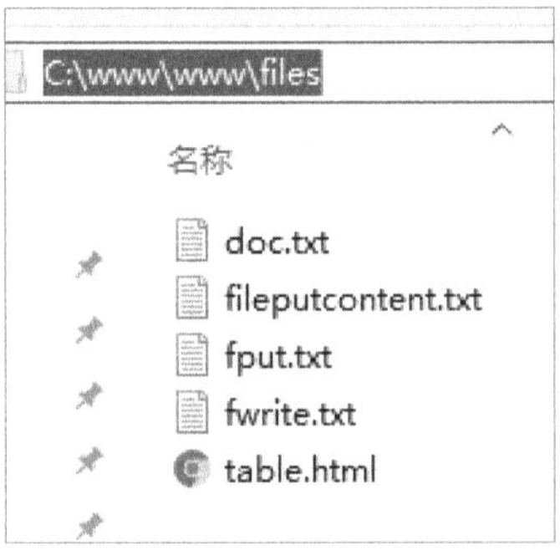

13.2.3　目录操作函数

目录操作包括新建目录、删除目录、获取目录信息等。常用的目录操作函数如下表所示。

函 数 名	语 法 格 式	说　明
mkdir	bool mkdir(string path[, int mode[, bool recursive[, resource context]]])	创建一个目录，mode 表示权限，默认值为 0777，Windows 系统可忽略 mode
rmdir	bool rmdir(string directory)	删除一个目录，该目录必须是空目录
getcwd	string getcwd()	获取当前工作目录，用于相对路径
chdir	bool chdir(string directory)	修改当前工作目录
disk_free_space	float disk_free_space(string directory)	返回磁盘可用字节数
disk_total_space	float disk_total_space(string directory)	返回磁盘总字节数
readdir	string readdir(resource handle)	返回目录中下一个文件的文件名
rewinddir	void rewinddir(resource handle)	将文件的 resource 指针重置到目录的开头
is_dir	bool is_dir(string directory)	判断是否是目录

示例代码如下：

```
<?php
$result;
echo "<br />总空间: ";
var_dump ( $result = disk_total_space ( "c:\\" ) );
echo "<br />剩余空间: ";
var_dump ( $result = disk_free_space ( "c:\\" ) );
echo "<hr />";

$path = "files/abc";
echo "<br />创建目录 $path : ";
var_dump ( mkdir ( $path ) );
echo "<br />判断 $path 是否是目录: ";
var_dump ( is_dir ( $path ) );
echo "<br />删除目录 $path : ";
var_dump ( rmdir ( $path ) );
echo "<hr />";

$path = "files";
$handle = opendir ( $path );
$result;
while ( $result = readdir ( $handle ) ) {
   echo $result . "<br />";
}
echo "目录流已经到底，移动到开头，读取前三个目录<br />";
rewinddir ( $handle );
echo readdir ( $handle ) . "<br/>";
echo readdir ( $handle ) . "<br/>";
echo readdir ( $handle ) . "<br/>";
closedir ( $handle );
echo "<hr />";

echo "<br />当前工作目录: ";
var_dump ( $path = getcwd () );
echo "<br />更换工作目录: ";
$path = "files";
var_dump ( $path = chdir ( $path ) );
echo "<br />当前工作目录: ";
var_dump ( $path = getcwd () );
?>
```

运行结果如下图所示。

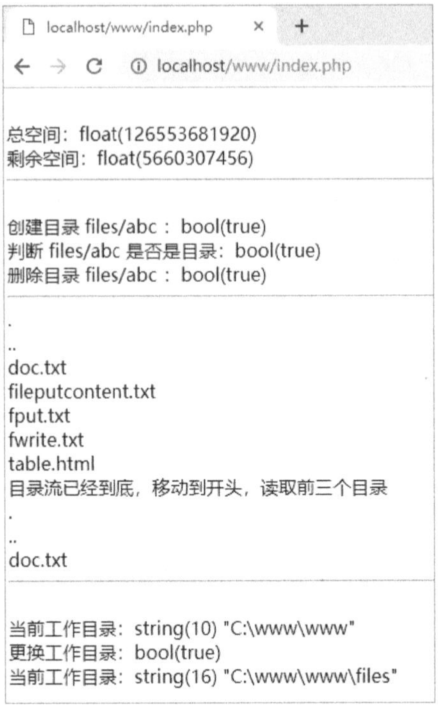

13.3 本章小结

本章讲述了文件和目录的操作，重点介绍了文件的读写和指针操作。

章节练习

请打开一个图片文件，并用读取的方式读出来，然后写入另一个文件中。

第 14 章 PHP 图形图像处理

学习任务

【任务 1】了解 GD 库。

【任务 2】掌握 GD 库的使用。

学习路线

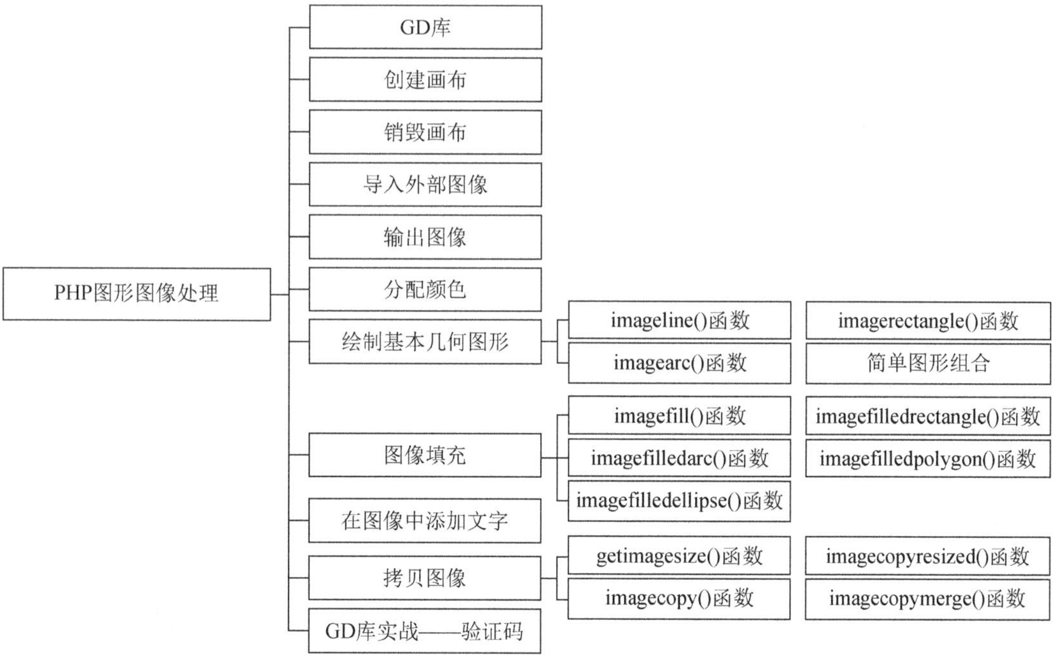

14.1 GD 库

GD 库是 PHP 处理图形的扩展库，它提供了一系列用来处理图形的 API，通过 GD 库可以完成各种点、线、几何图形、文本、颜色等相关操作。GD 库支持 GIF、JPEG、JPG、PNG、WBMP 等格式的图形文件。在使用 GD 库前，需要配置 php.ini 文件，并在 php.ini 文件中启用 gd2。由于 PHP 的版本不同，配置项也有可能不同，因此该选项可能是 extension=gd2，也可能是 extension=php_gd2.dll。通过调用 phpinfo()函数，在看到如下图所示内容时，表示 PDO 配置成功。

gd

GD Support	enabled
GD Version	bundled (2.1.0 compatible)
FreeType Support	enabled
FreeType Linkage	with freetype
FreeType Version	2.9.1
GIF Read Support	enabled
GIF Create Support	enabled
JPEG Support	enabled
libJPEG Version	9 compatible
PNG Support	enabled
libPNG Version	1.6.34
WBMP Support	enabled
XPM Support	enabled
libXpm Version	30512
XBM Support	enabled
WebP Support	enabled

Directive	Local Value	Master Value
gd.jpeg_ignore_warning	1	1

编写以下代码，并在浏览器中运行。

```
<?php
$image = imagecreate ( 100, 100 );
header ( "content-type:image/png" );
imagepng ( $image );
imagedestroy ( $image );
?>
```

运行结果如下图所示。可以看到，图片中一片黑色，表示 GD 库安装成功且能正常使用了。

在 PHP 中，通过 GD 扩展操作图片，是先在内存中处理，并在处理完后以文件流的方式输出，可以输出到浏览器中，也可以输出到磁盘上。因此一般的步骤如下所述。

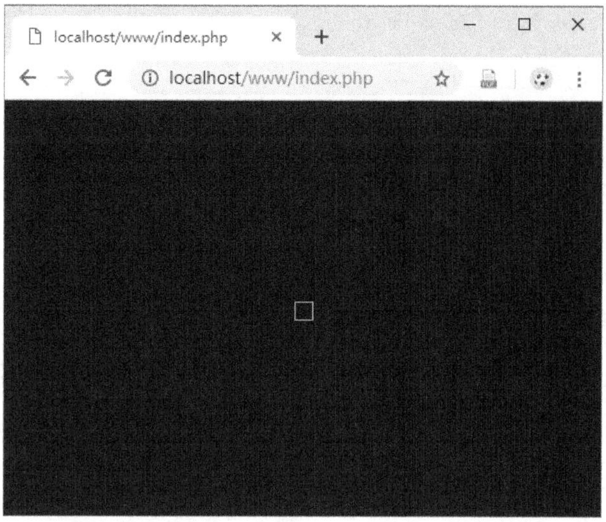

（1）创建画布。所有的绘图设计都需要在一张画布上完成，画布的本质是在内存中开辟一块临时区域，用来存储图像信息。

（2）绘制图形。在画布创建完成后，可以通过这个画布资源填充颜色，或者绘制“点”“线”“文本”“图像”等。

（3）输出图像到浏览器或磁盘中。

（4）销毁图像，释放资源。

14.2　创建画布

创建画布是使用 GD 库的第一步，使用 imagecreate()函数和 imagecreatetruecolor()函数可以实现创建画布功能，它们的基本语法格式如下：

```
resource imagecreate(int x, int y)
resource imagecreatetruecolor(int x, int y)
```

其中，x，y 分别为要创建图像的宽度和高度像素值。这两个函数都会返回一个图像资源。虽然 imagecreatetruecolor()函数和 imagecreate()函数相似，但是 imagecreatetruecolor()函数可以创建一幅真彩色的图像，从而支持更为丰富的色彩，而且由于使用了真彩色，因此它不能输出 GIF 格式的图像。

14.3　销毁画布

在图像处理完成后，可以使用 imagedestroy()函数销毁图像资源来释放内存。由于系统会自动回收这部分资源，因此调用 imagedestroy()函数不是必须的，但是使用该函数是一个良好的习惯。它的语法格式如下：

```
bool imagedestroy(resource image)
```

其中，image 是调用创建画布函数返回的资源。

14.4 导入外部图像

在 GD 库中，有一组专门用于导入外部图像的函数。

imagecreatefromgif()：创建画布并从 GIF 文件或 URL 载入一幅图像。

imagecreatefromjpeg()：创建画布并从 JPEG 文件或 URL 载入一幅图像。

imagecreatefrompng()：创建画布并从 PNG 文件或 URL 载入一幅图像。

imagecreatefromwbmp()：创建画布并从 WBMP 文件或 URL 载入一幅图像。

imagecreatefromstring()：创建画布并从字符串中的图像流新建一幅图像。

这些函数的语法格式如下：

```
resource imagecreatefromgif(string filename)
resource imagecreatefromjpeg(string filename)
resource imagecreatefrompng(string filename)
resource imagecreatefromwbmp(string filename)
resource imagecreatefromstring(string image)
```

其中，filename、image 均指外部图像的路径。如果外部图像载入成功，则返回图像资源；如果外部图像载入失败，则返回 false。

示例代码如下：

```
<?php
$image = imagecreatefrompng ( "files/print.png" );
if (! $image) { // 加载失败则以图像方式输出错误信息
    $image = imagecreatetruecolor ( 150, 30 );
    $bg = imagecolorallocate ( $image, 255, 255, 255 );
    $text_color = imagecolorallocate ( $image, 0, 0, 255 );
    imagefilledrectangle ( $image, 0, 0, 150, 30, $bg );
    imagestring ( $image, 5, 5, 5, "Error loading", $text_color );
}
header ( "content-type:image/png" );
imagepng ( $image );
imagedestroy ( $image );
?>
```

运行结果如下图所示。

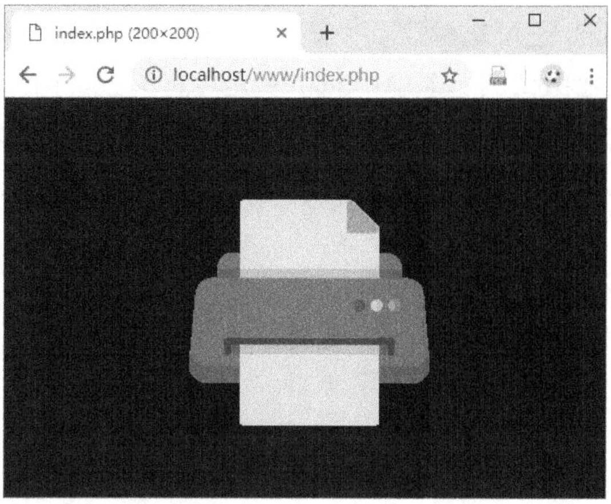

如果加载失败，则显示“Error loading”，如下图所示。

14.5　输出图像

PHP 允许将图像以不同格式输出，而且每个格式都有专门的函数来输出，如下所述。

imagegif()：以 GIF 格式将图像输出到浏览器或文件中。

imagejpeg()：以 JPEG 格式将图像输出到浏览器或文件中。

imagepng()：以 PNG 格式将图像输出到浏览器或文件中。

imagewbmp()：以 WBMP 格式将图像输出到浏览器或文件中。

它们的语法格式也比较类似：

```
bool imagegif(resource image[, string filename])
bool imagejpeg(resource image[, string filename[, int quality]])
bool imagepng(resource image[, string filename])
bool imagewbmp(resource image[, string filename[, int foreground]])
```

其中，image 表示要输出的图像资源，如 imagecreate()函数或 imagecreatefrom xxx()系

列函数的返回值；filename 是可选参数，用来指定输出图像到本地的文件名，如果省略该参数，则图像流将被直接输出到浏览器中；quality 是可选参数，用来指定图像质量，范围从 0（最差质量，文件最小）到 100（最佳质量，文件最大），默认值为 75，是 imagejpeg()函数独有的参数；foreground 是可选参数，用来指定前景色，默认前景色是黑色，是 imagewbmp()函数独有的参数。

示例代码如下：

```
<?php
// 创建画布
$image = imagecreate ( 100, 100 );
// 设置背景颜色为红色
$bg = imagecolorallocate ( $image, 255, 0, 0 );
// 直接输出到浏览器
imagepng ( $image );
// 销毁画布
imagedestroy ( $image );
?>
```

运行结果如下图所示。

为什么会出现乱码？这是因为浏览器默认将 PHP 输出的内容都当作了文本内容。解决这个问题需要设置输出内容的类型，在 PHP 中，可以使用 header()函数来设置输出内容的类型，如果输出的是 PNG 格式的图像，则写作“header("content-type:image/png")”，同理，如果输出的是 JPEG 格式的图像，则写作“header("content-type:image/jpeg")”。我们在上述示例代码中输出图像前加上一句代码：

```
<?php
// 创建画布
$image = imagecreate ( 100, 100 );
// 设置背景颜色为红色
$bg = imagecolorallocate ( $image, 255, 0, 0 );
// 设置输出内容的类型
header ( "content-type:image/png" );
// 直接输出到浏览器
imagepng ( $image );
// 销毁画布
imagedestroy ( $image );
?>
```

运行结果如下图所示。

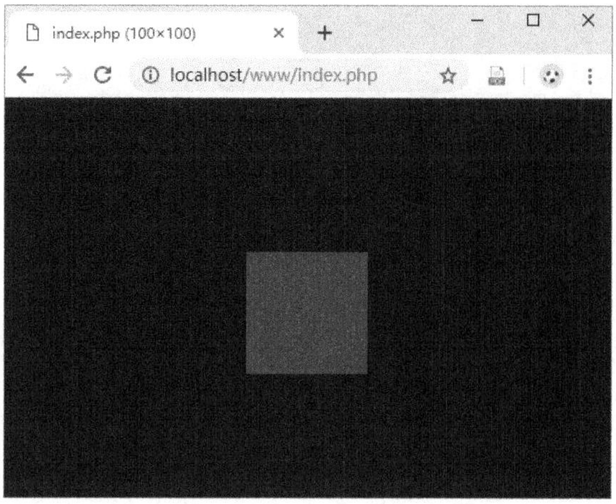

使用 header()函数可以根据图片的类型来指定输出的类型，这样就可以正常地输出图片了，示例代码如下：

```
    <?php
    $image = imagecreatefromjpeg ( "http://5b0988e595225.cdn.sohucs.com/q_70,
c_lfill,w_300,h_200,g_faces/images/20190325/d00a575d3fd1422d9377dbb7c7eb7ca
9.jpeg" );
    if (! $image) { // 加载失败则以图像方式输出错误信息
        $image = imagecreatetruecolor ( 150, 30 );
        $bg = imagecolorallocate ( $image, 255, 255, 255 );
        $text_color = imagecolorallocate ( $image, 0, 0, 255 );
        imagefilledrectangle ( $image, 0, 0, 150, 30, $bg );
        imagestring ( $image, 5, 5, 5, "Error loading", $text_color );
    }
    header ( "content-type:image/jpeg" );
    imagejpeg ( $image );
    imagejpeg ( $image, "files/sohu_ipad.jpeg" );
    imagedestroy ( $image );
    ?>
```

运行结果如下图所示。

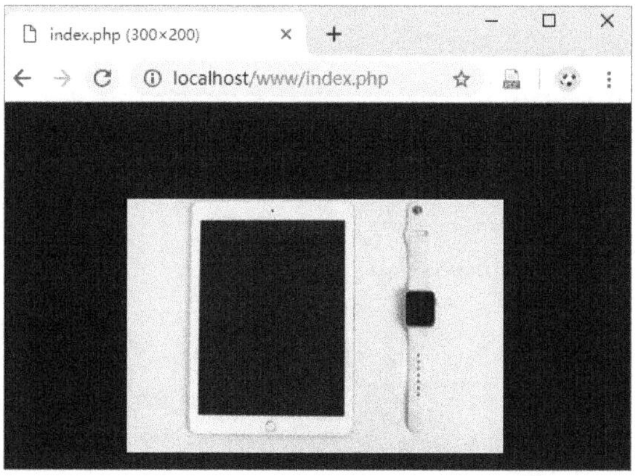

14.6 分配颜色

GD 库提供了以下 3 个有关颜色设置的函数。

- imagecolorallocate()函数用于为图像分配颜色。
- imagecolorallocatealpha()函数用于为图像分配带透明度的颜色。
- imagecolordeallocate()函数用于取消由以上两种函数为图像分配的颜色。

在利用 imagecolorallocate()函数和 imagecolorallocatealpha()函数为图像分配颜色后，我们就可以利用这些颜色来绘制“点”“线”“文本”“图像”等要素内容了。它们的语法格式比较类似：

```
int imagecolorallocate(resource image, int red, int green, int blue)
int imagecolorallocatealpha(resource image, int red, int green, int blue,
int alpha)
```

其中，image 是调用创建画布函数返回的资源；red、green 和 blue 分别表示所需颜色的红、绿、蓝成分（简称“RGB 成分”），取值范围均为 0～255；alpha 表示透明度，取值范围为 0～127，0 表示完全不透明，127 表示完全透明。如果颜色分配成功，则返回一个标识符，代表由给定的 RGB 成分组成的颜色，如果颜色分配失败，则返回-1。

通过 imagecreate()函数建立的图像，在第一次调用 imagecolorallocate()函数时会给图像填充背景色，而通过 imagecreatetruecolor()函数建立的图像，则需要使用其他的函数，如 imagefill()函数填充背景色。

imagecolordeallocate()函数可以用来取消分配的颜色，它的语法格式如下：

```
bool imagecolordeallocate(resource image, int color)
```

其中，image 表示调用创建画布函数返回的资源；color 是分配颜色成功后所返回的颜色标识。

示例代码如下：

```
<?php
$image = imagecreate ( 100, 100 );
$bg = imagecolorallocate ( $image, 255, 0, 0 );
$color = imagecolorallocate ( $image, 127, 127, 127 );
var_dump ( $color );
var_dump ( imagecolordeallocate ( $image, $color ) );
imagedestroy ( $image );
?>
```

运行结果如下图所示。

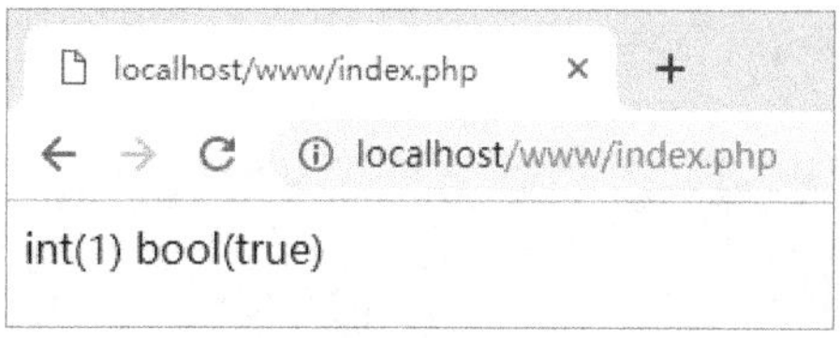

14.7　绘制基本几何图形

基本的几何图形主要有点、线、圆、多边形等，由基本几何图形可以演变出更为复杂的图形。GD 库提供了 3 个绘制基本图形的函数，即 imageline()函数、imagearc()函数和 imagerectangle()函数，分别用来绘制线段、椭圆弧（包括圆弧）和矩形。

14.7.1　imageline()函数

imageline()函数可以用来绘制线段。它的语法格式如下：

```
bool imageline(resource image, int x1, int y1, int x2, int y2, int color)
```

该函数表示使用 color 颜色在 image 图像上从(x1,y1)坐标到(x2,y2)坐标画一条线段。在画布中，坐标原点为左上角，横坐标水平向右为正，纵坐标垂直向下为正，如下图所示。

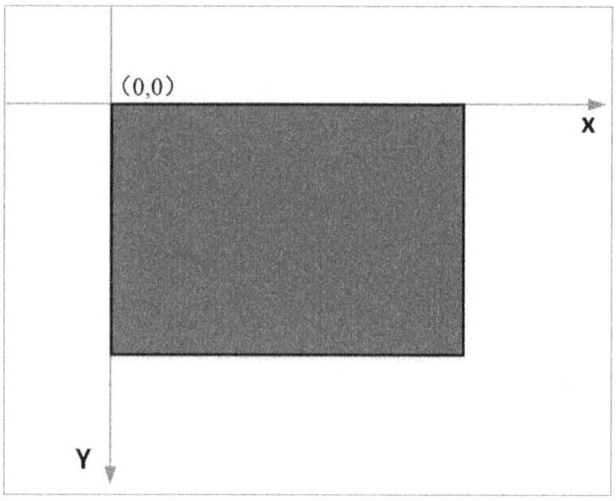

示例代码如下：

```
<?php
$image = imagecreate ( 200, 100 );
$bg = imagecolorallocate ( $image, 255, 255, 255 );
$red = imagecolorallocate ( $image, 255, 0, 0 );
imageline ( $image, 25, 50, 175, 50, $red );
header ( "Content-type: image/png" );
imagepng ( $image );
imagedestroy ( $image );
?>
```

运行结果如下图所示。

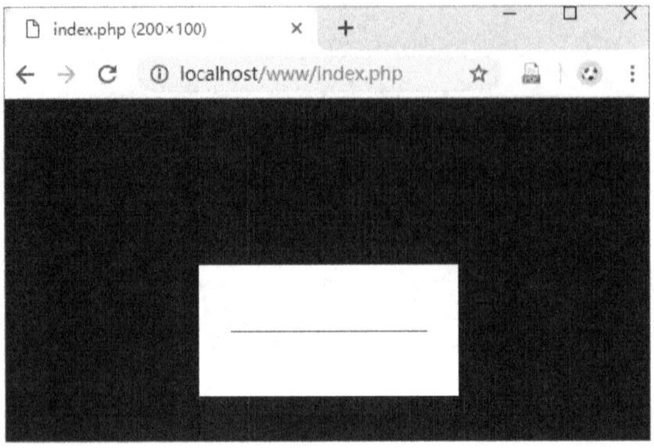

14.7.2 imagearc()函数

imagearc()函数可以用来绘制椭圆弧（包括圆弧）。它的语法格式如下：

```
bool imagearc(resource image, int cx, int cy, int w, int h, int s, int e,
int color)
```

该函数表示使用 color 颜色在 image 图像上以(cx,cy)坐标为中心画一个椭圆弧，w 和 h 分别表示该椭圆弧的宽和高，s 和 e 分别表示椭圆弧的起点角度和终点角度，0 度位置在中心的三点钟位置（x 轴正轴方向）。

示例代码如下：

```
<?php
$image = imagecreate ( 200, 200 );
$bg = imagecolorallocate ( $image, 255, 255, 255 );
$red = imagecolorallocate ( $image, 255, 0, 0 );
imagearc ( $image, 100, 100, 100, 180, 0, 90, $red );
header ( "Content-type: image/png" );
imagepng ( $image );
imagedestroy ( $image );
?>
```

运行结果如下图所示。

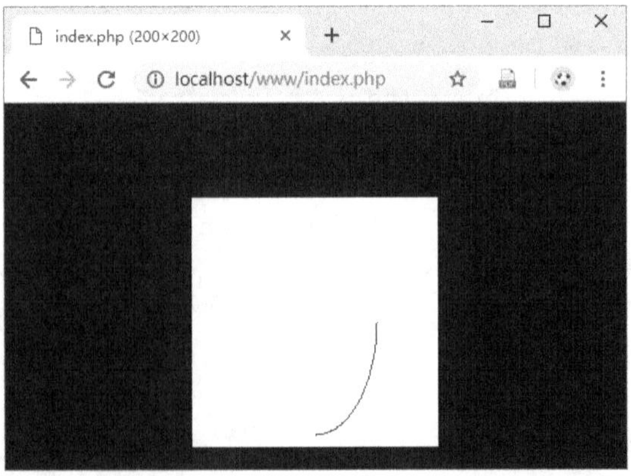

如果设置椭圆弧的宽和高相同，则画出来的是个圆弧。示例代码如下：

```
<?php
$image = imagecreate ( 200, 200 );
$bg = imagecolorallocate ( $image, 255, 255, 255 );
$red = imagecolorallocate ( $image, 255, 0, 0 );
imagearc ( $image, 100, 100, 100, 100, 0, 360, $red );
header ( "Content-type: image/png" );
imagepng ( $image );
imagedestroy ( $image );
?>
```

运行结果如下图所示。

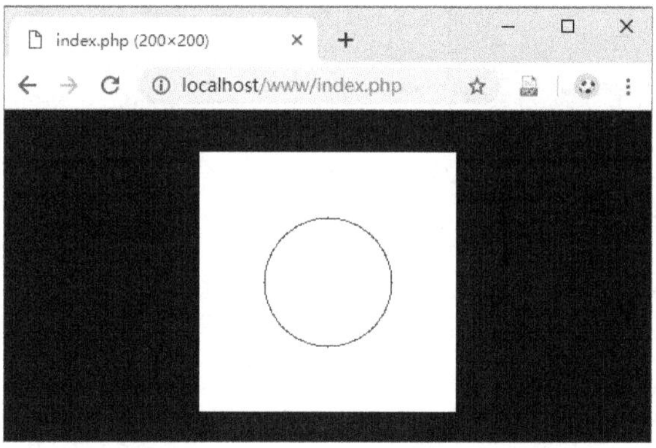

14.7.3 imagerectangle()函数

imagerectangle()函数可以用来绘制一个矩形，它的语法格式如下：

```
bool imagerectangle(resource image, int x1, int y1, int x2, int y2, int color)
```

该函数表示使用 color 颜色在 image 图像上画一个矩形，其左上角坐标为(x1,y1)，右下角坐标为(x2,y2)。

示例代码如下：

```
<?php
$image = imagecreate ( 200, 200 );
$bg = imagecolorallocate ( $image, 255, 255, 255 );
$color = imagecolorallocate ( $image, 255, 0, 0 );
imagerectangle ( $image, 10, 30, 180, 150, $color );
header ( "content-type:image/png" );
imagepng ( $image );
imagedestroy ( $image );
?>
```

运行结果如下图所示。

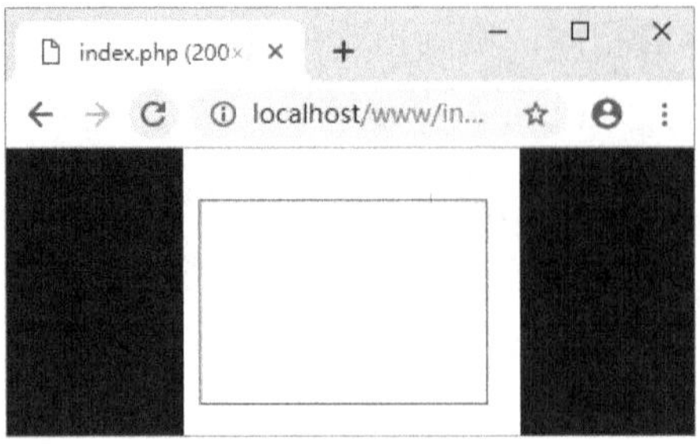

14.7.4 简单图形组合

我们可以在一张画布上绘制一个简单的图形组合，例如，绘制一个奥运五环，代码如下：

```
<?php
// 画一个奥运五环
$image = imagecreate ( 200, 150 );
$bg = imagecolorallocate ( $image, 255, 255, 255 );
$blue = imagecolorallocate ( $image, 0, 107, 176 );
imagearc ( $image, 50, 50, 50, 50, 0, 360, $blue );
$black = imagecolorallocate ( $image, 29, 24, 21 );
imagearc ( $image, 100, 50, 50, 50, 0, 360, $black );
$red = imagecolorallocate ( $image, 220, 47, 31 );
imagearc ( $image, 150, 50, 50, 50, 0, 360, $red );
$yellow = imagecolorallocate ( $image, 239, 169, 13 );
imagearc ( $image, 75, 75, 50, 50, 0, 360, $yellow );
$green = imagecolorallocate ( $image, 5, 147, 65 );
imagearc ( $image, 125, 75, 50, 50, 0, 360, $green );
header ( "Content-type: image/png" );
imagepng ( $image );
imagedestroy ( $image );
?>
```

运行结果如下图所示。

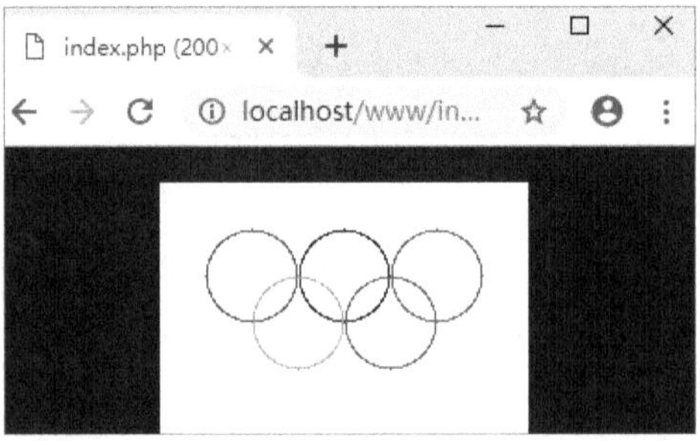

14.8 图像填充

GD 库不仅可以绘制线条图形，还可以绘制填充图形。

14.8.1　imagefill()函数

imagefill()函数可以用来进行图像区域填充，它的语法格式如下：

```
bool imagefill(resource image, int x, int y, int color)
```

该函数表示使用 color 颜色在 image 图像的(x,y)坐标位置执行区域填充，与(x,y)坐标点颜色相同且相邻的点都会被填充。

示例代码如下：

```
<?php
$image = imagecreate ( 200, 200 );
$bg = imagecolorallocate ( $image, 255, 255, 255 );
$color = imagecolorallocate ( $image, 255, 0, 0 );
imagerectangle ( $image, 50, 50, 150, 150, $color );
$fillcolor = imagecolorallocate ( $image, 0, 255, 255 );
imagefill ( $image, 100, 100, $fillcolor );
header ( "Content-type: image/png" );
imagepng ( $image );
imagedestroy ( $image );
?>
```

运行结果如下图所示。

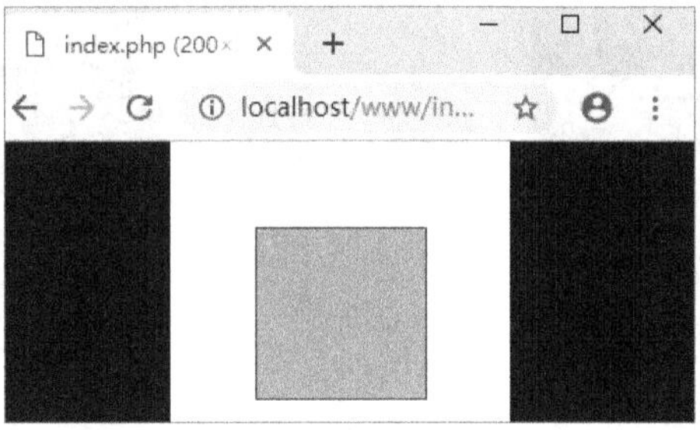

14.8.2　imagefilledarc()函数

imagefilledarc()函数可以用来绘制一个椭圆弧并对其进行填充。它的语法格式如下：

```
    bool imagefilledarc(resource image, int cx, int cy, int w, int h, int s,
int e, int color, int style)
```

imagefilledarc()函数的参数说明与 imagearc()函数大致相同，但与之相比，该函数多了参数 style，该参数用来表示填充的方式，可选择的填充方式有以下几种。

- IMG_ARC_PIE：普通填充，产生圆形边界。
- IMG_ARC_CHORD：只使用直线连接了起始点和结束点，与 IMG_ARC_PIE 互斥。
- IMG_ARC_NOFILL：指明弧或弦只有轮廓，不填充。
- IMG_ARC_EDGED：指明用直线将起始点和结束点与中心点相连。

示例代码如下：

```
<?php
$image = imagecreate ( 200, 200 );
$bg = imagecolorallocate ( $image, 255, 255, 255 );
$color = imagecolorallocate ( $image, 255, 0, 0 );
imagefilledarc ( $image, 120, 80, 100, 100, 270, 360, $color, IMG_ARC_PIE );
imagefilledarc ( $image, 120, 120, 100, 100, 0, 90, $color, IMG_ARC_CHORD );
imagefilledarc ( $image, 80, 120, 100, 100, 90, 180, $color, IMG_ARC_NOFILL );
imagefilledarc ( $image, 80, 80, 100, 100, 180, 270, $color, IMG_ARC_EDGED );
header ( "Content-type: image/png" );
imagepng ( $image );
imagedestroy ( $image );
?>
```

运行结果如下图所示。

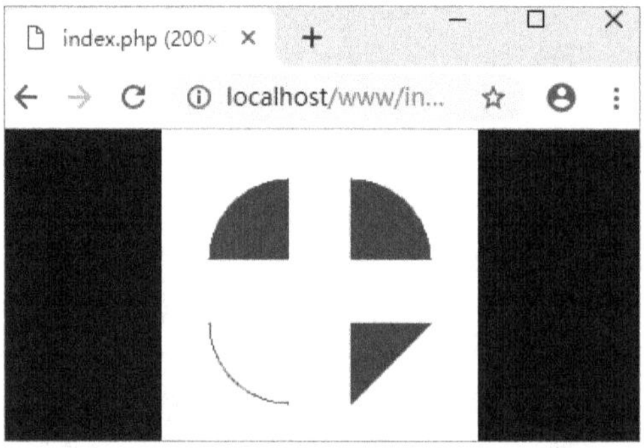

style 可以多个一起使用，只需要使用位或（|）连接即可，这样可以绘制一些我们想要的图形。

示例代码如下：

```
<?php
$image = imagecreate ( 200, 200 );
$bg = imagecolorallocate ( $image, 255, 255, 255 );
$color = imagecolorallocate ( $image, 255, 0, 0 );
imagefilledarc ( $image, 100, 100, 180, 180, 345, 105, $color, IMG_ARC_NOFILL | IMG_ARC_EDGED );
header ( "Content-type: image/png" );
imagepng ( $image );
imagedestroy ( $image );
?>
```

运行结果如下图所示。

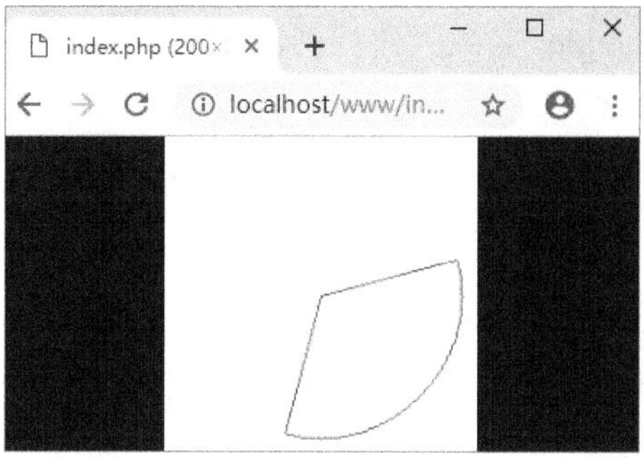

14.8.3 imagefilledellipse()函数

imagefilledellipse()函数可以用来绘制一个椭圆并对其进行填充。它的语法格式如下：

```
    bool imagefilledellipse(resource image, int cx, int cy, int width, int
height, int color)
```

该函数表示使用 color 颜色在 image 图像上画一个填充的椭圆，且该椭圆的中心点坐标为(cx,cy)，宽为 width，高为 height。

示例代码如下：

```
<?php
$image = imagecreate ( 200, 200 );
$bg = imagecolorallocate ( $image, 255, 255, 255 );
$color = imagecolorallocate ( $image, 255, 0, 0 );
imagefilledellipse ( $image, 100, 100, 150, 60, $color );
header ( "Content-type: image/png" );
imagepng ( $image );
imagedestroy ( $image );
?>
```

运行结果如下图所示。

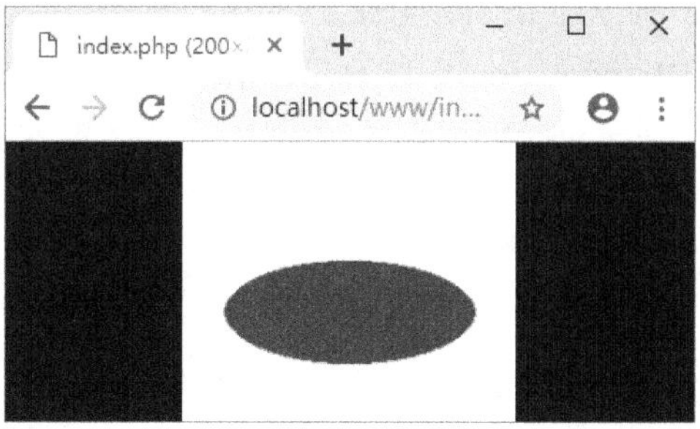

14.8.4 imagefilledrectangle()函数

imagefilledrectangle()函数可以用来绘制一个矩形并对其进行填充。它的语法格式如下：

```
    bool imagefilledrectangle(resource image, int x1, int y1, int x2, int y2,
int color)
```

参数意义和 imagerectangle()函数大致相同，与之不同的是，imagefilledrectangle()函数会为图形填充颜色。示例代码如下：

```
<?php
$image = imagecreate ( 200, 200 );
$bg = imagecolorallocate ( $image, 255, 255, 255 );
$color = imagecolorallocate ( $image, 255, 0, 0 );
imagerectangle($image, 20, 20, 180, 180, $color);
imagefilledrectangle( $image, 50, 50, 150, 150, $color);
header ( "Content-type: image/png" );
imagepng ( $image );
imagedestroy ( $image );
?>
```

运行结果如下图所示。

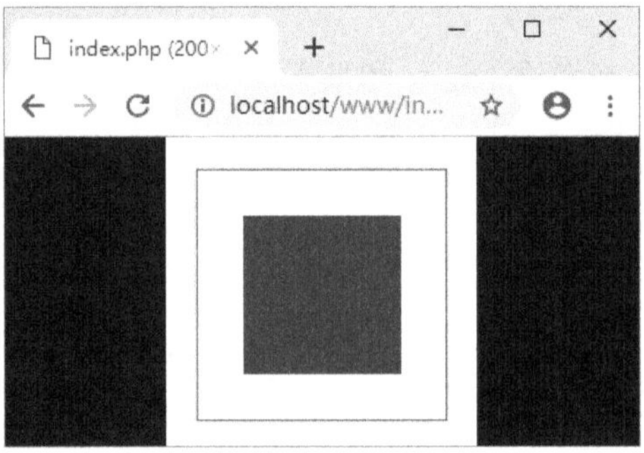

14.8.5 imagefilledpolygon()函数

imagefilledpolygon()函数可以用来绘制一个多边形并对其进行填充。它的语法格式如下：

```
bool imagefilledpolygon(resource image, array points, int num_points, int color)
```

该函数表示使用 color 颜色在 image 图像上画一个填充的多边形，多边形的顶点坐标按照顺序存储在 points 数组中，num_points 表示多边形的边数。需要注意的是，num_points 的数值必须大于或等于 3，且小于或等于 points 数组中元素个数的 1/2。

示例代码如下：

```
<?php
$image = imagecreate ( 200, 200 );
$bg = imagecolorallocate ( $image, 255, 255, 255 );
$points = array(10,80,160,20,190,180,150,100,40,170);
$color = imagecolorallocate ( $image, 255, 0, 0 );
imagefilledpolygon($image, $points, 5, $color);
header ( "Content-type: image/png" );
imagepng ( $image );
imagedestroy ( $image );
?>
```

运行结果如下图所示。

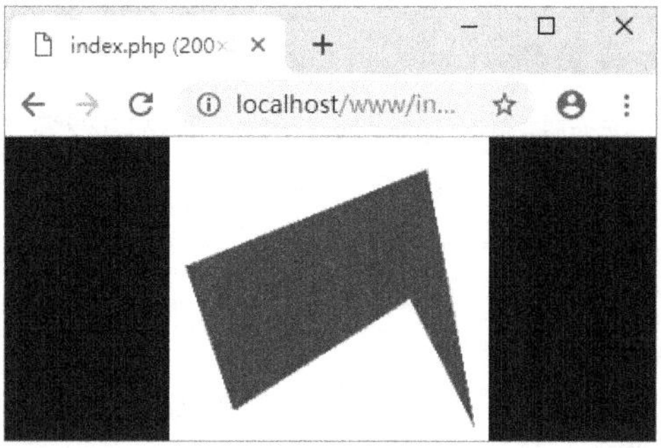

14.9　在图像中添加文字

imagestring()函数的主要功能就是在图像中添加字符串，它的语法格式如下：

```
    bool imagestring(resource image, int font, int x, int y, string string,
int color)
```

该函数表示使用 color 颜色在 image 图像上的(x,y)坐标位置，使用 font 字体绘制 string 字符串。在绘制字符串时，是从(x,y)坐标处开始绘制的。在通常情况下，font 使用 1、2、3、4、5 等内置字体。

示例代码如下：

```
<?php
$image = imagecreate ( 200, 200 );
$bg = imagecolorallocate ( $image, 255, 255, 255 );
$color = imagecolorallocate ( $image, 255, 0, 0 );
imagestring ( $image, 1, 20, 20, "hello world", $color );
imagestring ( $image, 2, 20, 60, "世界和平", $color );
header ( "Content-type: image/png" );
imagepng ( $image );
imagedestroy ( $image );
?>
```

运行结果如下图所示。

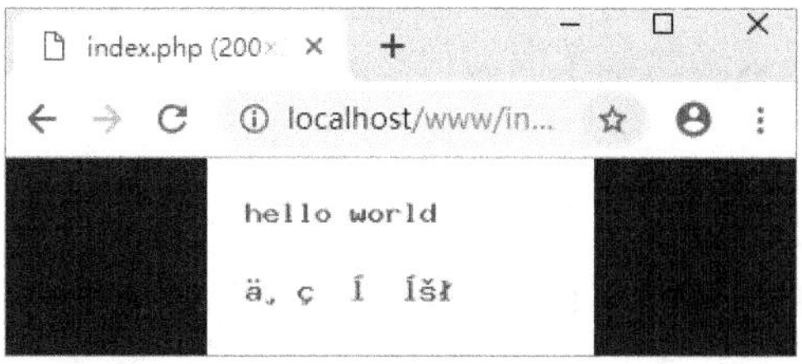

从上图我们可以看到，在输出中文字符串时遇到了乱码，PHP 为了解决多国语言乱码问题，还提供了一个新的添加文字的函数，即 imagettftext()函数。imagettftext()函数表示使

用 TrueType 字体向图像中输出文字，它的语法格式如下：

```
array imagettftext(resource image, float size, float angle, int x, int y,
int color, string fontfile, string string)
```

该函数表示使用 color 颜色在 image 图像上的(x,y)坐标位置，使用 TrueType（fontfile 为想要使用的 TrueType 字体的路径）字体绘制 string 字符串，字体的字号为 size，字体的旋转角度为 angle。

示例代码如下：

```
<?php
$image = imagecreate ( 200, 200 );
$bg = imagecolorallocate ( $image, 255, 255, 255 );
$color = imagecolorallocate ( $image, 255, 0, 0 );
imagettftext($image, 20, 0, 50, 100, $color, "C:\\Windows\\Fonts\\simsun.
ttc", "世界和平");
header ( "Content-type: image/png" );
imagepng ( $image );
imagedestroy ( $image );
?>
```

运行结果如下图所示。

如果使用 imagettftext()函数还出现乱码，则需要使用 iconv()函数来进行编码转换。

14.10 拷贝图像

PHP 提供了一些函数用于从一个图像资源拷贝图像到另一个图像资源。拷贝图像通常需要借助 getimagesize()函数来获取图像的尺寸。

14.10.1 getimagesize()函数

getimagesize()函数可以用来获取图像的尺寸，它的语法格式如下：

```
array getimagesize(string filename)
```

示例代码如下：

```
<?php
echo "<pre>";
var_dump(getimagesize("./www.png"));
?>
```

运行结果如下图所示。

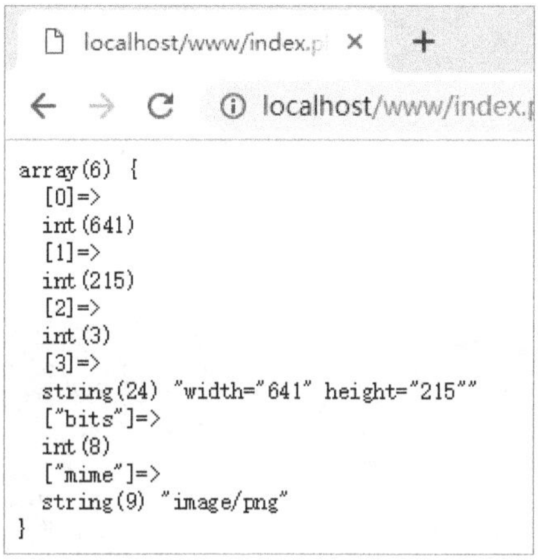

该函数返回的数据内容如下所述。

- 索引 0：表示图像宽度的像素值。
- 索引 1：表示图像高度的像素值。
- 索引 2：表示图像的类型，返回的是数字，其中 1=GIF，2=JPG，3=PNG，4=SWF，5=PSD，6=BMP，7=TIFF(intel byte order)，8=TIFF(Motorola byte order)，9=JPC，10=JP2，11=JPX，12=JB2，13=SWC，14=IFF，15=WBMP，16=XBM。
- 索引 3：表示一个包含宽度和高度信息的字符串，可以直接用于 HTML 的 <image> 标签。
- 索引 bits：表示图像的每种颜色的位数，二进制格式。
- 索引 channels：表示图像的通道值，RGB 图像默认是 3。
- 索引 mime：表示图像的 MIME 信息，此信息可以用来在 HTTP Content-type 头信息中发送正确的信息，如 "header("content-type: image/png")"。

14.10.2　imagecopy()函数

imagecopy()函数可以用来拷贝图像或图像的一部分，它的语法格式如下：

```
bool imagecopy(resource dst_im, resource src_im, int dst_x, int dst_y, int src_x, int src_y, int src_w, int src_h)
```

该函数表示从源图像 src_im 的(src_x,src_y)坐标开始拷贝，拷贝的宽度为 src_w，高度为 src_h，拷贝到目标图像 dst_im 的(dst_x,dst_y)坐标处。如果图像拷贝成功，则返回 true，否则返回 false。

```
<?php
```

```
list($width, $height) = getimagesize("print.png" );
$dst_im = imagecreatetruecolor ( $width, $height );
$src_im = imagecreatefrompng ( "print.png" );
imagecopy ( $dst_im, $src_im, 0, 0, 0, 0, $width, $height );
header ( "Content-type: image/png" );
imagepng ( $dst_im );
imagedestroy ( $dst_im );
imagedestroy ( $src_im );
?>
```

运行结果如下图所示。

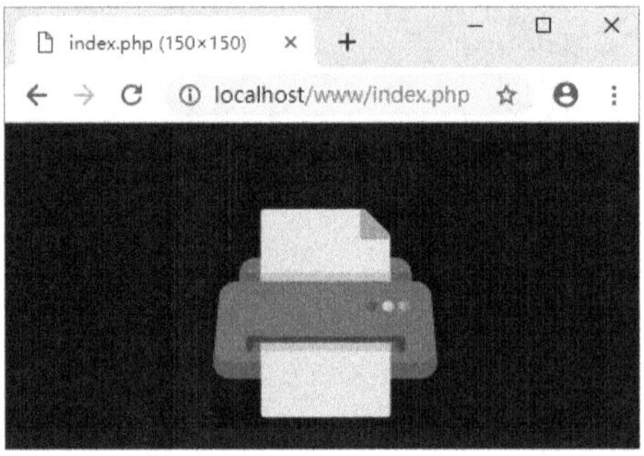

14.10.3 imagecopyresized()函数

imagecopyresized()函数可以用来拷贝图像或图像的一部分并调整大小，它的语法格式如下：

```
bool imagecopyresized(resource dst_im, resource src_im, int dst_x, int
dst_y, int src_x, int src_y, int dst_w, int dst_h, int src_w, int src_h)
```

与 imagecopy()函数的参数相比，imagecopyresized()函数多了两个参数，dst_w 表示拷贝后目标图像的宽度；dst_h 表示拷贝后目标图像的高度。如果图像拷贝成功，则返回 true，否则返回 false。该函数通常用于生成缩略图或水印。

示例代码如下：

```
<?php
list ( $width, $height ) = getimagesize ( "php.png" );
list ( $dst_width, $dst_height ) = getimagesize ( "print.png" );
$dst_im = imagecreatefrompng ( "print.png" );
$src_im = imagecreatefrompng ( "php.png" );
$result = imagecopyresized ( $dst_im, $src_im, $dst_width - $width / 2,
$dst_height - $height / 2, 0, 0, $width / 2, $height / 2, $width, $height );
header ( "Content-type: image/png" );
imagepng ( $dst_im );
imagedestroy ( $dst_im );
imagedestroy ( $src_im );
?>
```

运行结果如下图所示。

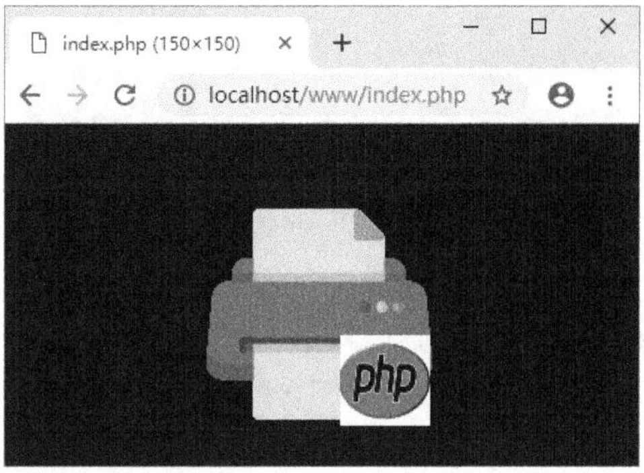

14.10.4　imagecopymerge()函数

imagecopymerge()函数可以用来拷贝并合并成图像的一部分，它的语法格式如下：

```
    bool imagecopymerge(resource dst_im, resource src_im, int dst_x, int dst_y,
int src_x, int src_y, int src_w, int src_h, int pct)
```

与 imagecopyresized()函数相比，imagecopymerge()函数没有调整大小的功能，所以该函数没有 dst_w 和 dst_h 参数，但多了一个 pct 参数，用来调整合并程度，也就是透明度，取值范围为 0～100，当 pct=0 时，则完全透明，图像没有任何变化，当 pct=100，则完全合并。该函数也通常用于生成水印等。示例代码如下：

```
    <?php
    list ( $width, $height ) = getimagesize ( "php.png" );
    list ( $dst_width, $dst_height ) = getimagesize ( "print.png" );
    $dst_im = imagecreatefrompng ( "print.png" );
    $src_im = imagecreatefrompng ( "php.png" );
    $result = imagecopymerge ( $dst_im, $src_im, $dst_width - $width,
$dst_height - $height, 0, 0, $width, $height, 30 );
    header ( "Content-type: image/png" );
    imagepng ( $dst_im );
    imagedestroy ( $dst_im );
    imagedestroy ( $src_im );
    ?>
```

运行结果如下图所示。

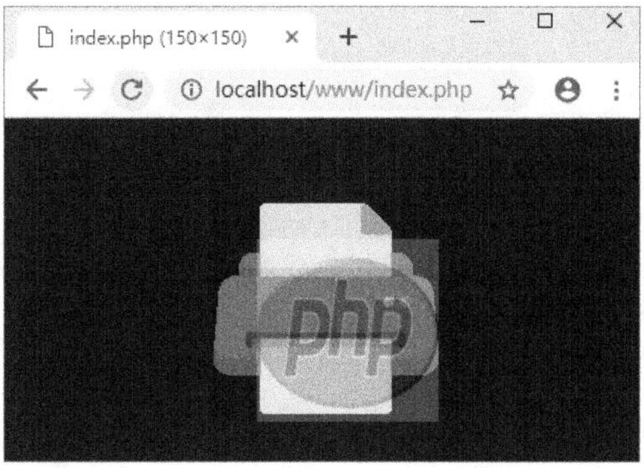

14.11 GD 库实战——验证码

示例代码如下：

```
<?php
$image = imagecreatetruecolor ( 100, 30 );
$bgcolor = imagecolorallocate ( $image, 255, 255, 255 );
imagefill ( $image, 0, 0, $bgcolor );
// 存储验证码
$captch_code = '';

// 随机选取 4 个数字
for($i = 0; $i < 4; $i ++) {
    $fontsize = 10;
    $fontcolor = imagecolorallocate ( $image, rand ( 0, 120 ), rand ( 0,
120 ), rand ( 0, 120 ) );
    $fontcontent = rand ( 0, 9 );
    $captch_code .= $fontcontent;
    $x = ($i * 100 / 4) + rand ( 5, 10 );
    $y = rand ( 5, 10 );
    imagestring ( $image, $fontsize, $x, $y, $fontcontent, $fontcolor );
}

// 增加干扰点
for($i = 0; $i < 100; $i ++) {
    $pointcolor = imagecolorallocate ( $image, rand ( 0, 255 ), rand ( 0,
255 ), rand ( 0, 255 ) );
    imagesetpixel ( $image, rand ( 1, 99 ), rand ( 1, 29 ), $pointcolor ); //
}

// 增加干扰线
for($i = 0; $i < 5; $i ++) {
    $linecolor = imagecolorallocate ( $image, rand ( 0, 255 ), rand ( 0,
255 ), rand ( 0, 255 ) );
    imageline ( $image, rand ( 1, 99 ), rand ( 1, 29 ), rand ( 1, 99 ),
rand ( 1, 29 ), $linecolor );
}

header ( 'content-type:image/png' );
imagepng ( $image );

magedestroy ( $image );
?>
```

运行结果如下图所示。

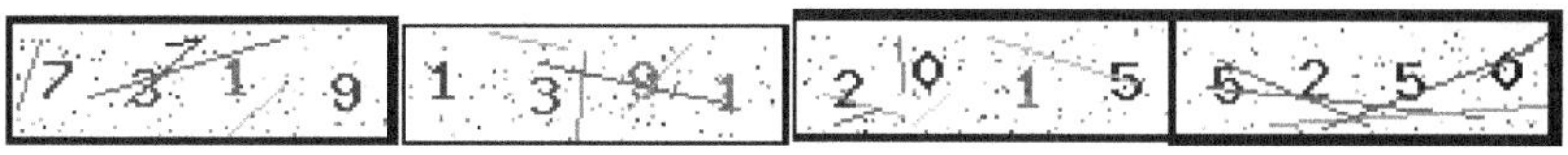

14.12　本章小结

本章对 GD 库从认识到使用等都做了较多的讲解，需要重点掌握在图像中添加文字和拷贝图像，这两部分常常用于生成水印、二维码、验证码等。

章节练习

1．编写一个 12306 火车票的图片验证码的程序代码。

2．编写程序代码，可以使一张图片以“3×3”的形式分为 9 块，然后将这 9 块小图片的顺序打乱。

第 15 章 PHP 与 Web 页面交互

学习任务

【任务 1】了解 GET 和 POST 并会使用全局变量$_GET 和$_POST。

【任务 2】掌握文件的上传。

【任务 3】掌握 Cookie 和 Session。

学习路线

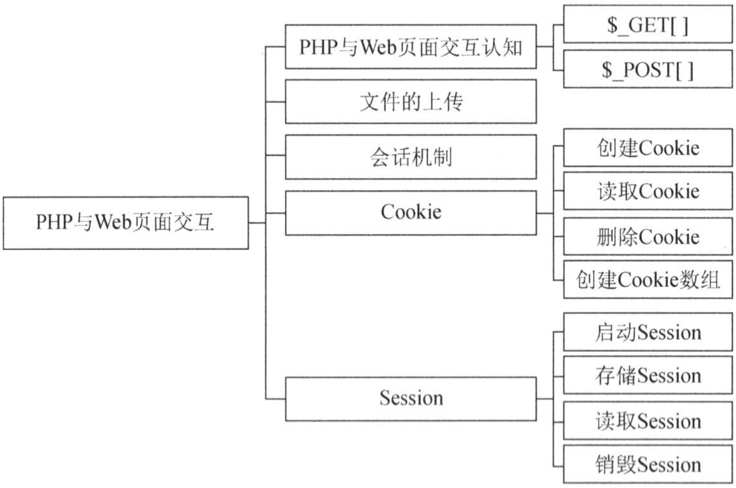

15.1 PHP 与 Web 页面交互认知

PHP 与 Web 页面交互是实现 PHP 网站与用户交互的重要手段。

PHP 提供了两种与 Web 页面交互的方法：一种是通过 Web 表单提交数据；另一种是

直接通过 URL 参数传递数据。

通过 Web 表单提交数据有两种请求方法，即 GET 请求方法和 POST 请求方法。

POST 请求方法不依赖于 URL，不会将传递的参数值显示在地址栏中，而是将参数值放置在 HTTP 包的包体中，这样可以传输更多的内容，传输方法也更加安全，所以 POST 请求方法通常用于上传信息。

GET 请求方法完全依赖于 URL，参数值会附在 URL 之后，并以“?”分割 URL 和传输数据，同时在多个参数之间用“&”连接，这样传输的安全性很低，而且受到 URL 长度的限制，传输内容会很小，所以 GET 请求方法通常用于获取信息。

通过 Web 表单使用 GET 方法提交数据，其最终效果如同直接通过 URL 参数传递数据。

针对这两种请求方法，PHP 提供了两个全局变量，即$_POST[ ]和$_GET[ ]，分别用来获取 POST 请求方法和 GET 请求方法的参数值。

15.1.1 $_GET[ ]

建立一个 GET 请求方法的表单页面，名称为 form_get.html，代码如下：

```
<!DOCTYPE html>
<html>
    <head>
        <meta charset="UTF-8">
        <title>GET 方式的表单</title>
    </head>
    <body>
        <form action="form_get.php" method="get">
            账户: <input name="username" type="text" /><br />
            密码: <input name="password" type="password" /><br />
            邮箱: <input name="email" type="email" /><br />
            <input type="submit" />
        </form>
    </body>
</html>
```

运行结果如下图所示。

<form>标签所设置的 action 是打开同目录下的 form_get.php 文件，文件内容如下：

```
<?php
```

```
echo "<pre>";
var_dump ( $_GET );
$username = $_GET ["username"];
$password = $_GET ["password"];
$email = $_GET ["email"];
echo "<br />接收到的账户: " . $username;
echo "<br />接收到的密码: " . $password;
echo "<br />接收到的邮箱: " . $email;
?>
```

在 form_get.html 页面单击“提交”按钮后，页面会跳转到同目录下的 form_get.php 文件，输出结果如下图所示。

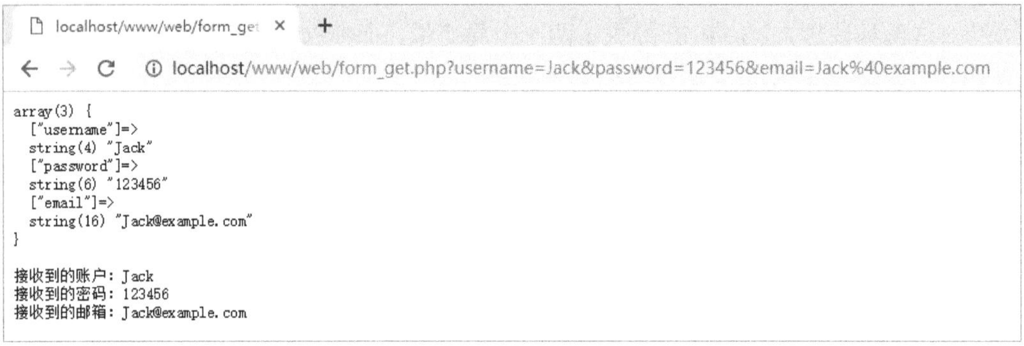

15.1.2 $_POST[ ]

与 form_get.html 页面相同，我们建立一个名称为 form_post.html 的表单页面，其代码内容仅仅把<form>标签的 action 和 method 修改了一下：

```
<!DOCTYPE html>
<html>
    <head>
        <meta charset="UTF-8">
        <title>POST 方式的表单</title>
    </head>
    <body>
        <form action="form_post.php" method="post">
            账户: <input name="username" type="text" /><br />
            密码: <input name="password" type="password" /><br />
            邮箱: <input name="email" type="email" /><br />
            <input type="submit" />
        </form>
    </body>
</html>
```

运行界面除了地址栏和标题栏，其他内容完全和 form_get.html 页面一致。这时单击“提交”按钮，会跳转到同目录下的 form_post.php 文件，文件内容如下：

```
<?php
echo "<pre>";
var_dump ( $_POST );
$username = $_POST ["username"];
$password = $_POST ["password"];
$email = $_POST ["email"];
echo "<br />接收到的账户：" . $username;
echo "<br />接收到的密码：" . $password;
echo "<br />接收到的邮箱：" . $email;
?>
```

我们通过 Chrome 浏览器的开发者工具，查看“Network”标签，可以看到本次请求的表单中的所有参数都在 HTTP 包的 data 文件中，如下图所示。

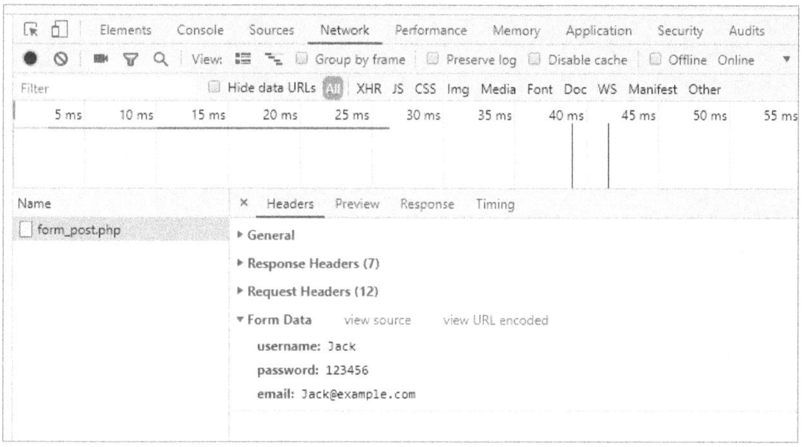

值得注意的是，在输出结果的地址栏中没有参数，如下图所示。

15.2　文件的上传

通过 HTTP 上传文件，需要在 php.ini 配置文件中对上传参数进行修改设置。在 php.ini 配置文件中修改如下参数。

- file_uploads = ON，打开文件上传开关，默认开启。

- upload_tmp_dir=，在等号后面设置上传后存放的临时文件目录，如果不设置，则使用系统默认临时文件夹。
- upload_max_filesize = 2M，设置上传文件的最大值，默认值为 2M。
- max_file_uploads = 20，设置一次请求可以上传的最大文件数量。

HTML 表单有一个特殊的标签元素为“<input type="file" />”，用来实现页面文件上传的功能，这时<form>标签的 enctype 属性值要改为“multipart/form-data”。示例代码如下：

```
<!DOCTYPE html>
<html>
    <head>
        <meta charset="utf-8">
        <title>文件上传</title>
    </head>
    <body>
        <form  action="form_data.php"  method="post"  enctype="multipart/
form-data">
            请选择文件: <input name="upload" type="file" /><br />
            <input type="submit" value="上传图片" />
        </form>
    </body>
</html>
```

在 PHP 中，使用全局变量$_FILES[]可以接收上传文件的相关信息，这些信息以二维数组的形式保存。这里先看一下$_FILES[]保存了哪些数据，代码如下：

```
<?php
echo "<pre>";
var_dump($_FILES["upload"]);
?>
```

运行结果如下图所示。

可以看到，一个上传文件的相关信息包含如下表所示的 5 个内容。

键　名	说　明
name	用户选择上传文件的文件名
type	上传文件的类型

续表

键　名	说　明
tmp_name	在文件上传后，会先存储到临时目录里，该变量就是临时文件名
error	上传结果，若返回 0 则表示上传成功
size	上传文件的大小，单位为字节

然后，我们使用 move_upload_file()函数将上传的临时文件移动到应该保存的位置，它的语法格式如下：

```
bool move_upload_file(string filename, string destination)
```

其中，filename 是合法的上传文件的临时文件名，destination 是文件移动的目标位置，如果该函数执行成功，则返回 true，否则返回 false。通常在执行 move_upload_file()函数之前，会先利用 is_uploaded_file()函数判断文件是否是通过 HTTP 的 POST 请求方法上传的。示例代码如下：

```
<?php
echo "<pre>";
$file = $_FILES ["upload"];
var_dump ( $file );
if (! empty ( $file ['name'] ) && is_uploaded_file ( $file ['tmp_name'] )
&& $file ['size'] > 0) {

    $result = move_uploaded_file ( $file ['tmp_name'], "C:\\www\\www\\
files\\" . $file ['name'] );
    if ($result) {
        echo "上传成功";
    } else {
        echo "上传失败";
    }
} else {
    echo "无法上传";
}
?>
```

运行结果如下图所示。

15.3 会话机制

用户和服务器通常使用 HTTP 进行通信，但是 HTTP 本身是无状态的，这与 HTTP 最初的设计目的是相符的。客户端只需要简单地向服务器请求下载某些文件，无论是客户端还是服务器都没有必要记录彼此之前的行为，所以每一次请求都是独立的。

我们发现，如果能够提供一些按需生成的动态信息，则会使 Web 变得更加好用。这种需求一方面使得客户端解析的 HTML 文档添加了表单、DOM、脚本等新特性；另一方面使得服务器出现了 CGI 规范，而通过 CGI 规范可以使服务器和客户端进行交互。

作为传输载体的 HTTP 还添加了会话机制，也就是 Cookie 和 Session。Cookie 的作用是为了弥补 HTTP 无状态的缺陷，Session 的作用则是在客户端与服务器之间保持状态。也就是说，Cookie 通过在客户端记录信息确定用户身份，Session 通过在服务器记录信息确定用户身份。

15.4 Cookie

Cookie 是一种在远程客户端存储数据并用这些数据来跟踪和识别用户的机制，Cookie 是 Web 服务器暂时存储在用户硬盘上的一个文本文件，它包含了有关用户的信息，目的是无论何时用户连接到服务器，服务器都可以通过读取 Cookie 文件来做出迅速的响应。Cookie 通常用于以下 3 个方面。

- 记录用户的信息，如上次登录的用户名等。
- 页面之间传递参数。
- 将 HTML 页存储在 Cookie 中，提高浏览速度。

因为 Cookie 信息一般不加密，存在泄露风险，所以 Cookie 设置了一套安全机制，只允许创建它的域进行读写操作，其他浏览器或网站都无法进行读写操作。

Cookie 是临时文件，在一般情况下，当用户离开网站时，Cookie 就会被自动删除，目前可以通过脚本设置使 Cookie 长期保存，目的是当用户在下次访问网站时，可以继续进行操作。

15.4.1 创建 Cookie

在 PHP 中，setcookie()函数可以用来创建 Cookie，如果客户端浏览器禁用了 Cookie，则 setcookie()函数会返回 false。它的语法格式如下：

```
    bool setcookie (string name, string value[, int expire[, string path[,
string domain[, int secure[, int httponly]]]]])
```

setcookie()函数的参数说明如下表所示。

参 数	说 明
name	必选参数，设置 Cookie 的名称
value	必选参数，设置 Cookie 的值
expire	可选参数，设置 Cookie 的有效期，使用 UNIX 时间戳，如果该参数被设置为零或者被忽略，Cookie 会在会话结束（浏览器整体关闭）时过期
path	可选参数，设置 Cookie 的服务器的有效路径，默认是当前目录，如果设置了生效的目录，则在 domain 下这个目录有效
domain	可选参数，设置 Cookie 的域名
secure	可选参数，设置是否通过安全的 HTTPS 连接来传输 Cookie，默认值为 0，表示 HTTP 和 HTTPS 连接都有效，如果设置该参数为 1，则表示只有在 HTTPS 连接时才会设置 Cookie
httponly	可选参数，如果设置该参数为 1，则 Cookie 仅可通过 HTTP 访问，也就是说 Cookie 无法通过脚本语言等访问，在某种程度上提升了安全性

这里通过 Chrome 浏览器来查看 Cookie 的创建，代码如下：

```
<?php
setcookie("user", "Jack", time() + 3600);
setcookie("location", "China", 0, "/");
?>
```

运行结果如下图所示。

在上图中，我们可以看到地址栏前面有个叹号，并可在单击后弹出信息，如下图所示。

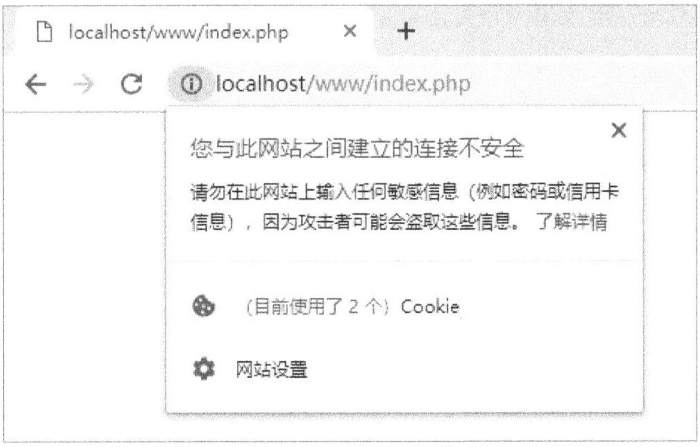

我们也可以在 Chrome 浏览器的地址栏输入“chrome://settings/content/cookies”，打开

Cookie 设置，并选择“查看所有 Cookie 和网站数据”，如下图所示。

然后，我们可以搜索要查看的网站，本书使用的网址为 localhost，文件夹为 www，文件为 index.php，可以看到其包括两个 Cookie，如下图所示。

其中，名称为 user 的 Cookie 包含的信息如下图所示。

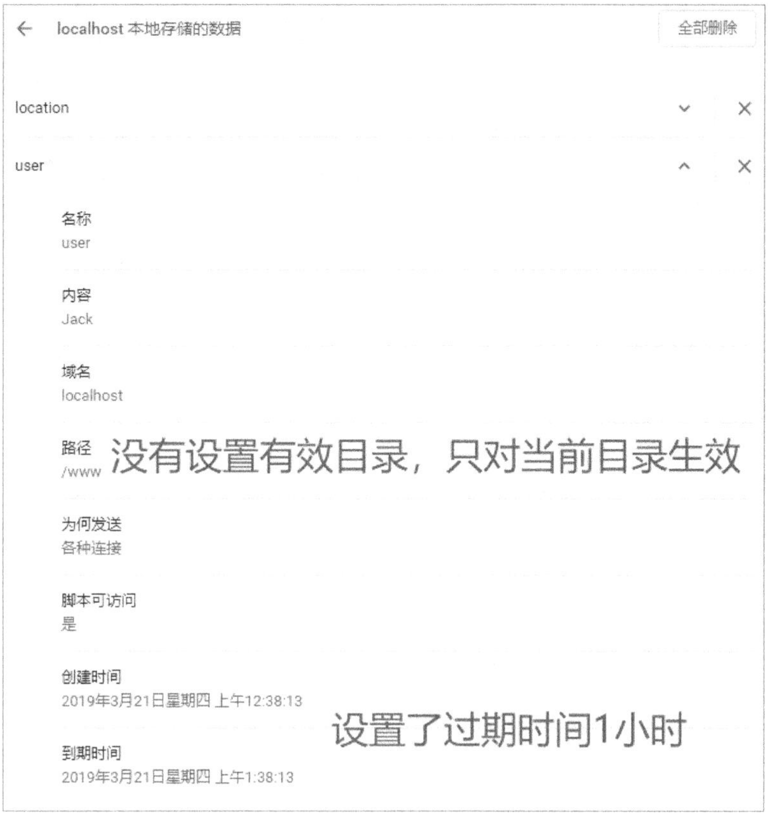

名称为 location 的 Cookie 包含的信息如下图所示。

在浏览器关闭后，location 这条 Cookie 会被删除，如下图所示。

15.4.2 读取 Cookie

PHP 提供了全局数组$_COOKIE[]来读取 Cookie 的值，该数组中的每个元素的键都是 Cookie 的名称，每个元素的值都是 Cookie 的值。在使用时，通常需要配合 isset()函数来检测 Cookie 是否存在。示例代码如下：

```
<?php
setcookie("location", "China", 0, "/");
if (isset($_COOKIE["location"])) {
    echo "Cookie: " . $_COOKIE["location"];
} else {
    echo "Cookie is not exists";
}
?>
```

在第一次运行时，由于 Cookie 是不存在的，它是需要创建的，因此运行结果如下图所示。

在刷新当前页面后，由于 Cookie 已创建完毕，因此运行结果如下图所示。

15.4.3 删除 Cookie

在正常情况下，Cookie 的过期时间是在浏览器关闭时，如果设置了过期时间，则浏览器会根据过期时间保存 Cookie，即使浏览器关闭了或者计算机重启了，只要 Cookie 没有过期，它便一直有效。在实际使用中，经常会遇到关闭浏览器之前删除 Cookie 的情况。在这种情况下，我们通常会使用如下办法来清除 Cookie：使用 setcookie()函数将 Cookie 的值设为空值，并将它的过期时间设置为 1 秒后。代码如下：

```
<?php
setcookie ( "location", "", time () + 1 );
?>
```

15.4.4 创建 Cookie 数组

使用 setcookie()函数还可以创建 Cookie 数组，只需在参数 name 后面加上数组标识符即可。

index.php 文件代码如下：

```
<?php
setcookie ( "location[1]", "Beijing" );
setcookie ( "location[2]", "Beijing" );
setcookie ( "location[3]", "Beijing" );
?>
```

checkcookie.php 文件代码如下：

```
<?php
if (isset ( $_COOKIE ["location"] )) {
    echo "Cookie: ";
    var_dump ( $_COOKIE ["location"] );
} else {
    echo "Cookie is not exists";
}
?>
```

先运行 index.php 文件，再打开 checkcookie.php 文件，即可看到如下图所示的内容。

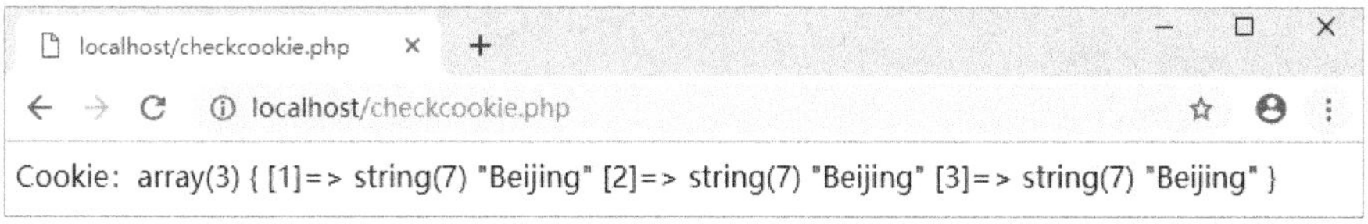

15.5 Session

在计算机专业术语中，Session 是指一个终端用户与交互系统进行通信的时间间隔，通常是指用户从注册进入系统到注销退出系统所经过的时间。PHP 也可以提前主动结束 Session，终止 Session 对象的运行。

Session 具有针对性，不同用户具有不同的 Session。一旦用户登录到网站，服务器就会随机生成一个唯一且不重复的 Session，每个 Session 都有唯一的 session_id，直到用户退出网站前，这个 Session 都是有效的。与 Cookie 不同的是，Session 数据是保存在服务器中的。

在使用 Session 之前，我们需要先修改一下 PHP 的配置文件，在 php.ini 文件中找到如下图所示的位置。

```
[Session]
; Handler used to store/retrieve data.
; http://php.net/session.save-handler
session.save_handler = files
```

由于 Session 的保存位置受到 session.save_path 属性控制，因此我们可以指定一个目录，如下图所示。

```
[Session]
; Handler used to store/retrieve data.
; http://php.net/session.save-handler
session.save_handler = files
session.save_path = "C:\php7.3.3\sessions"
```

然后，重启 Apache 服务，Session 就会自动保存到这个目录下。

15.5.1 启动 Session

与 Cookie 不同的是，Session 必须先启动，在 PHP 中，session_start()函数可以用来启动 Session。如果启动成功，则返回 true，并初始化全局数组$_SESSION[]；如果启动失败，则返回 false。

15.5.2 存储 Session

在 PHP 中，全局数组$_SESSION[]可以用来存储 Session。示例代码如下：

```
<?php
session_start();
$_SESSION["user"] = "jack";
$_SESSION["location"] = "China";
$_SESSION["age"] = 26;
$_SESSION["guest"] = false;
?>
```

在具体运行后，可以查看 Session 的存放目录，如下图所示。

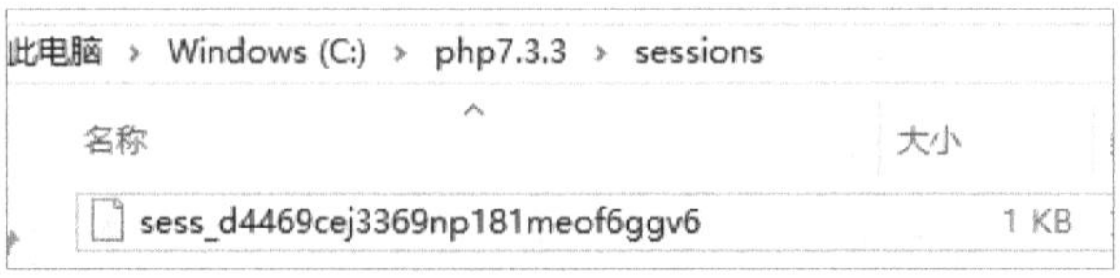

我们使用纯文本编辑器打开查看，可以看到其内容如下图所示。

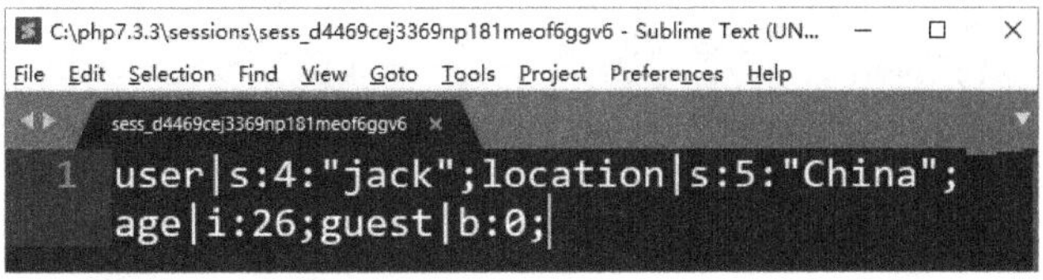

每一条 Session 的存储格式如下：

```
session_name | session_type: session_length: session_value
```

15.5.3　读取 Session

读取 Session 的示例代码如下：

```
<?php
session_start();
$_SESSION["user"] = "jack";
$_SESSION["location"] = "China";
$_SESSION["age"] = 26;
$_SESSION["guest"] = false;
var_dump($_SESSION["user"]);
echo "<br / >";
var_dump($_SESSION["location"]);
echo "<br / >";
var_dump($_SESSION["age"]);
echo "<br / >";
var_dump($_SESSION["guest"]);
?>
```

运行结果如下图所示。

15.5.4　销毁 Session

在 PHP 中，unset()函数和 session_destroy()函数可以用来销毁 Session。其中，unset()函数用于销毁单个 Session。而 session_destroy()函数在作用上是相对于 session_start()函数的，用于销毁全部 Session，如果销毁成功，则返回 true，如果销毁失败，则返回 false。在使用 session_destroy()函数后，保存的全部 Session 会随着 Session 文件的删除而消失。

使用 unset()函数来销毁 Session，示例代码如下：

```
<?php
session_start();
$_SESSION["user"] = "jack";
$_SESSION["location"] = "China";
$_SESSION["age"] = 26;
$_SESSION["guest"] = false;

unset($_SESSION["user"]);

var_dump($_SESSION["user"]);
echo "<br / >";
var_dump($_SESSION["location"]);
echo "<br / >";
var_dump($_SESSION["age"]);
echo "<br / >";
var_dump($_SESSION["guest"]);

?>
```

运行结果如下图所示。

或者使用 session_destroy()函数来销毁 Session，示例代码如下：

```
<?php
session_start();
$_SESSION["user"] = "jack";
$_SESSION["location"] = "China";
$_SESSION["age"] = 26;
$_SESSION["guest"] = false;

session_destroy();
?>
```

值得注意的是，Session 即便是被全部销毁了，Session 文件也被删除了，在这种情况下，由于 PHP 的 Session 是基于 Cookie 的，所以 session_id 还存在于浏览器的 Cookie 文件中，如下图所示。

我们可以看到这里保存的 session_id 是"d4469cej3369np181meof6ggv6",和存储 Session 时,在服务器上看到的文件名是一致的。所以,在销毁 Session 的同时,可能还需要清除 Cookie 中保存的 session_id,示例代码如下:

```
<?php
if (isset($_COOKIE[session_name()])) {
    setcookie(session_name(), "", time() + 1, "/");
}
?>
```

运行结果如下图所示。

15.6 本章小结

本章介绍了 PHP 和 Web 页面的交互，需要重点掌握文件上传功能的实现，Cookie 和 Session 的概念功能，以及 Cookie 和 Session 在 PHP 中是如何使用的。因为 Cookie 和 Session 在 Web 开发中是不可或缺的一部分，所以它们是需要重点掌握的内容。

章节练习

1．结合 GD 库内容，编写一个网页，要求其支持验证码验证功能。

2．编写一个页面，要求其支持自动登录。

第 16 章 PHP 面向对象程序设计

学习任务

【任务 1】了解面向对象编程。

【任务 2】了解面向对象的三个特性。

【任务 3】掌握 public、private、protected、extends、final 和 static 等关键字。

【任务 4】理解引用对象和克隆对象的区别。

【任务 5】掌握魔术方法。

【任务 6】掌握两种设计模式，即单例模式和工厂模式。

学习路线

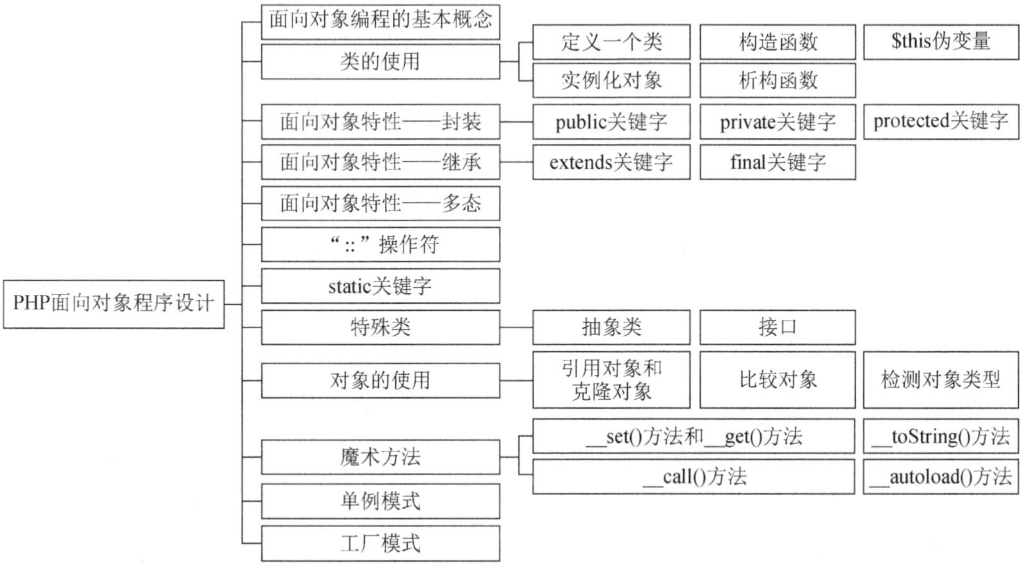

16.1 面向对象编程的基本概念

面向对象编程是一种人为抽象的编程模型，是以对象作为基本结构单位的程序设计模型。面向对象编程思路为将问题分解成一个个可以独立解决的小问题，然后通过解决每个小问题来解决大问题，同时每个小问题在相互之间没有直接影响。面向对象编程符合普通人看待事物的规律，而且使用面向对象编程可以使代码更加简洁，更加易于维护，更加具有重用性。

面向对象有两个基本概念：类和对象。

- 类（class）：类可以类比为“图纸”，是对象的抽象。它是对事物、逻辑、算法或概念的抽象。
- 对象：对象可以类比为“产品”，是类的实例，每个对象占用独立的内存空间保存各自的属性值和属性数据，而且每个对象都可以独立控制，还可以执行指定的方法。

16.2 类的使用

16.2.1 定义一个类

类的定义格式为“修饰符 class 类名 {类体}”。

其中，修饰符可以为 final、abstract，也可以没有；class 是创建类的关键字；类名是类的名称，通常会使用驼峰式来命名，即单词之间不以空格、连接号或底线连接，每一个单词的首字母都采用大写字母，类名后面必须连接一对大括号，大括号里面的内容就是类体；类体的内容主要有 3 种，即成员常量、成员变量和成员方法。

1. 成员常量

在类中直接声明的常量被称为成员常量，成员常量是一个不会改变的量，可以使用关键字 const 来定义成员常量。

2. 成员变量

在类中直接声明的变量被称为成员变量，又被称为成员属性。定义成员变量需要使用修饰符来修饰，如果不需要特定的意义，则可以使用关键字 var 来修饰。

3. 成员方法

在类中直接声明的函数被称为成员方法，和函数不同的是，成员方法通常用来实现类的一个行为，必须与类结合使用，只能通过该类及其示例来调用。如果要在成员方法里面访问成员属性或其他成员方法，则可以使用伪变量$this。$this 用于表示当前对象或对象本身。

这里编写一个名为 Person 的类，代码如下：

```
<?php
class Person {
    const SCIENTIFIC_NAME = "Homo sapiens"; // 常量：学名，该属性值不会改变
    var $sex;                               // 性别
    var $age;                               // 年龄
    var $money;                             // 存款
    var $married;                           // 已婚
    function income($money) {
        $this->money += $money;
    }
}
?>
```

16.2.2　实例化对象

在定义一个类后，可以使用“new”运算符来获取一个实例对象，然后使用“->”操作符来访问对象的成员属性和成员方法，同时使用“::”操作符来访问静态变量或成员常量，示例代码如下：

```
<?php
include 'Person.class.php';
$jack = new Person ();
$jack->income ( 10000 );
echo "<p>Jack 的存款有: " . $jack->money;
echo "<p>" . SCIENTIFIC_NAME;
echo "<p>" . $jack::SCIENTIFIC_NAME;
?>
```

运行结果如下图所示。

16.2.3　构造函数

构造函数是一种特殊的方法，主要用来在创建对象时初始化对象，即为对象成员变量赋初始值，在创建对象的语句中与“new”运算符一起使用。PHP 允许开发者在一个类中定义一个构造方法作为构造函数。具有构造函数的类会在每次创建新对象时先调用此构造方法，构造方法的语法格式如下：

```
void __construct ([ mixed args [, ... ]] )
```

或者，构造方法的名称和类名也可以相同。示例代码如下：

```
<?php
class Person {
    var $name;   // 姓名
    var $sex;    // 性别
    var $age;    // 年龄
    // 写法一:
    function __construct($name, $sex, $age) {
        $this->name = $name;
        $this->sex = $sex;
        $this->age = $age;
    }
    // 写法二:
    function Person($name, $sex, $age) {
        $this->name = $name;
        $this->sex = $sex;
        $this->age = $age;
    }
}
?>
```

另外，还可以在其他地方引用并通过构造方法来创建对象，同时初始化其中的属性，示例代码如下：

```
<?php
include 'Person.class.php';
$jack = new Person ("jack", "man", 18);
echo "<pre>";
var_dump($jack);
?>
```

运行结果如下图所示。

16.2.4 析构函数

析构函数与构造函数相反，当对象结束其生命周期，如对象所在的函数已运行完毕时，系统会自动执行析构函数。析构函数往往用来执行清理善后工作，如内存清理、释放等。析构函数的语法格式如下：

```
void __destruct ()
```

示例代码如下：

```
<?php
class Person {
    var $name; // 姓名
    var $sex; // 性别
    var $age; // 年龄
    function __destruct() {
        echo "运行结束，清理内存";
    }
}
?>
```

如果要在其他地方调用，则当主函数运行完毕，会执行 Person 的析构函数。示例代码如下：

```
<?php
include 'Person.class.php';
$jack = new Person ();
?>
```

运行结果如下图所示。

16.2.5　$this 伪变量

$this 是一个伪变量，由于在 PHP 中通常是先声明一个类，然后将其实例化为一个对象，但是在声明类时，一般无法得知对象名称，因此如果要在类的内部使用属性或方法，则可以用$this 来表示实例化后的具体对象。

16.3　面向对象特性——封装

面向对象的特性之一就是封装。封装是指将类中的成员属性和方法结合成一个独立的类，并尽可能地隐藏对象的细节内容。类的封装是通过 public、private、protected 等关键字来实现的，可以很好地限制类中的属性和方法的访问权限。

16.3.1　public 关键字

使用 public 关键字修饰的属性和方法都是公开的，可以在程序的任何地方被调用，子类可以继承父类的所有公共成员。PHP 默认将 var 关键字解释为 public，也就是说，var 和

public 是等同的。

16.3.2 private 关键字

private 关键字和 public 关键字完全相反，使用 private 关键字修饰的属性、方法都是私有的，只能在其所属的类的内部调用，不可以在类的外部访问，子类也不可以。示例代码如下：

```
<?php
class Person {
    public $name;
    private $money;
    function __construct() {
        $this->name = "Jack";
    }
}
?>
```

在其他地方构建对象并对其内部元素访问，代码如下：

```
<?php
include 'Person.class.php';
$jack = new Person ();
echo $jack->name;
echo $jack->money;
?>
```

运行结果如下图所示。

Fatal error: Uncaught Error: Cannot access private property Person::$money in C:\www\www\class\index.php:5 Stack trace: #0 {main} thrown in **C:\www\www\class\index.php** on line **5**

通过上图我们可以看到报错信息，意为无法访问 Person 的私有属性。

16.3.3 protected 关键字

protected 关键字修饰的属性和方法除子类可以调用外，其他类都不可以调用。示例代码如下：

```
<?php
class Person {
    public $name;
    protected $money;
    function __construct() {
        $this->name = "Jack";
        $this->money = 10000;
    }
```

```
}
class Man extends Person {
    public function numOfMoney() {
        return $this->money;
    }
}

$jack = new Man ();
echo $jack->numOfMoney ();
$jack = new Person ();
echo $jack->money;
?>
```

运行结果如下图所示。

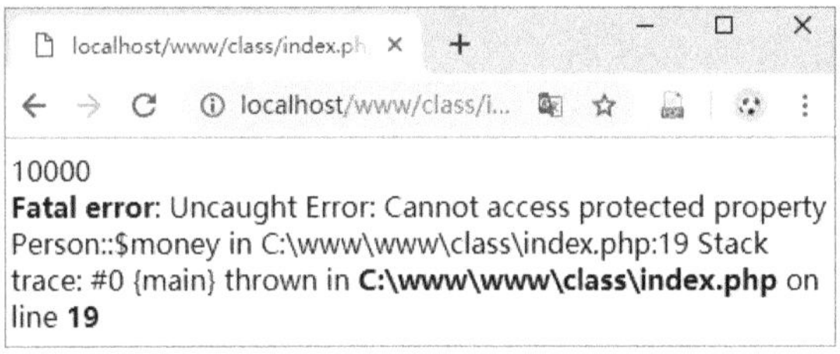

可见，子类调用父类的 protected 关键字修饰的属性是可以的，而其他类调用 protected 关键字修饰的属性就会引发无法访问错误。

16.4 面向对象特性——继承

16.4.1 extends 关键字

在 PHP 中，使用 extends 关键字来继承一个类，且不支持多继承，此时，被继承的类称为父类，继承的类称为子类。继承可以很好地提高代码的重用性。当子类继承父类以后，子类不仅可以拥有自己的属性和方法，还可以拥有父类所有非私有的属性和方法。示例代码如下：

```
<?php
class Person {
    public $name;
    public $birthday;
    public $sex;
    const MAN = 0;
    const WOMAN = 1;
    function __construct($name, $birthday) {
        $this->name = $name;
        $this->birthday = $birthday;
    }
}
```

```
class Man extends Person {
    function __construct($name, $birthday) {
        parent::__construct ( $name, $birthday );
        $this->sex = $this::MAN;
    }
}
class Woman extends Person {
    function __construct($name, $birthday) {
        parent::__construct ( $name, $birthday );
        $this->sex = $this::WOMAN;
    }
}
$Jack = new Man ( "Jack", "19910101" );
$Lucy = new Woman ( "Lucy", "19980501" );
echo "<pre>";
var_dump ( $Jack );
var_dump ( $Lucy );
?>
```

运行结果如下图所示。

```
object(Man)#1 (3) {
  ["name"]=>
  string(4) "Jack"
  ["birthday"]=>
  string(8) "19910101"
  ["sex"]=>
  int(0)
}
object(Woman)#2 (3) {
  ["name"]=>
  string(4) "Lucy"
  ["birthday"]=>
  string(8) "19980501"
  ["sex"]=>
  int(1)
}
```

16.4.2 final 关键字

在 PHP 中，final 表示最终的意思，所以被 final 关键字修饰的类或方法是不能被更改的，换句话说，被 final 关键字修饰的类不能被继承，也不会有子类；被 final 关键字修饰的方法在子类中不可以被重写。需要注意的是，final 关键字不能用来修饰变量。

16.5 面向对象特性——多态

多态是指在面向对象中能够对同一个接口做出不同的实现。多态主要存在两种形式。

- 重写：在子类中重写父类的方法，具有相同的方法名字、相同的参数表和相同的返回类型。常见于子类构造方法的重写等。

- 重载：通常是指一个类中的多个方法具有相同的名字，但这些方法具有不同的参数列表。PHP 不支持直接重载，但可以通过可变参数改变参数数量来实现重载。

示例代码如下：

```
<?php
class Person {
    public $name;
    public $birthday;
    //利用可变参数来实现构造方法的重载
    function __construct($name, $birthday = null) {
        $this->name = $name;
        $this->birthday = $birthday;
    }
}
$Jack = new Person ( "Jack" );
$Lucy = new Person ( "Lucy", "19950501" );
?>
```

16.6　“::”操作符

“::”通常应用于没有声明任何实例的情况下使用类的属性或方法，与$this 有一些不同，$this 引用只能在类的内部使用，且引用的属性或方法都是该类拥有的，而“::”可以用在其他场景，主要包括以下 3 种场景。

- “parent::”：可以调用父类中的属性、方法和常量。
- “self::”：可以调用本类中的静态属性、方法和常量。
- “类名::”：等同于“self::”，可以调用本类中的静态属性、方法和常量。

示例代码如下：

```
<?php
class Person {
    public $name;
    public $birthday;
    function __construct($name, $birthday) {
        $this->name = $name;
        $this->birthday = $birthday;
    }
}
class Man extends Person {
    public $wife;
    const TYPE = "man";
    private $age;
    function __construct($name, $birthday) {
```

```
        parent::__construct ( $name, $birthday ); // parent:: 调用父类的方法
    }
    function getType() {
        return self::TYPE;                  // self:: 调用本类的常量
    }
    function marry($wife) {
        if (Man::getAge () > 22) {          // Man:: 类名:: 调用本类的方法
            $this->wife = $wife;
        } else {
            return false;
        }
    }
    function getAge() {
        return $this->age;
    }
}
?>
```

16.7 static 关键字

被 static 关键字修饰的成员属性称为静态变量，被 static 关键字修饰的成员方法称为静态方法。静态变量和静态方法都不需要实例对象就可以访问或调用，使用“类名::”的方式来调用。

静态变量和静态方法都属于类本身，但不属于类的任何实例，相当于存储在类中的全局变量和全局方法，可以在任意位置被调用。而由于静态变量不属于任何类的实例，也就是说，不管有多少个该类的实例，这个静态变量都是唯一的，即使所有该类的实例都被销毁了，该静态变量存储的值也不会被销毁，以供下次使用。

值得注意的是，静态方法在对象不存在的情况下就可以使用，所以静态方法只能使用静态变量，而非静态方法可以使用“类名::”或“self::”来访问静态变量或静态方法。示例代码如下：

```
<?php
class Software {
    static $version = "5.0";
    static function getVersion() {
        return self::$version;
    }
}
echo Software::$version;
echo Software::getVersion ();
?>
```

16.8　特殊类

16.8.1　抽象类

抽象类是通过 abstract 关键字来声明的，它是一种不能被实例化的类，只能作为其他类的父类来使用。通常用于定义需要子类来实现的方法被称为抽象方法，抽象方法也是使用 abstract 关键字来声明的。一个抽象类至少有一个抽象方法，抽象方法没有方法体，且抽象方法后面要连接一个分号。示例代码如下：

```
<?php
abstract class Shape {
    abstract function get_area();
}
class circle extends Shape {
    public $r;
    function __construct($r) {
        $this->r = $r;
    }
    function get_area() {
        return pi () * pow ( $this->r, 2 );
    }
}
?>
```

16.8.2　接口

接口是用 interface 关键字来定义的，它是一种特殊的抽象类，接口中未实现的方法，即使是空方法，也必须在子类中实现。一个子类只能继承一个父类，却可以实现多个接口。通过 implements 关键字可以实现接口。示例代码如下：

```
<?php
interface Work {
    function getJobSkill();
}
class Programmer implements Work {
    function getJobSkill() {
        return array (
                "Java",
                "C",
                "C++"
        );
    }
}
?>
```

16.9 对象的使用

16.9.1 引用对象和克隆对象

在 PHP 中，通常赋值操作是值传递，如果需要引用一个对象，则需要使用“&”来声明。示例代码如下：

```
<?php
$a = "hello";
$b = $a;
$c = &$a;
echo "a=" . $a . ",b=" . $b . ",c=" . $c;
echo "<p>修改 a 变量值为 hi，打印 abc 的值</p>";
$a = "hi";
echo "a=" . $a . ",b=" . $b . ",c=" . $c;
?>
```

运行结果如下图所示。

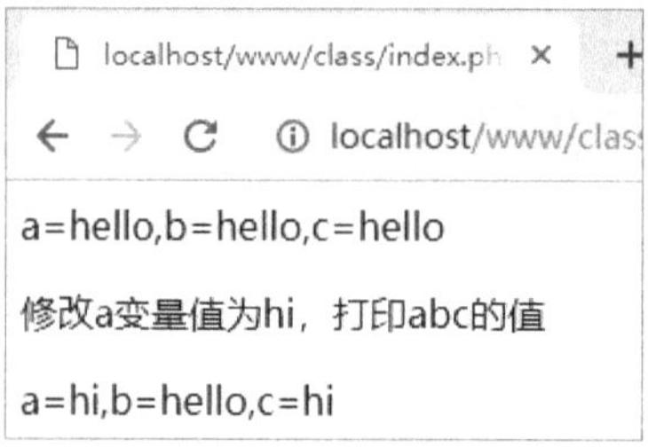

根据运行结果可以发现，变量 c 引用了变量 a，所以变量 c 会随着变量 a 的值的修改而修改。

在 PHP 中，如果需要复制一个对象，也就是克隆一个对象，则需要使用 clone 关键字来实现。在自定义的类里，可以定义该类被克隆后拥有新的属性，这时就需要通过__clone()方法来实现。示例代码如下：

```
<?php
class File {
    public $timeForCopy = 0;
    function __clone() {
        $this->timeForCopy += 1;
    }
}

$a = new File ();
$b = clone $a;
$c = clone $b;
```

```
echo "<p>a 的拷贝的次数: " . $a->timeForCopy;
echo "<p>c 的拷贝的次数: " . $c->timeForCopy;
?>
```

运行结果如下图所示。

16.9.2 比较对象

在“PHP 语言基础”中介绍了 PHP 中的比较运算符“==”和“===”，在本节中，“==”表示比较两个对象的内容，“===”表示比较两个对象的内存地址。示例代码如下：

```
<?php
class File {
    private $path;
    function __construct($path) {
        $this->path = $path;
    }
}

$a = new File ( "c:\\" );
$b = clone $a;
$c = &$a;
$d = new File ( "c:\\" );
echo "<p>克隆的 b 和 a 相比值相等? ";
var_dump ( $a == $b );
echo "<p>克隆的 b 和 a 相比内存地址一样? ";
var_dump ( $a === $b );
echo "<p>引用的 c 和 a 相比值相等? ";
var_dump ( $a == $c );
echo "<p>引用的 c 和 a 相比内存地址一样? ";
var_dump ( $a == $c );
echo "<p>d 使用一样的构造方法/参数和 a 相比值相等? ";
var_dump ( $a == $d );
echo "<p>d 使用一样的构造方法/参数和 a 相比内存地址一样? "; var_dump( $a === $d);
?>
```

运行结果如下图所示。

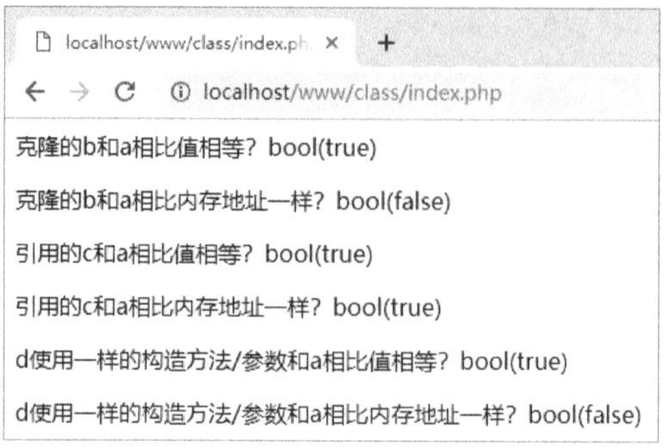

16.9.3 检测对象类型

在 PHP 中，使用 instanceof 关键字来判断对象是哪个类型的。值得注意的是，如果一个对象属于一个类，则这个对象一定属于该类的父类，但一定不属于该类的子类；如果一个类实现了某接口，则这个类的对象也同样属于这个接口。示例代码如下：

```
<?php
class Fruit implements Thing{
}
class Apple extends Fruit  {
}
class Car implements Thing{
}
interface Thing{

}
$apple = new Apple ();
if ($apple instanceof Fruit) {
    echo "<p>对象 apple 属于 Fruit";
} else {
    echo "<p>对象 apple 不属于 Fruit";
}
if ($apple instanceof Apple) {
    echo "<p>对象 apple 属于 Apple";
} else {
    echo "<p>对象 apple 不属于 Apple";
}
if ($apple instanceof Car) {
    echo "<p>对象 apple 属于 Car";
} else {
    echo "<p>对象 apple 不属于 Car";
}
if ($apple instanceof Thing) {
    echo "<p>对象 apple 属于接口 Thing";
} else {
    echo "<p>对象 apple 不属于接口 Thing";
}
```

```
?>
```

运行结果如下图所示。

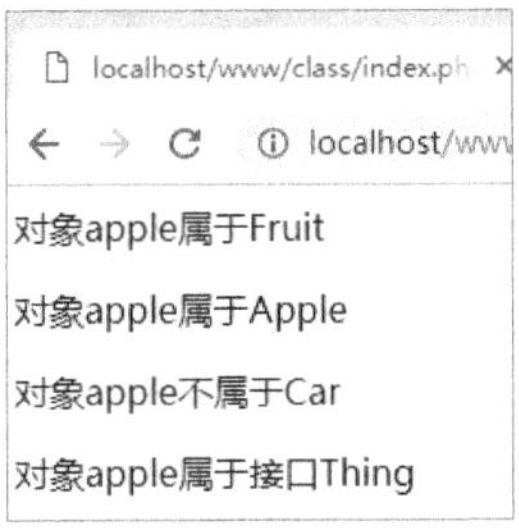

16.10 魔术方法

在 PHP 中，存在很多“__”开头的方法，这类方法都被称为魔术方法，这些魔术方法不需要显式调用，而是由某种条件触发。如果希望使用魔术方法，则需要在类中定义，否则不会执行这些魔术方法。除了之前介绍的__construct()方法、__destruct()方法和__clone()方法，还有以下常用的魔术方法。

16.10.1 __set()方法和__get()方法

__set()方法和__get()方法一般用于对私有单元进行赋值或取值操作。__set()方法需要两个参数，即变量名和变量值，没有返回值；__get()方法需要一个参数，即变量名，返回变量值。通常会在这两个方法前加上 private 修饰符，以避免用户直接调用。

16.10.2 __call()方法

__call()方法用于处理程序在调用不存在或私有的方法时所导致的错误。PHP 会先调用__call()方法来存储方法名和参数，其中参数是以数组的形式存在，一般用于友好地处理用户误使用不存在或私有的方法。示例代码如下：

```
<?php
class Fruit {
    function __call($method_name, $param) {
        echo "您调用的" . $method_name . "方法不存在,请检验代码";
    }
}
$a = new Fruit ();
$a->asdasdasdasda ( 1, 2, 3, 4, 5 );
?>
```

运行结果如下图所示。

16.10.3 __toString()方法

__toString()方法用于使用 echo 和 print 输出对象时，将对象转化成字符串。示例代码如下：

```
<?php
class Fruit {
    function __toString() {
        return "水果";
    }
}
$a = new Fruit ();
echo $a;
?>
```

运行结果如下图所示。

16.10.4 __autoload()方法

__autoload()方法可以自动加载需要实例化的类，如果在脚本中实例化了一个类，但该类没有被 include 或 require，则 PHP 会调用__autoload()方法，在指定的路径下自动查找与该对象的类名相同的文件，如果找到了与该对象的类名相同的文件，则程序继续执行，否则报错。该方法通常用于一个页面需要大量引入类的场景，与一个一个地使用 include 或 require 引入类相比，使用__autoload()方法指定目录来自动引入会更加便捷。

然而，在 PHP 7.2 中，__autoload()方法已经被弃用，而是使用 spl_autoload_register 来注册自动加载模块。

首先，定义一个名叫 Fruit.php 的文件，代码如下：

```
<?php
class Fruit {
    public $name;
    public function __construct($name) {
        $this->name = $name;
    }
    public function __toString() {
```

```
        return $this->name;
    }
}
?>
```

然后，在其他地方调用，并且编写自动加载功能，代码如下：

```
<?php
/*
 * 如果 PHP 版本大于 7.2，名字不要用__autoload，会提示__autoload 方法已被弃用
 * 编写完成后再用 spl_autoload_register 注册
 *
 * 否则直接用__autoload()方法即可
 */
function autoload($class_name) {
    $class_path = $class_name . ".php";
    if (file_exists ( $class_path )) {
        include_once ($class_path);
    } else {
        echo "Loading " . $class_name . " is error";
    }
}

spl_autoload_register ( 'autoload' );

$apple = new Fruit ( "apple" );
echo $apple;
?>
```

运行结果如下图所示。

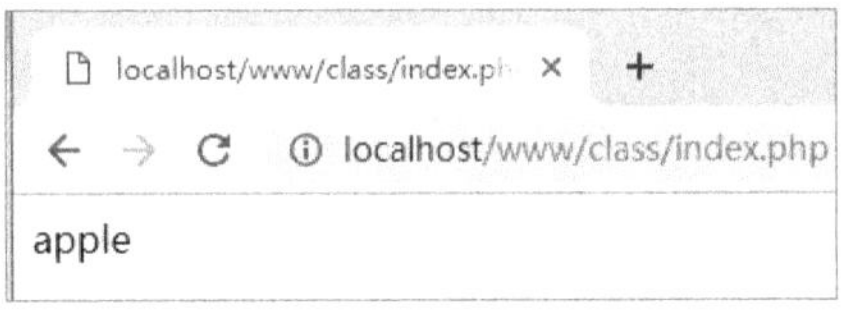

16.11　单例模式

单例模式，又被称为职责模式，可以用来在程序中创建一个单一功能的访问点，通俗来说，就是实例化出来的对象是唯一的。

所有的单例模式至少拥有以下 3 个特点。

（1）必须拥有一个构造函数，并且必须被标记为 private。

（2）拥有一个静态成员变量来保存类的实例，而且这个对象不能被克隆。

（3）拥有一个公共的静态方法来访问这个实例。

比如，数据库连接都要创建一个资源对象，在使用完毕后需要关闭数据库连接，而频繁创建和关闭数据库连接都非常消耗资源。在数据库软件系统中，使用数据库连接池主要是为了节省打开和关闭数据库连接所引起的效率损耗，这种效率上的损耗是非常昂贵的。在 PHP 中，我们通常使用单例模式来创建数据库连接资源对象。示例代码如下：

```
<?php
class MySQLUtils {
    const HOST = "localhost";
    const USERNAME = "root";
    const PASSWORD = "123456";
    const DBNAME = "account_db";
    private $mysqli;

    // 数据库实例静态且私有
    private static $instance;

    // 构造方法私有
    private function __construct() {
        $this->mysqli = mysqli_connect ( self::HOST, self::USERNAME, self::
PASSWORD, self::DBNAME );
    }

    // 公开静态方法用来获取实例
    public static function getInstance() {
        if (! self::$instance instanceof self) {
            self::$instance = new MySQLUtils ();
        }
        return self::$instance;
    }

    // 防止对象的克隆
    private function __clone() {
    }
}

$a = MySQLUtils::getInstance ();
$b = MySQLUtils::getInstance ();
var_dump ( $a === $b );
?>
```

运行结果如下图所示。

单例模式的应用场景有很多，如下所述。

（1）网站的计数器一般采用单例模式来实现，否则难以同步。

（2）网站的日志输出一般也采用单例模式来实现，这是由于共享的日志文件一直处于打开状态，因此只能由一个实例去操作，否则内容不好追加。

（3）Web 应用的配置对象的读取一般也采用单例模式来实现，这是由于配置文件是共享的资源。

16.12　工厂模式

工厂模式是定义一个用于创建对象的接口，并由其决定实例化哪个类。对于客户端来说，解决了其对具体的类的依赖。只需要给出相应的实例描述（参数）给工厂，工厂就会自动返回具体的实例对象。这里利用工厂模式，根据图片名称的不同后缀，动态地生成不同类型的对象，代码如下：

```
<?php
class Image {
    protected $type;
    protected $resource;
    public function __construct($filepath) {
        $suffix = strtolower ( substr ( strchr ( $filepath, "." ), 1 ) );
        $this->type = $suffix;
        $ext = "imagecreatefrom{$this->type}";
        $this->resource = $ext ( $filepath );
    }
    public function showInBrowser() {
        header ( "Content-type:image/$this->type" );
        $ext = "image{$this->type}";
        $ext ( $this->resource );
    }
}
// 每个子类可以拥有自己特殊的方法，这里就不展示了，比如，JPEG 格式可以调节输出到本地的图片质量，具体如何写，还需要看实际情况，这里仅仅展示工厂模式
class Imagepng extends Image {
}
class Imagegif extends Image {
}
class Imagejpeg extends Image {
}
class Imagewbmp extends Image {
}
class ImageFactory {
    // 根据文件后缀动态地创建对象
    public static function factory($filepath) {
```

```
        if (is_string ( $filepath )) {
            $suffix = strtolower ( substr ( strchr ( $filepath, "." ), 1 ) );
            $image = null;
            switch ($suffix) {
                case "jpeg" :
                    $image = new Imagejpeg ( $filepath );
                    break;
                case "png" :
                    $image = new Imagepng ( $filepath );
                    break;
                case "gif" :
                    $image = new Imagegif ( $filepath );
                    break;
                case "wbmp" :
                    $image = new Imagewbmp ( $filepath );
                    break;
                default :
                    return false;
            }
        } else {
            return false;
        }
        return $image;
    }
    private function __clone() {
    }
}

$a = ImageFactory::factory ( "files/print.png" );
if ($a) {
    $a->showInBrowser ();
}
?>
```

运行结果如下图所示。

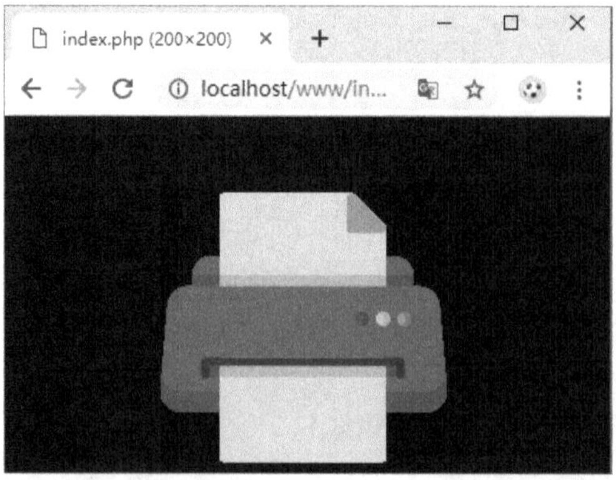

16.13　本章小结

本章介绍了面向对象编程的基本概念和面向对象的特性，并且详细介绍了类的使用、对象的使用和常用的关键字，还介绍了 PHP 中的魔术方法，以及两种设计模式。

章节练习

设计一个面向对象编程的文件上传类，要求其支持单个文件上传和多个文件上传。

第 17 章 PHP 操作数据库

学习任务

【任务 1】掌握 mysqli 的使用。

【任务 2】掌握 PDO 的使用。

【任务 3】掌握 PDO 中预处理语句的使用。

学习路线

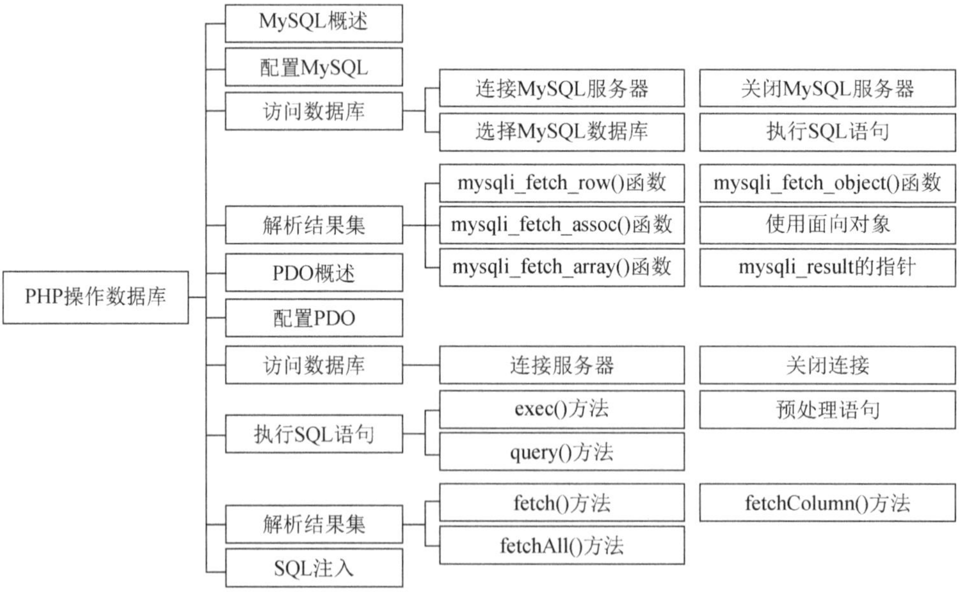

17.1　MySQL 概述

MySQL 是一个关系型数据库管理系统，而“PHP+MySQL”是目前流行的使用方法，当然，PHP 也支持其他的数据库，如 Mango、MangoDB、Microsoft SQL Server、Oracle OCI8、Sybase、PostgreSQL、Access、SQLite 等。

17.2　配置 MySQL

在 PHP 中，要想对 MySQL 进行操作，需要使用 mysqli 扩展，这时就需要修改 PHP 的配置文件，先打开 php.ini 文件，找到“;extension=mysqli”，然后将其前面的分号去掉，如下图所示。

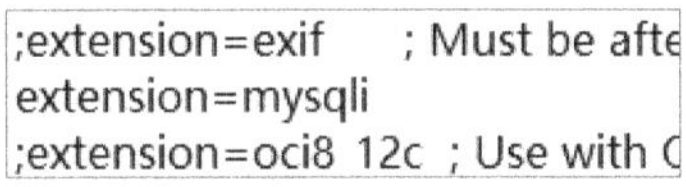

在修改好 PHP 的配置文件后，保存并重启 Apache 服务，然后编写以下代码，这里采用的服务器名是 root，服务器密码是 123456：

```
<?php
$mysqli = new mysqli("localhost", "root", "123456");
if ($mysqli) {
    echo "env mysql success";
} else {
    echo "env mysql error";
}
$mysqli->close();
?>
```

配置成功的运行结果如下图所示。

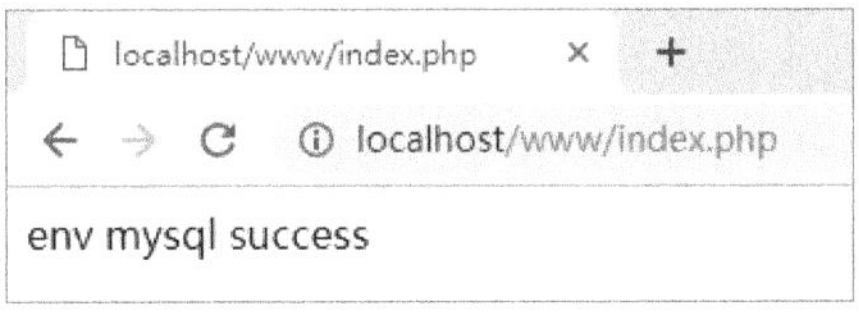

17.3　访问数据库

使用 PHP 访问数据库大致可以分为以下 5 个步骤。

（1）连接 MySQL 服务器，使用 mysqli_connect()函数来建立 PHP 与 MySQL 服务器的连接。

（2）选择数据库，使用 mysqli_select_db()函数来选择 MySQL 服务器中的数据库。

（3）执行数据库操作：在数据库的使用上，所有的操作概括起来只有 4 个字，即“增删改查”。所以，PHP 在数据库的操作方面如下所述。

- 增：使用 INSERT INTO 语句向数据库中增加记录。
- 删：使用 DELETE 语句修改数据库中的记录。
- 改：使用 UPDATE 语句修改数据库中的记录。
- 查：使用 SELECT 语句查询数据库中的记录。

（4）清除记录集，释放系统资源，使用 mysqli_free_result()函数来清除记录集。

（5）关闭 MySQL 服务器，使用 mysqli_close()函数来关闭与 MySQL 服务器的连接。

17.3.1 连接 MySQL 服务器

通过 PHP 操作 MySQL 数据库，要先建立与 MySQL 服务器的连接，使用 mysqli_connect()函数可以达到此目的，它的语法格式如下：

```
mysqli mysqli_connect ([string server[, string username[, string password[, string dbname[, int port[, string socket]]]]]])
```

如果成功连接到服务器，则 mysqli_connect()函数返回 mysqli 对象，否则返回 false，它的参数含义如下所述。

- server：可选参数，MySQL 服务器地址。
- username：可选参数，MySQL 服务器用户名。
- password：可选参数，MySQL 服务器用户密码。
- dbname：可选参数，要操作的数据库名字。
- port：可选参数，MySQL 服务器的端口号，默认 3306。
- socket：可选参数，使用设置的 socket 或 pipe。

前四个参数比较常用，而后两个参数很少用到。

17.3.2 选择 MySQL 数据库

在 PHP 中，mysqli_select_db()函数可以用来选择 MySQL 数据库，它的语法格式如下：

```
bool mysqli_select_db (mysqli link, string dbname)
```

其中，link 是调用 mysqli_connect()函数返回的 mysqli 对象；dbname 是要选择的 MySQL 数据库的名称。

首先连接 MySQL 服务器，然后选择 MySQL 数据库，这两步通常有 3 种写法，而 3 种写法的结果是一样的，示例代码如下：

```
<?php
$server = "localhost";
$username = "root";
$password = "123456";
$dbname = "php_db";

// 快速写法
$mysqli = new mysqli ( $server, $username, $password, $dbname );

// 兼容写法
$mysqli = new mysqli ( $server, $username, $password );
mysqli_select_db ( $mysqli, $dbname );

// 对象写法
$mysqli = new mysqli ();
$mysqli->connect ( $server, $username, $password );
$mysqli->select_db ( $mysqli, $dbname );
?>
```

17.3.3 关闭 MySQL 服务器

在完成数据库访问工作后，如果不再需要连接，则应该及时释放有关 mysqli 对象。虽然在执行完成后系统会自动关闭连接，进行资源回收，但有时一个页面可能需要使用多个数据库连接，所以我们要保持一个良好的写作习惯，适当地使用 mysqli_close()函数来关闭与 MySQL 服务器的连接。

17.3.4 执行 SQL 语句

简单来说，数据库的“增删改查”就是一条 SQL 语句。在 PHP 中，mysqli_query()函数可以用来执行 SQL 语句，它的语法格式如下：

```
mixed mysqli_query (mysqli link, string query[, int resultmode])
```

其中，link 是调用 mysqli_connect()函数返回的 mysqli 对象；query 是要执行的 SQL 语句；resultmode 是可选参数，它的默认值是 MYSQLI_STORE_RESULT，如果需要查询的数据量很大，则需要使用 MYSQLI_USE_RESULT。

在一般情况下，如果 SQL 语句执行成功，则返回 true，否则返回 false。但如果 query 是查询语句，则会成功返回查询结果集，代码如下：

```
<?php
$server = "localhost";
$username = "root";
$password = "123456";
$dbname = "account_db";
$mysqli = new mysqli ( $server, $username, $password, $dbname );
```

```
// 增
$result = mysqli_query ( $mysqli, "insert into account(username, password, email) values('张三', '123456', 'zhangsan@example.com')" );
// 删
$result = mysqli_query ( $mysqli, "delete from account where user='张三'" );
// 改
$result = mysqli_query ( $mysqli, "update account set password='abcdefg' where user='张三'" );
// 查
$result = mysqli_query ( $mysqli, "select * from account " );
mysqli_close ( $mysqli );
?>
```

当然，mysqli_query()函数不仅可以执行“增删改查”，还可以执行其他的 SQL 语句，如创建数据库、选择数据库、设置数据库编码、创建表和插入数据等 SQL 语句。示例代码如下：

```
<?php
$server = "localhost";
$username = "root";
$password = "123456";
$dbname = "account_db";
$mysqli = new mysqli ( $server, $username, $password );
$result = mysqli_query ( $mysqli, "create database account_db" );
echo "<p>创建数据库: ";
var_dump ( $result );
$result = mysqli_query ( $mysqli, "use account_db" );
echo "<p>选择数据库: ";
var_dump ( $result );
$result = mysqli_query ( $mysqli, "set names utf8" );
echo "<p>设置数据库编码: ";
var_dump ( $result );
$result = mysqli_query ( $mysqli, "create table account(id int auto_increment primary key, username varchar(50) not null, password varchar(50) not null, email varchar(50) not null)" );
echo "<p>创建表: ";
var_dump ( $result );
$result = mysqli_query ( $mysqli, "insert into account(username, password, email) values ('Jack', '123456', 'liuyi@example.com')" );
echo "<p>插入数据: ";
var_dump ( $result );
mysqli_close ( $mysqli );
?>
```

运行结果如下图所示。

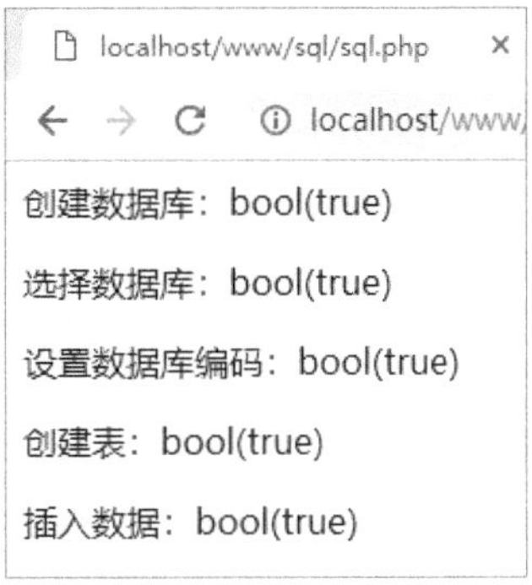

17.4 解析结果集

使用 var_dump 查看 SELECT 语句返回结果集，可以看到如下内容：

object(mysqli_result)#2 (5) { ["current_field"]=> int(0) ["field_count"]=> int(4) ["lengths"]=> NULL ["num_rows"]=> int(1) ["type"]=> int(0) }

可知，mysqli_result 是 SELECT 语句的查询结果，我们可以通过一些函数来读取 mysqli_result 中保存的数据，这些函数都有一个共同特点：每调用一次，会自动返回下一条记录结果，如果已经到达最后一条记录结果，则会返回 false。值得注意的是，在使用完结果集内容后，要使用函数或成员方法来释放结果集占用的内存，mysqli_result 常用的函数或成员方法如下表所示。

面向对象	面向过程	说明
free() close() free_result()	mysqli_free_result()	释放结果集占用的内存
fetch_row()	mysqli_fetch_row()	以索引数组方式返回一行数据
fetch_assoc()	mysqli_fetch_assoc()	以关联数组方式返回一行数据
fetch_array()	mysqli_fetch_array()	以数组的方式返回一行数据
fetch_object()	mysqli_fetch_object()	以对象的方式返回一行数据
data_seek()	mysqli_data_seek()	移动结果集中的指针到任意行
num_rows	mysqli_num_rows()	获取结果集中行的数量

17.4.1 mysqli_fetch_row()函数

mysqli_fetch_row()函数可以用来从 mysqli_result 对象中获取一条记录，然后将其值放在索引数组中。由于返回的是索引数组，还可以和 list()函数配合使用。示例代码如下：

```
<?php
$server = "localhost";
$username = "root";
$password = "123456";
```

```
$dbname = "account_db";
$mysqli = new mysqli ( $server, $username, $password, $dbname );

$result = mysqli_query ( $mysqli, "select * from account" );
while ( $r = mysqli_fetch_row ( $result ) ) {
    var_dump ( $r );
    echo "<br />";
}
mysqli_free_result ( $result );
$result->close ();

$result = mysqli_query ( $mysqli, "select * from account" );
while ( list ( $id, $name, $pwd, $email ) = mysqli_fetch_row ( $result ) ) {
    echo $id . " " . $name . " " . $pwd . " " . $email;
    echo "<br />";
}
mysqli_free_result ( $result );
mysqli_close ( $mysqli );
?>
```

运行结果如下图所示。

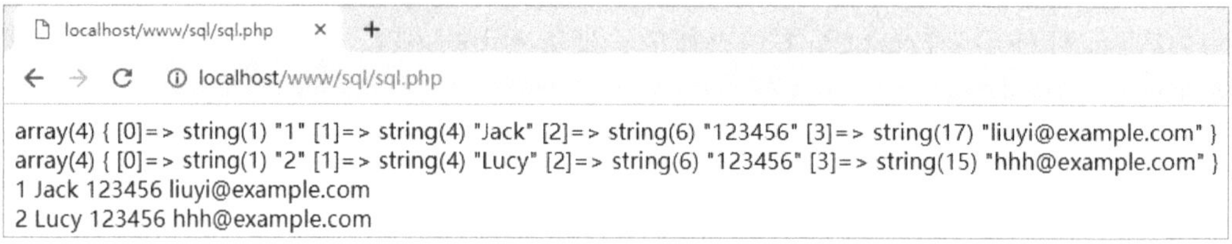

17.4.2 mysqli_fetch_assoc()函数

mysqli_fetch_assoc()函数和 mysqli_fetch_row()函数在功能上相同，不同的是，该函数返回的是关联数组，键名是字段名。而关联数组直接用“数组标识符+键名”就可以很方便地获取想要的值。示例代码如下：

```
<?php
$server = "localhost";
$username = "root";
$password = "123456";
$dbname = "account_db";
$mysqli = new mysqli ( $server, $username, $password, $dbname );

$result = mysqli_query ( $mysqli, "select * from account" );
while ( $r = mysqli_fetch_assoc( $result ) ) {
    var_dump ( $r );
    echo "<br />";
```

```
}
mysqli_free_result ( $result );
mysqli_close ( $mysqli );
?>
```

运行结果如下图所示。

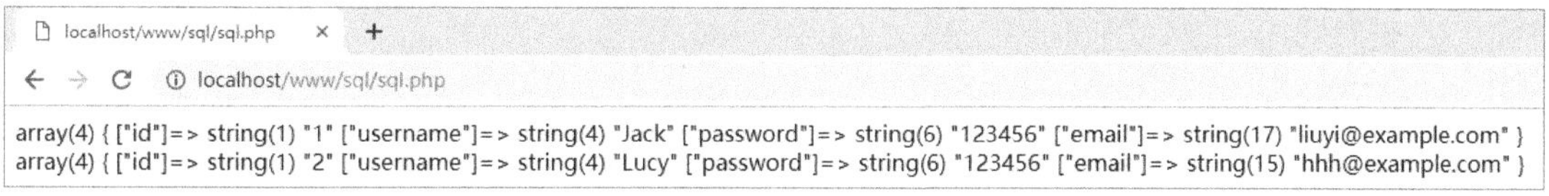

17.4.3　mysqli_fetch_array()函数

mysqli_fetch_array()函数可以看作 mysqli_fetch_assoc()函数和 mysqli_fetch_row()函数的结合，它的语法格式如下：

```
array mysqli_fetch_array(mysqli_result result[, int type])
```

其中，result 是 SELECT 语句返回的 mysqli_result 对象；type 是可选的，默认值为 MYSQLI_BOTH，表示返回的数组同时包含关联和索引数组，还可以设置为 MYSQLI_ASSOC（返回的数组是关联数组，键名是字段名）和 MYAQLI_NUM（返回的数组是索引数组），这个函数使用的频率较少。

示例代码如下：

```
<?php
$server = "localhost";
$username = "root";
$password = "123456";
$dbname = "account_db";
$mysqli = new mysqli ( $server, $username, $password, $dbname );

echo "<p>默认：</p>";
$result = mysqli_query ( $mysqli, "select * from account" );
while ( $r = mysqli_fetch_array ( $result ) ) {
    print_r ( $r );
    echo "<br/>";
}
mysqli_free_result ( $result );

echo "<p>关联数组：</p>";
$result = mysqli_query ( $mysqli, "select * from account" );
while ( $r = mysqli_fetch_array ( $result, MYSQLI_ASSOC ) ) {
    print_r ( $r );
    echo "<br/>";
```

```
}
mysqli_free_result ( $result );

echo "<p>索引数组: </p>";
$result = mysqli_query ( $mysqli, "select * from account" );
while ( $r = mysqli_fetch_array ( $result, MYSQLI_NUM ) ) {
    print_r ( $r );
    echo "<br/>";
}
mysqli_free_result ( $result );

mysqli_close ( $mysqli );
?>
```

运行结果如下图所示。

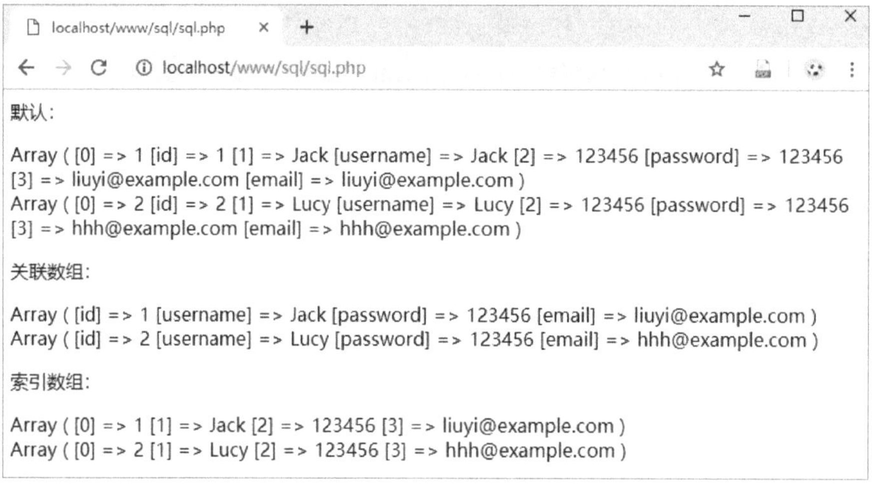

17.4.4 mysqli_fetch_object()函数

mysqli_fetch_object()函数和前面3个函数在使用方法上一样，但返回结果有很大不同，它返回的是一个对象，其中键名是对象的成员属性名。示例代码如下：

```
<?php
$server = "localhost";
$username = "root";
$password = "123456";
$dbname = "account_db";
$mysqli = new mysqli ( $server, $username, $password, $dbname );

$result = mysqli_query ( $mysqli, "select * from account" );
echo "<table border='1px'>";
```

```
    echo "<caption><b>账号列表</b></caption>";
    echo "<tr><th>用户名</th><th>密码</th><th>邮箱</th></tr>";
    while ( $r = mysqli_fetch_object ( $result ) ) {
        echo "<tr><td>" . $r->username . "</td><td>" . $r->password . "</td>
<td>" . $r->email . "</td><tr>";
    }
    echo "</ table>";
    mysqli_free_result ( $result );
    mysqli_close ( $mysqli );
    ?>
```

运行结果如下图所示。

17.4.5　使用面向对象

我们可以使用面向对象来操作 MySQL。示例代码如下：

```
    <?php
    $server = "localhost";
    $username = "root";
    $password = "123456";
    $dbname = "account_db";
    $mysqli = new mysqli ( $server, $username, $password, $dbname );

    echo "<p>索引数组</p>";
    $result = $mysqli->query ( "select * from account" );
    while ( $r = $result->fetch_row () ) {
        var_dump ( $r );
        echo "<br />";
    }
    $result->free_result ();

    echo "<p>关联数组</p>";
    $result = $mysqli->query ( "select * from account" );
    while ( $r = $result->fetch_assoc () ) {
        var_dump ( $r );
        echo "<br />";
```

```
    }
    $result->free_result ();

    echo "<p>混合数组</p>";
    $result = $mysqli->query ( "select * from account" );
    while ( $r = $result->fetch_array () ) {
        var_dump ( $r );
        echo "<br />";
    }
    $result->free_result ();

    echo "<p>对象</p>";
    $result = $mysqli->query ( "select * from account" );
    while ( $r = $result->fetch_object () ) {
        var_dump ( $r );
        echo "<br />";
    }
    $result->free_result ();
    ?>
```

运行结果如下图所示。

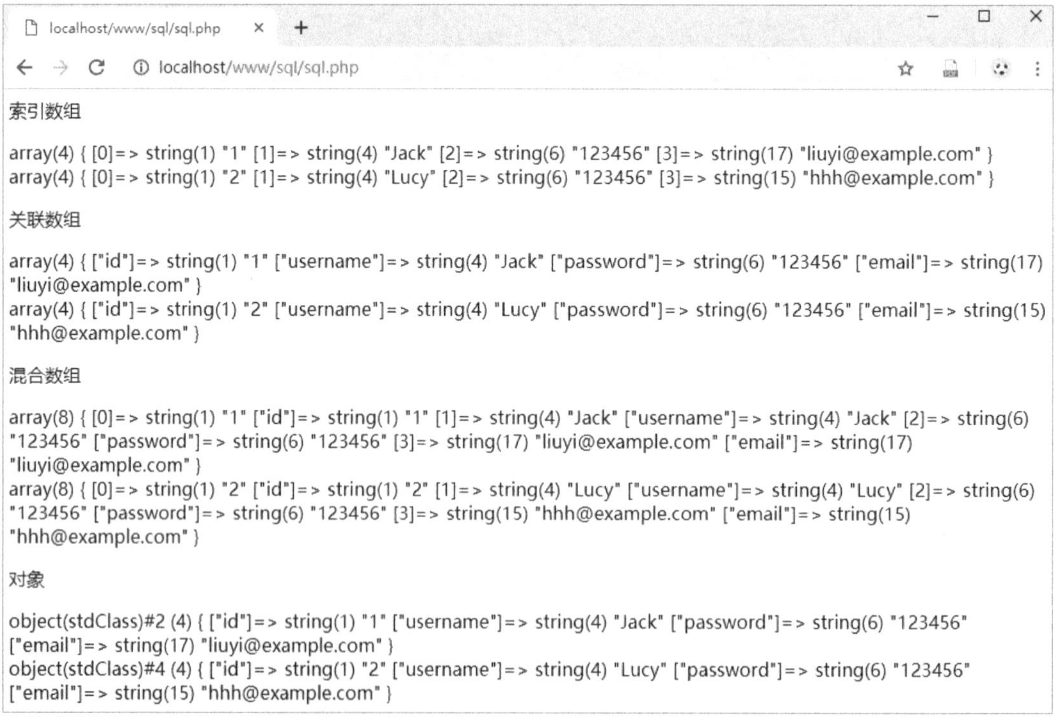

17.4.6 mysqli_result 的指针

前文讲过，我们可以通过一些函数来读取 mysqli_result 中保存的数据，这些函数都有一个共同特点：每调用一次，会自动返回下一条记录结果，如果已经到达最后一条记录结果，则会返回 false。如果想要重新开始读取 mysqli_result 中保存的数据，则需要用到 mysqli_data_seek()函数，该函数的语法格式如下：

```
bool mysqli_data_seek ( mysqli_result result , int offset )
```

其中，result 表示要操作的结果集；offset 表示要移动到的行位置，如果想下一次读取第 n 行，则需要移动到 n-1 的位置。如果移动成功，则返回 true，否则返回 false。我们还可以使用 mysqli_num_rows()来获取结果集的总列数。

示例代码如下：

```
<?php
$server = "localhost";
$username = "root";
$password = "123456";
$dbname = "account_db";
$mysqli = new mysqli ( $server, $username, $password, $dbname );

$result = mysqli_query ( $mysqli, "select * from account" );
echo "<p>查询到" . mysqli_num_rows ( $result ) . "条数据! </p>";

while ( $r = mysqli_fetch_row ( $result ) ) {
    var_dump ( $r );
    echo "<br />";
}
mysqli_data_seek ( $result, 0 );
while ( $r = mysqli_fetch_assoc ( $result ) ) {
    var_dump ( $r );
    echo "<br />";
}
mysqli_free_result ( $result );
mysqli_close ( $mysqli );
?>
```

运行结果如下图所示。

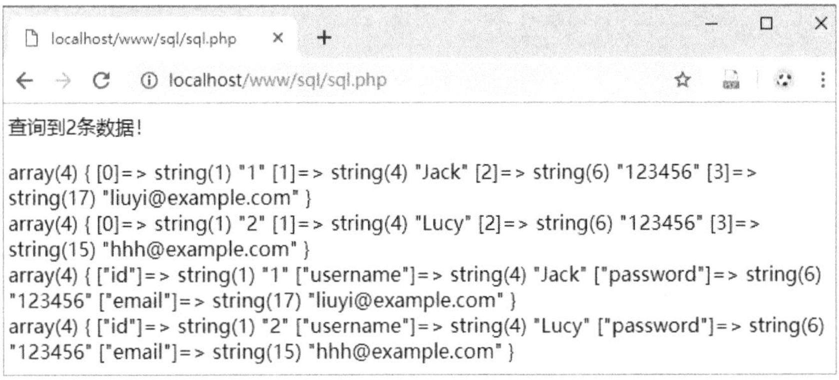

17.5 PDO 概述

PDO（PHP Data Object，PHP 数据对象）是由 MySQL 官方封装的、基于面向对象编程思想的、使用 C 语言开发的数据库抽象层。开发 PDO 的原因是大部分 PHP 开发者都习惯使用“PHP+MySQL”组合，导致 PHP 对其他数据库的支持都或多或少地模仿 MySQL 的 API，但是不同数据库之间总会有一些不同，这就使得 PHP 在从一个数据库扩展到另一个数据库时有很大的困难。PDO 正是基于这样的情况而诞生，目的是提供一个一致标准的数据库访问 API。

17.6 配置 PDO

在 Windows 系统下启动 PDO 需要在 php.ini 文件中进行配置，并添加扩展，代码如下：

```
extension=php_pdo.dll
```

还可以启动其他数据库的扩展，只需把以下配置前面的分号去掉即可，代码如下：

```
extension=php_pdo_firebird.dll
extension=php_pdo_informix.dll
extension=php_pdo_mssql.dll
extension=php_pdo_mysql.dll
extension=php_pdo_oci.dll
extension=php_pdo_oci8.dll
extension=php_pdo_odbc.dll
extension=php_pdo_pgsql.dll
extension=php_pdo_sqlite.dll
```

在最新版 PHP 中，PDO 已经默认开启，只需启动其他数据库的扩展即可。在 PDO 配置完成后，需要重启 Apache 服务，然后执行 phpinfo()函数，看到如下图所示的内容则表示 PDO 配置成功。

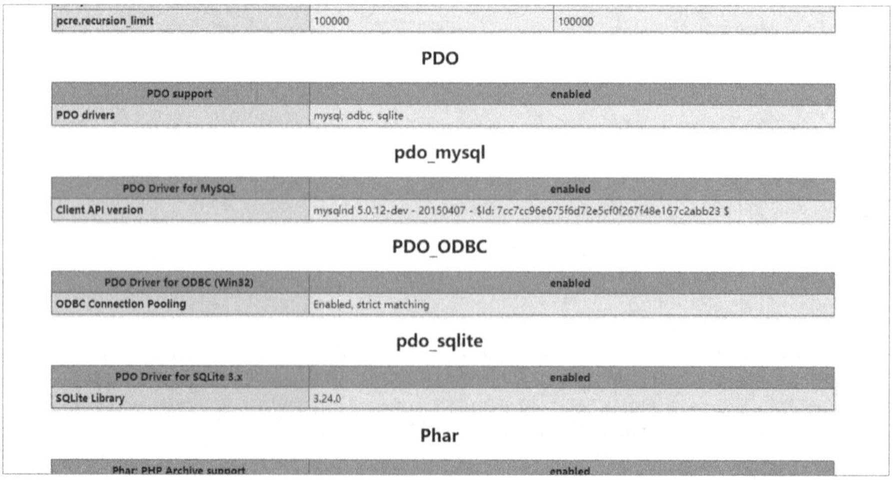

17.7　访问数据库

与 mysqli 扩展类似，PDO 扩展也是实例化的一个 PDO 对象，可以调用相关方法和属性来执行数据库的操作。

17.7.1　连接服务器

使用 PDO 与服务器建立连接，需要先使用构造方法来创建 PDO 实例，PDO 实例的构造方法的语法格式如下：

```
_construct(string data_source_name [, string user[, string pwd[, array driver_options]]])
```

其中，data_source_name 指的是数据源，该参数包括数据库名和主机名，即 DSN。MySQL 数据库的 DSN 为“mysql:host=localhost;dbname=account_db; port=3307”，Oracle 数据库的 DSN 为“oci:dbname=//localhost:3307/account_db”。user 为数据库服务器的用户名，pwd 为数据库服务器密码。driver_options 用来指定连接的额外选项，常见的额外选项如下所述。

- PDO::ATTR_AUTOCOMMIT：设置 PDO 是否关闭自动提交功能。
- PDO::ATTR_ERRMODE：设置当前 PDO 进行错误处理的模式。
- PDO::ATTR_CASE：强制 PDO 获取的表字段字符的大小写转换，或原样使用列信息。
- PDO::ATTR_CONNECTION_STATUS：设置超时等待时间，单位是秒。
- PDO::ATTR_ORACLE_NULLS：将返回的空字符串转换为 SQL 语句的 NULL。
- PDO::ATTR_PERSISTENT：设置是否是持久连接，默认值为 false。
- PDO::ATTR_SERVER_INFO：包含数据库服务器特有的服务器信息。
- PDO::ATTR_SERVER_VERSION：包含数据库服务器版本号信息。
- PDO::ATTR_CLIENT_VERSION：包含数据库客户端版本号信息。

在连接服务器成功时，会返回一个 PDO 实例，而在连接服务器失败时，会抛出一个 PDOException 异常，通常会使用 try/catch 语句进行处理。

17.7.2　关闭连接

要想关闭连接，需要销毁对象以确保所有对它的引用都被删除，可以将变量赋值为 NULL。示例代码如下：

```
<?php
$dbms = "mysql";
$server = "localhost";
```

```
$username = "root";
$password = "123456";
$dbname = "account_db";
$dsn = "$dbms:host=$server;dbname=$dbname";
try {
    $pdo = new PDO ( $dsn, $username, $password );
    echo "PDO 连接 MySQL 数据库服务器成功";
    $pdo = NULL;
} catch ( PDOException $e ) {
    echo "PDO 连接 MySQL 数据库服务器失败";
    die ();
}
?>
```

运行结果如下图所示。

17.8 执行 SQL 语句

PDO 提供了 3 种执行 SQL 语句的方法，分别是 exec()方法、query()方法和预处理语句。

17.8.1 exec()方法

exec()方法可以执行一条语句，并返回受影响的行数，它的语法格式如下：

```
int PDO::exec(String sql)
```

exec()方法通常应用于 INSERT INTO、DELETE、UPDATE 等语句。

示例代码如下：

```
<?php
echo "<pre>";
$dbms = "mysql";
$server = "localhost";
$username = "root";
$password = "123456";
$dsn = "$dbms:host=$server";
try {
    $pdo = new PDO ( $dsn, $username, $password );
```

```
        echo "PDO 连接 MySQL 数据库服务器成功";
        print ($pdo->exec ( "create database account_pdo_db" )) ;
        print ($pdo->exec ( "use account_pdo_db" )) ;
        print ($pdo->exec ( "set names utf8" )) ;
        print  ($pdo->exec  (  "create  table  account(id  int  auto_increment
primary key, username varchar(50) not null, password varchar(50) not null,
email  varchar(50) not null)" )) ;
        print ($pdo->exec ( "insert into account(username, password, email)
values ('Jack', '123456', 'jack@example.com')" )) ;
        print ($pdo->exec ( "insert into account(username, password, email)
values ('Lucy', '123456', 'lucy@example.com')" )) ;
        $pdo = null;
    } catch ( PDOException $e ) {
        echo "PDO 连接 MySQL 数据库服务器失败";
        die ();
    }
    ?>
```

运行结果如下图所示。

17.8.2　query()方法

query()方法不同于 exec()方法，它通常应用于 SELECT 语句，它的返回值是 PDOStatement 的实例，是 PDO 的结果集。它的语法格式如下：

```
PDOStatement PDO::query(String sql)
```

示例代码如下：

```
<?php
echo "<pre>";
$dbms = "mysql";
$server = "localhost";
$username = "root";
$password = "123456";
$dbname = "account_pdo_db";
$dsn = "$dbms:host=$server;dbname=$dbname";
try {
    $pdo = new PDO ( $dsn, $username, $password );
```

```
    echo "<p>PDO 连接 MySQL 数据库服务器成功</p>";
    $result = $pdo->query ( "select * from account" );
    foreach ( $result as $row ) {
        var_dump ( $row );
    }
    $pdo = null;
} catch ( PDOException $e ) {
    echo "PDO 连接 MySQL 数据库服务器失败";
    die ();
}
?>
```

运行结果如下图所示。

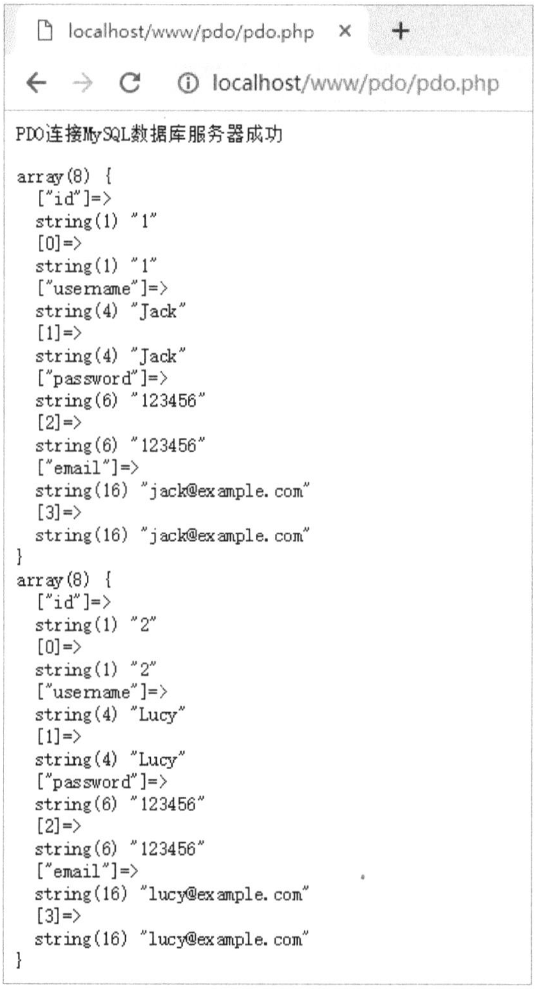

17.8.3 预处理语句

PDO 提供对预处理语句的支持。

预处理语句是预先将一个预处理的 SQL 语句发送到数据库服务器，在执行其他 SQL 语句时只是修改与预处理语句中对应的参数。简单来说，就是将 SQL 语句强制一分为二：第一部分为前面相同的命令和结构部分，第二部分为后面可变的数据部分。

传统的 SQL 语句每请求一次，数据库服务器就要接收并处理一次，当一个脚本文件对同一条语句反复执行多次时，数据库服务器的压力就会变大，所以预处理语句的出现减轻了数据库服务器的压力。预处理语句先将前面相同的命令和结构部分发送给数据库服务器，让数据库服务器事先进行一次预处理，此时并没有真正地执行 SQL 语句。而为了保证 SQL 语句的结构完整性，在第一次发送 SQL 语句时将其中可变的数据部分都用一个数据占位符来表示，在数据库中通常使用问号（?）来表示数据占位符。

PDO 使用 PDOStatement 来实现预处理语句。这个类的实例可以通过 query()方法得到，也可以通过 prepare()方法得到，二者的区别是，query()方法得到的实例是一条 SQL 语句的数据集结果；而 prepare()方法得到的实例可以重复执行 SQL 语句。通常预处理语句用来执行查询或插入操作。

1. 定义预处理语句

使用 prepare()方法可以执行 SQL 预处理语句，得到一个 PDOStatement 实例，SQL 预处理语句通常有以下两种定义方式。

（1）命名参数：自定义的有意义的字符串作为命名参数，前面加上冒号。语法格式如下：

```
insert into table_name(name,password,email) values(:name,:password,:email)
```

（2）问号数据占位符：使用“？”作为参数。语法格式如下：

```
insert into table_name(name,password,email) values(?,?,?)
```

2. 绑定参数

向预处理语句中绑定参数有 3 种方法。

（1）bindParam()方法：一个一个绑定，在绑定完成后，需要执行 execute()方法使之生效。

（2）bindValue()方法：一个一个绑定，在绑定完成后，需要执行 execute()方法使之生效。

（3）直接使用 execute()方法传递一个数组，命名参数使用关联数组，数据占位符使用索引数组。

bindParam()方法和 bindValue()方法在使用上比较相似。

bindParam ()方法的语法格式如下：

```
bool PDOStatement::bindParam(mixed param, mixed var[, int data_type[, int
length[, mixed driver_options]]])
```

bindValue()方法的语法格式如下：

```
bool PDOStatement::bindValue(mixed param, mixed value[, int data_type])
```

通常仅使用前两个参数。param 表示参数标识符，命名参数形式的预处理语句直接使用命名参数，数据占位符形式的预处理语句则使用从 1 开始的索引。对于 bindParam()方法来说，第二个参数 var 只能是变量；而对于 bindValue()方法来说，第二个参数 value 可以是变量，也可以是常量。

data_type 是可选参数，用来指定参数的类型，常用的参数类型如下表所示。

参 数 值	参 数 说 明
PDO:PARAM_BOOL	布尔类型
PDO:PARAM_NULL	NULL 类型
PDO:PARAM_INT	整型类型
PDO:PARAM_STR	字符串类型
PDO:PARAM_LOB	大对象类型

length 表示数据类型的长度。

示例代码如下：

```
<?php
echo "<pre>";
$dbms = "mysql";
$server = "localhost";
$username = "root";
$password = "123456";
$dbname = "account_pdo_db";
$dsn = "$dbms:host=$server;dbname=$dbname";
try {
    $pdo = new PDO ( $dsn, $username, $password );
    echo "PDO 连接 MySQL 数据库服务器成功";
    // 数据占位符
    $pre = $pdo->prepare ( "insert into account(username, password, email)
values (?,?,?)" );
    $name = "Peter";
    $pwd = "333333";
    $pre->bindParam ( 1, $name );
    $pre->bindValue ( 2, $pwd );
    $pre->bindValue ( 3, "Peter@example.com" );
    $pre->execute ();

    $name = "张三";
    $pre->execute ( array (
        $name,
```

```
            "1245",
            "zhangsan@example.com"
        ) );
        // 命名参数
        $pre = $pdo->prepare ( "insert into account(username, password, email)
values (:name,:pwd,:email)" );
        $name = "老王";
        $pwd = "00544abc";
        $email = "laowang@example.com";
        $pre->bindParam ( ":name", $name );
        $pre->bindParam ( ":pwd", $pwd );
        $pre->bindParam ( ":email", $email );
        $pre->execute ();
        $name = "柴可夫斯基";
        $pre->execute ( array (
            ":name" => $name,
            ":pwd" => "love",
            ":email" => "abc@abc.com"
        ) );
        $pdo = null;
    } catch ( PDOException $e ) {
        echo "PDO 连接 MySQL 数据库服务器失败";
        die ();
    }
    ?>
```

在执行前如下图所示。

mysql> select * from account;

id	username	password	email
1	Jack	123456	jack@example.com
2	Lucy	123456	lucy@example.com

2 rows in set (0.00 sec)

在执行后如下图所示。

mysql> select * from account;

id	username	password	email
1	Jack	123456	jack@example.com
2	Lucy	123456	lucy@example.com
7	Peter	333333	Peter@example.com
8	张三	1245	zhangsan@example.com
9	老王	00544abc	laowang@example.com
10	柴可夫斯基	love	abc@abc.com

6 rows in set (0.00 sec)

17.9 解析结果集

PDO 提供了 3 种方法来解析结果集。

17.9.1 fetch()方法

使用 fetch()方法可以从结果集中获取下一行的数据，返回的数组依赖于提取的类型，它的语法格式如下：

```
array PDOStatement::fetch([int fetch_style[, int cursor_orientation[, int cursor_offset]])
```

其中，fetch_style 用来指定返回数组的类型，默认值为 PDO::FETCH_BOTH（返回数值和集列名的数组），常用的其他设置有 PDO::FETCH_ASSOC（返回索引为集列名的数组）、PDO::FETCH_NUM（返回索引为数值的数组）、PDO::FETCH_OBJ（返回属性名对应结果集的列表的匿名对象）。

cursor_orientation 用来决定哪一行会被返回，默认值为 FETCH_ORI_NEXT（向下移动），还可以设置为 PDO::FETCH_ORI_PRIOR（向上移动）。如果想让 PDOStatement 实例使用可滚动游标，则必须在使用 prepare()方法执行预处理 SQL 语句的同时设置 PDO::ATTR_CURSOR 属性为 PDO::CURSOR_SCROLL。可滚动游标可以精准定位于 PDO::FETCH_ORI_FIRST（在结果集中获取第一行）、PDO::FETCH_ORI_LAST（在结果集中获取最后一行）、PDO::FETCH_ORI_ABS（根据行号从结果集中获取需要的行）、PDO::FETCH_ORI_REL（根据当前游标位置的相对位置从结果集中获取需要的行）。

cursor_offset 表示游标移动的偏移量。在 cursor_orientation 的值为 PDO:: FETCH_ORI_ABS 的 PDOStatement 实例中，这个参数表示想要从结果集中获取行的行号。

示例代码如下：

```
<?php
$dbms = "mysql";
$server = "localhost";
$username = "root";
$password = "123456";
$dbname = "account_pdo_db";
$dsn = "$dbms:host=$server;dbname=$dbname";
try {
    $pdo = new PDO ( $dsn, $username, $password );
    echo "<p>PDO 连接 MySQL 数据库服务器成功</p>";
    $result = $pdo->query("select * from account");
    var_dump($result->fetch());
    var_dump($result->fetch(PDO::FETCH_ASSOC));
    var_dump($result->fetch(PDO::FETCH_NUM));
```

```
    var_dump($result->fetch(PDO::FETCH_OBJ));
    $pdo = null;
} catch ( PDOException $e ) {
    echo "<p>PDO 连接 MySQL 数据库服务器失败</p>";
    die ();
}
?>
```

运行结果如下图所示。

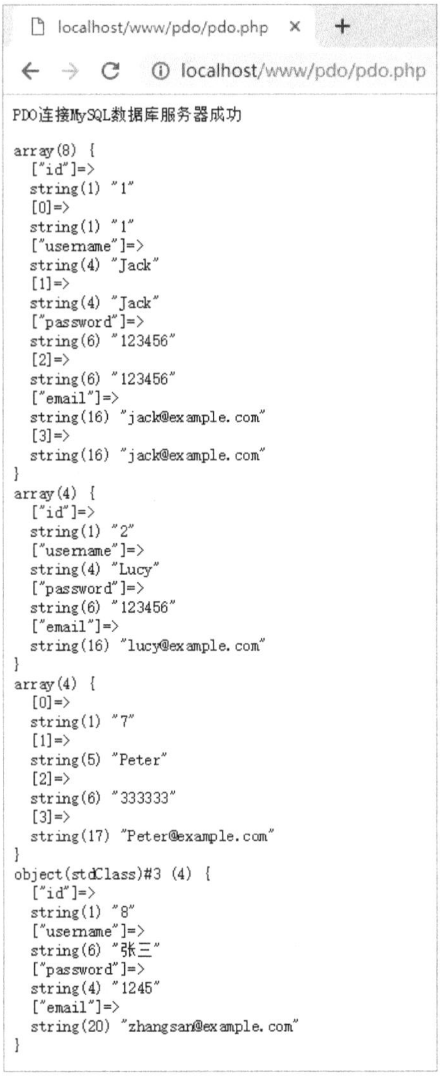

17.9.2　fetchAll()方法

使用 fetchAll()方法可以返回一个包含结果集中所有行的数组，它的语法格式如下：

```
array PDOStatement::fetchAll([int $fetch_style[, mixed fetch_arg[, array
ctor_arg]]])
```

其中，fetch_style 同 fetch()方法，fetch_arg 和 ctor_arg 用来设置 fetch_style 的具体特性，很少使用。

示例代码如下：

```
<?php
$dbms = "mysql";
$server = "localhost";
$username = "root";
$password = "123456";
$dbname = "account_pdo_db";
$dsn = "$dbms:host=$server;dbname=$dbname";
try {
    $pdo = new PDO ( $dsn, $username, $password );
    echo "<p>PDO 连接 MySQL 数据库服务器成功</p>";

    echo "<hr />";
    $result = $pdo->query ( "select * from account" );
    var_dump ( $result->fetchAll (PDO::FETCH_NUM) );

    echo "<hr />";
    $result = $pdo->query ( "select * from account" );
    var_dump ( $result->fetchAll ( PDO::FETCH_ASSOC ) );

    $pdo = null;
} catch ( PDOException $e ) {
    echo "<p>PDO 连接 MySQL 数据库服务器失败</p>";
    die ();
}
?>
```

运行结果如下图所示。

17.9.3　fetchColumn()方法

使用 fetchColumn()方法可以从结果集中获取下一行中指定列的值。它的基本语法格式如下：

```
string PDOStatement::fetchColumn([int column_num])
```

其中，column_num 是列的索引数字（从 0 开始），默认值为 0，表示第一列。

示例代码如下：

```
<?php
$dbms = "mysql";
$server = "localhost";
$username = "root";
$password = "123456";
$dbname = "account_pdo_db";
$dsn = "$dbms:host=$server;dbname=$dbname";
try {
    $pdo = new PDO ( $dsn, $username, $password );
    echo "<p>PDO 连接 MySQL 数据库服务器成功</p>";

    echo "<hr />";
    $result = $pdo->query ( "select * from account" );
    var_dump ( $result->fetchColumn());
    echo "<hr />";
    var_dump ( $result->fetchColumn(1));
    echo "<hr />";
    var_dump ( $result->fetchColumn(2));
    echo "<hr />";
    var_dump ( $result->fetchColumn(3));

    $pdo = null;
} catch ( PDOException $e ) {
    echo "<p>PDO 连接 MySQL 数据库服务器失败</p>";
    die ();
}
?>
```

运行结果如下图所示。

值得注意的是，这些取出来的值并不是同一行的。

17.10 SQL 注入

SQL 注入就是通过把 SQL 命令插入到 Web 表单提交或输入域名或页面请求的查询字符串，最终达到欺骗服务器执行恶意的 SQL 命令的目的。SQL 注入通常由于在执行 SQL 语句时，没有对用户通过 Web 表单提交的参数或查询的字符串进行特殊字符过滤等，导致欺骗服务器执行恶意 SQL 命令。

例如，“select * from account where username = ? and password = ?”，该语句后面连接提交的参数，如果是正常的参数，如用户名“老王”，密码“00544abc”，运行可以得到如下图所示的结果。

```
mysql> select * from account where username = '老王' and password = '00544abc';
+----+----------+----------+---------------------+
| id | username | password | email               |
+----+----------+----------+---------------------+
|  9 | 老王     | 00544abc | laowang@example.com |
+----+----------+----------+---------------------+
1 row in set (0.00 sec)
```

如果能查询到相应结果，则表示登录成功。但是如果某些人别有用心，参数给的是恶意 SQL 语句，如用户名为“'or 1=1;#”，密码为任意内容，则运行后可以得到如下图所示的内容。

```
mysql> select * from account where username = ''or 1=1;#' and password = '我真不知道密码是啥';
+----+------------+----------+----------------------+
| id | username   | password | email                |
+----+------------+----------+----------------------+
|  1 | Jack       | 123456   | jack@example.com     |
|  2 | Lucy       | 123456   | lucy@example.com     |
|  7 | Peter      | 333333   | Peter@example.com    |
|  8 | 张三       | 1245     | zhangsan@example.com |
|  9 | 老王       | 00544abc | laowang@example.com  |
| 10 | 柴可夫斯基 | love     | abc@abc.com          |
+----+------------+----------+----------------------+
6 rows in set (0.00 sec)
```

可见这样的结果不是我们想要的，有漏洞的脚本是致命的。现在数据库信息泄露问题会导致重大的经济损失或严重的信用危机。为了防止这种情况发生，在写脚本文件时，通常会考虑防止 SQL 注入，最简单的办法就是使用预处理语句，因为预处理语句事先已经编译了语句，所以其传递的参数是不参与解释的。

17.11 本章小结

本章主要介绍了使用 mysqli 扩展操作 MySQL 数据库的方法，需要掌握 mysqli 扩展库中的常用方法，包括连接服务器、选择数据库、执行 SQL 语句、清空记录集、关闭服务器等方法，同时也介绍了面向对象在 mysqli 扩展库中的应用。本章还重点介绍了 PDO 和预处理语句，需要重点学习和使用预处理语句。

章节练习

设计一个电子公告牌的管理模板，推荐使用面向对象编程来设计。具体内容包括显示公告、增加公告、删除公告和查询公告，同时对于显示公告页面来说，应尽量做成分页加载的形式。

第 18 章 Laravel 框架

学习任务

【任务 1】掌握 Laravel 的安装。

【任务 2】掌握 Laravel 的使用。

学习路线

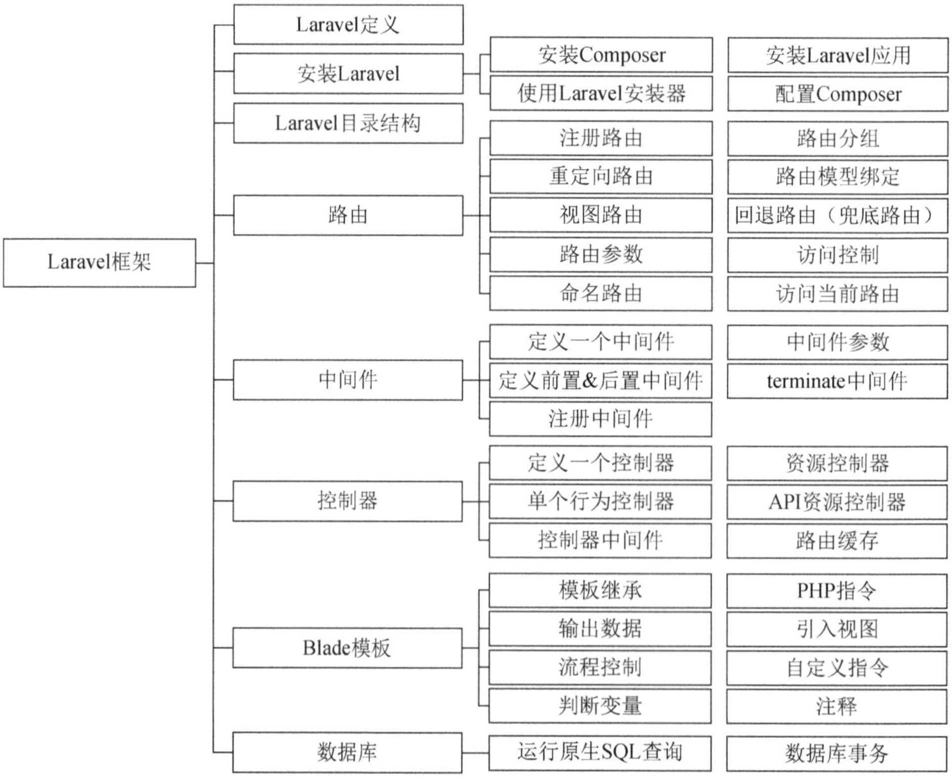

18.1 Laravel 定义

框架是一个半成品，它已经对基础的代码进行了封装并提供了相应的 API，开发者在使用框架时直接调用封装好的 API 可以省去很多代码编写工作，从而提高工作效率和开发速度。

Laravel 是一套简洁、优雅的 PHP Web 开发框架。

18.2 安装 Laravel

18.2.1 安装 Composer

从 https://getcomposer.org/Composer-Setup.exe 网址下载安装程序，并单击下载的安装程序，会自动安装并配置好系统的环境变量，这样是最简单的安装方法。

18.2.2 使用 Laravel 安装器

从 Laravel 5.x 开始，Laravel 安装器需要使用 Composer 来安装，在 Composer 中执行如下命令：

```
composer global require laravel/installer
```

在执行完成后，就可以使用 Laravel 安装器了，如果需要创建一个新的项目，则需要执行如下命令：

```
laravel new blog
```

运行结果如下图所示。

```
C:\www>laravel new blog
Crafting application...
Loading composer repositories with package information
Installing dependencies (including require-dev) from lock file
Package operations: 76 installs, 0 updates, 0 removals
  - Installing doctrine/inflector (v1.3.0): Loading from cache
  - Installing doctrine/lexer (v1.0.1): Loading from cache
  - Installing dragonmantank/cron-expression (v2.3.0): Loading from cache
  - Installing erusev/parsedown (1.7.3): Loading from cache
  - Installing symfony/polyfill-ctype (v1.11.0): Loading from cache
  - Installing phpoption/phpoption (1.5.0): Loading from cache
  - Installing vlucas/phpdotenv (v3.3.3): Loading from cache
  - Installing symfony/css-selector (v4.2.6): Loading from cache
  - Installing tijsverkoyen/css-to-inline-styles (2.2.1): Loading from cache
  - Installing symfony/polyfill-php72 (v1.11.0): Loading from cache
  - Installing symfony/polyfill-mbstring (v1.11.0): Loading from cache
  - Installing symfony/var-dumper (v4.2.6): Loading from cache
  - Installing symfony/routing (v4.2.6): Loading from cache
  - Installing symfony/process (v4.2.6): Loading from cache
  - Installing symfony/http-foundation (v4.2.6): Loading from cache
  - Installing symfony/contracts (v1.0.2): Loading from cache
```

在第一次使用 Laravel 安装器时，会下载安装很多东西，需要耐心等待，在下载完成后，可以使用浏览器打开 index.php 文件，如果看到如下图所示的画面，则表示 Laravel 安装成功了。

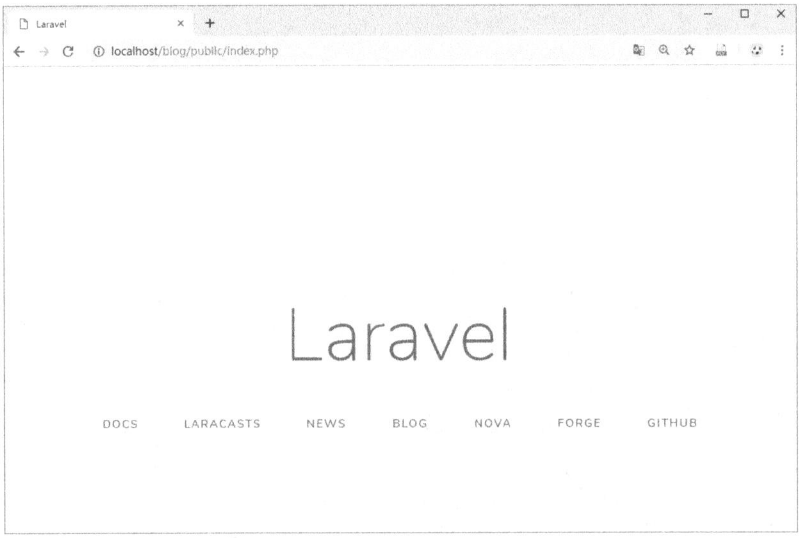

18.2.3　安装 Laravel 应用

我们还可以在终端中通过 Composer 的 create-project 命令来安装 Laravel 应用，命令格式如下：

```
composer create-project --prefer-dist laravel/laravel blog
```

如果要指定 Laravel 的特定版本，则需要在命令后面连接版本信息，格式如下：

```
composer create-project --prefer-dist laravel/laravel blog 5.7.*
```

18.2.4　配置 Composer

在实际使用中，由于在国内使用 Composer 时经常会感觉很慢，有时甚至会报错，因此通常会使用其他的镜像站来代替官方下载点，这里推荐两个镜像站。

Laravel China 镜像站，使用如下命令格式进行配置：

```
composer config -g repo.packagist composer https://packagist.laravel-china.org
```

cnpkg 镜像站，使用如下命令格式进行配置：

```
composer config -g repos.packagist composer https://php.cnpkg.org
```

如果想取消使用镜像站，则使用如下命令格式进行配置：

```
composer config -g --unset repos.packagist
```

18.3 Laravel 目录结构

对于刚安装好的 Laravel 来说，其目录结构如下图所示。

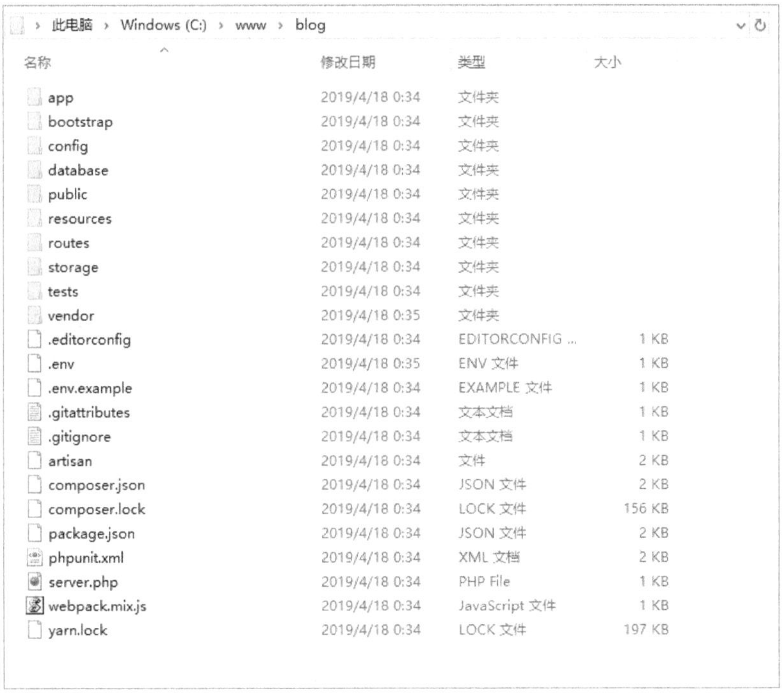

1. app 目录

app 目录包含了应用的核心代码，注意不是框架的核心代码，框架的核心代码在 \vendor\laravel\framework 中，此外，用户为应用编写的代码绝大多数也会被放在这里，当然，如果用户基于 Composer 做了 PHP 组件化开发，则 app 目录中存放的可能只有一些入口性的代码。

2. bootstrap 目录

bootstrap 目录包含了少许文件，app.php 用于框架的启动和自动载入配置，还有一个

cache 文件夹，其中包含了框架为提升性能所生成的文件，如路由和服务缓存文件。

3．config 目录

config 目录包含了应用的所有配置文件，建议通读一遍这些配置文件以便熟悉 Laravel 所有默认配置项。

4．database 目录

database 目录包含了数据库迁移文件及填充文件，如果用户使用了 SQLite，则还可以将其作为 SQLite 数据库的存放目录。

5．public 目录

public 目录包含了应用入口文件 index.php 和前端资源文件（图片、JavaScript、CSS 等），该目录也是 Apache 或 Nginx 等 Web 服务器所指向的应用根目录，这样做的好处是避免应用核心文件直接暴露在 Web 根目录之下，如果权限系统没做好或服务器配置有漏洞，则很可能导致应用敏感文件被黑客窃取，进而对网站安全造成威胁。

6．resources 目录

resources 目录包含了应用视图文件和未编译的原生前端资源文件（Less、Sass、JavaScript），以及本地化语言文件。

7．routes 目录

routes 目录包含了应用定义的所有路由。Laravel 默认提供了 4 个路由文件，即 web.php、api.php、console.php 和 channels.php 文件，用于给不同的入口使用。

- web.php 文件包含的路由通过 RouteServiceProvider 引入，都被约束在 Web 中间件组中，因而支持 Session、CSRF 保护和 Cookie 加密功能，如果应用无须提供无状态的、RESTful 风格的 API，那么路由基本上都要定义在 web.php 文件中。
- api.php 文件包含的路由通过 RouteServiceProvider 引入，都被约束在 API 中间件组中，因而支持频率限制功能，这些路由是无状态的，所以请求通过这些路由进入应用，需要通过 token 进行认证，并且不能访问 Session 状态。
- console.php 文件用于定义所有基于闭包的控制台命令，每个闭包都被绑定一个控制台命令，并且允许与命令行 IO 方法进行交互，虽然这个文件并不定义 HTTP 路由，但是它定义了基于控制台的应用入口（路由）。
- channels.php 文件用于注册应用支持的所有事件广播频道。

8．storage 目录

storage 目录包含了编译后的 Blade 模板、基于文件的 Session、文件缓存，以及其他由框架生成的文件。该目录被细分为 app、framework 和 logs 目录，app 目录用于存放应用生成的文件；framework 目录用于存放框架生成的文件和缓存；logs 目录用于存放应用的日志文件。

storage\app\public 目录用于存储用户生成的文件，如可以被公开访问的用户头像。如果要达到被 Web 用户访问的目的，则需要在 public（应用根目录下的 public 目录）目录下生成一个软链接 storage，用来指向这个目录，可以通过“php artisan storage:link”命令来生成这个软链接。

9．tests 目录

tests 目录包含自动化测试文件，其中默认已经提供了一个开箱即用的 PHPUnit 示例；每一个测试类都要以 test 开头，用户可以通过 phpunit 或 phpvendor/bin/phpunit 命令来运行测试。

10．vendor 目录

vendor 目录包含了应用中所有通过 Composer 加载的依赖。

18.4 路由

所有的 Laravel 路由都在 routes 目录中的路由文件中定义，这些文件都由框架自动加载。routes\web.php 文件用于定义 Web 界面的路由，其中的路由都会被分配给 Web 中间件组，它提供了会话状态和 CSRF 保护等功能。在 routes\api.php 文件中定义的路由都是无状态的，并且被分配了 API 中间件组。

最基本的 Laravel 路由只接收一个 URI 和一个闭包，Laravel 以此为基础提供了一个非常简单、优雅的路由定义方法。例如，在安装配置文档中新建的 blog 应用中，可以在 routes\web.php 文件中定义该路由，代码如下：

```
Route::get ( 'hello', function () {
    return "hello";
} );
```

新增加路由的代码如下图所示。

```
<?php

/*
 * |--------------------------------------------------------------------------
 * | Web Routes
 * |--------------------------------------------------------------------------
 * |
 * | Here is where you can register web routes for your application. These
 * | routes are loaded by the RouteServiceProvider within a group which
 * | contains the "web" middleware group. Now create something great!
 * |
 */
Route::get ( '/', function () {
    return view ( 'welcome' );
} );

Route::get ( 'hello', function () {
    return "hello";
} );
```

新增加路由

在添加完成后，我们在浏览器中通过“http://localhost/blog/public/index.php/hello”就可以访问刚刚定义的路由，运行结果如下图所示。

18.4.1 注册路由

在注册路由时可以指定 HTTP 动作，如 Route::get 和 Route::post 方法等，语法格式如下：

```
Route::get($uri, $callback);
Route::post($uri, $callback);
Route::put($uri, $callback);
Route::delete($uri, $callback);
```

如果想匹配多种 HTTP 动作，可以使用 Route::match 方法来注册路由，语法格式如下：

```
Route::match(['get', 'post'], 'foobar', $callback);
```

HTTP 动作还有很多，如 delete、patch、put 等，如果想匹配所有 HTTP 动作，则可以使用 Route::any 来注册路由，语法格式如下：

```
Route::any('foobar', $callback);
```

我们在 routes\web.php 文件中再使用 Route::post 方法定义一个路由：

```
Route::post( 'hello', function () {
    return "hello from post";
} );
```

添加代码如下图所示。

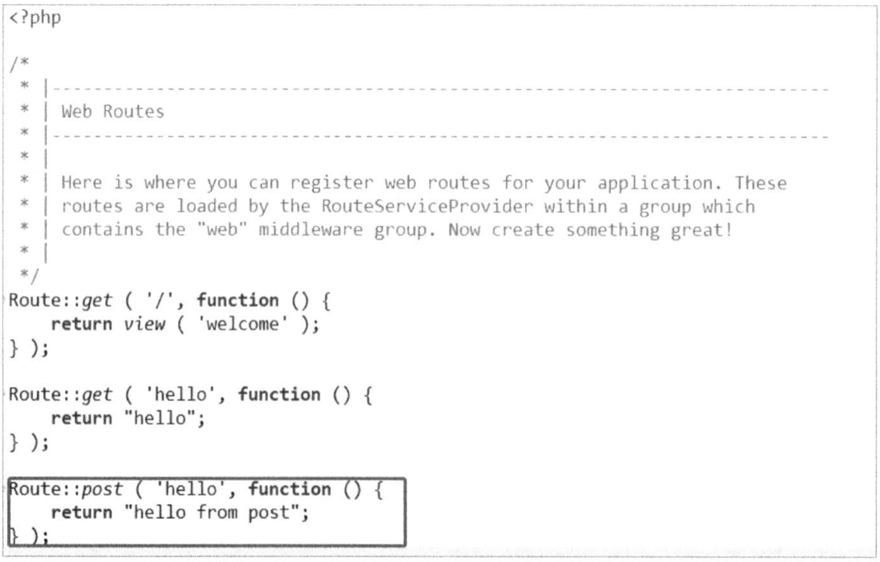

```
<?php

/*
 * |--------------------------------------------------------------------------
 * | Web Routes
 * |--------------------------------------------------------------------------
 * |
 * | Here is where you can register web routes for your application. These
 * | routes are loaded by the RouteServiceProvider within a group which
 * | contains the "web" middleware group. Now create something great!
 * |
 */
Route::get ( '/', function () {
    return view ( 'welcome' );
} );

Route::get ( 'hello', function () {
    return "hello";
} );

Route::post ( 'hello', function () {
    return "hello from post";
} );
```

此时，如果直接使用 postman 等工具发送 POST 请求，则会返回 419 错误，如下图所示。

这是因为在测试 POST 请求之前，需要将对应路由取消 CSRF 保护检查，取消的方法是在 app\Http\Middleware\VerifyCsrfToken.php 文件中设置排除检查路由，如下图所示。

*VerifyCsrfToken.php

```php
<?php

namespace App\Http\Middleware;

use Illuminate\Foundation\Http\Middleware\VerifyCsrfToken as Middleware;

class VerifyCsrfToken extends Middleware {
    /**
     * Indicates whether the XSRF-TOKEN cookie should be set on the response.
     *
     * @var bool
     */
    protected $addHttpCookie = true;

    /**
     * The URIs that should be excluded from CSRF verification.
     *
     * @var array
     */
    protected $except = [
        'hello',
    ];
}
```

在将 URL 添加进去后，再次使用 postman 测试，此时发现返回成功，如下图所示。

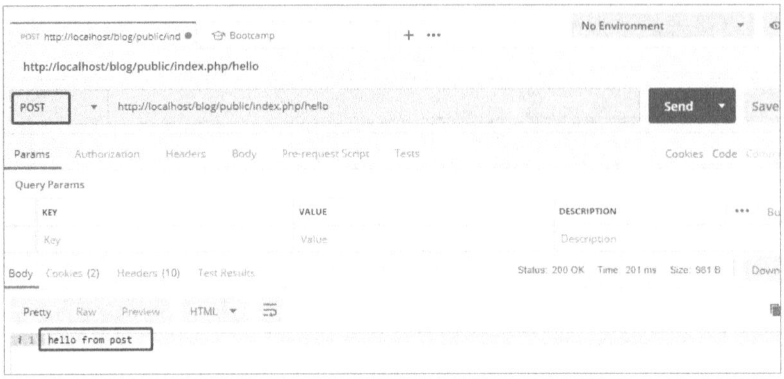

18.4.2 重定向路由

如果要定义重定向到另一个 URI 的路由，则可以使用 Route::redirect 方法。这个方法可以快速地实现重定向，而不再需要去定义完整的路由或控制器，例如：

```
Route::redirect('/here', '/there');
```

Route::redirect 默认会返回状态码 302，可以通过第三个参数自定义返回码：

```
Route::redirect('/here', '/there',301);
```

也可以使用 Route::permanentRedirect 方法来返回 301 状态码：

```
Route::permanentRedirect('/here', '/there');
```

18.4.3 视图路由

如果路由只需要返回一个视图，则可以使用 Route::view 方法。它和 Route::redirect 方法一样方便，不需要定义完整的路由或控制器。Route::view 方法有 3 个参数，其中前两个参数是必选参数，分别是 URI 和视图名称。第 3 个参数是可选参数，可以传入一个数组，数组中的数据会被传递给视图。Route::view 方法调用的 URL 文件是在 resources\views 目录下的。例如：

```
Route::view ( '/welcome', 'welcome' );
Route::view ( '/welcome', 'welcome', [
        'name' => 'Jack'
] );
```

这里，会调用“resources\views\welcome.blade.php”这个文件，运行结果如下图所示。

18.4.4 路由参数

有时我们需要在路由中获取 URI 请求参数。例如，如果要从 URI 中获取用户 ID，则需要通过如下方式定义路由参数：

```
Route:: get ( 'hello/{id}', function ($id) {
    return  'Welcome User ' . $id;
} );
```

运行结果如下图所示。

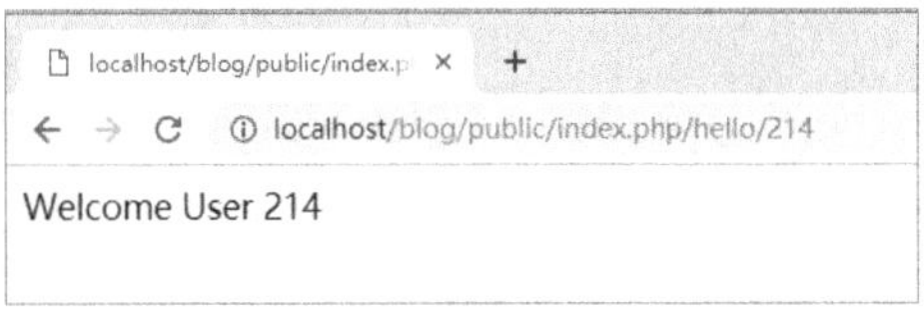

有必选参数就有可选参数，如果参数不是必要的，则我们可以在参数名后加一个“?”标记来区分。例如：

```
Route::get ( 'hello/{id}/sex/{sex}/age/{age?}', function ($id, $sex, $age
= 18) {
    return 'welcome user' . $id . '! Its sex is ' . $sex . '! Its age is
' . $age;
} );
```

有参数（在地址栏中设置 age 参数为 15）运行结果如下图所示。

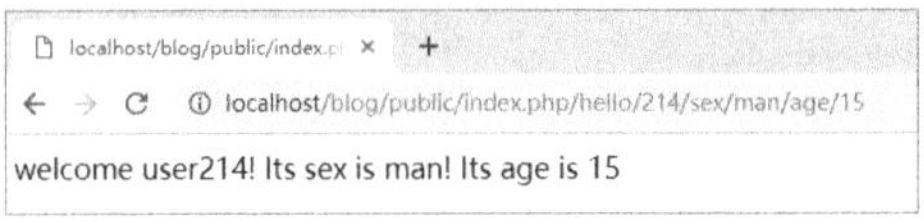

无参数运行结果如下图所示。

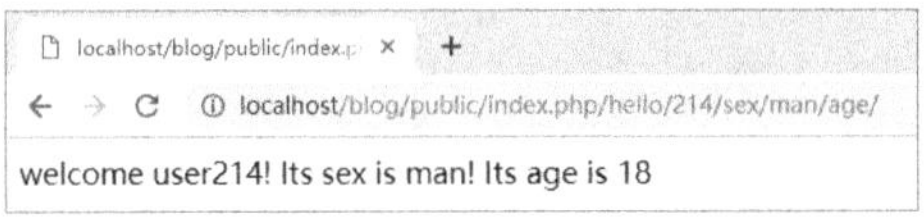

实例上，路由还可以使用 WHERE 语句约束路由参数的格式。WHERE 语句接受参数名称和定义参数应如何约束的正则表达式。例如：

```
//id 必须是数字
Route::get ( 'hello/{id}', function ($id) {
    return 'Welcome User ' . $id;
} )->WHERE ( 'id', '[0-9]+' );
```

在参数是 12，符合正则条件时，运行结果如下图所示。

在参数是 jack，不符合正则条件时，运行结果如下图所示。

18.4.5 命名路由

命名路由为生成 URL 或重定向提供了方便，实现起来也很简单，在路由定义之后，可以使用 name 方法链的方式来定义该路由的名称，例如：

```
Route::get ( 'user/profile', function () {
    // 通过路由名称生成 URL
    return 'my url: ' . route ( 'profile' );
} )->name ( 'profile' );

Route::get ( 'redirect', function () {
    // 通过路由名称进行重定向
    return redirect ()->route ( 'profile' );
} );
```

运行结果如下图所示。

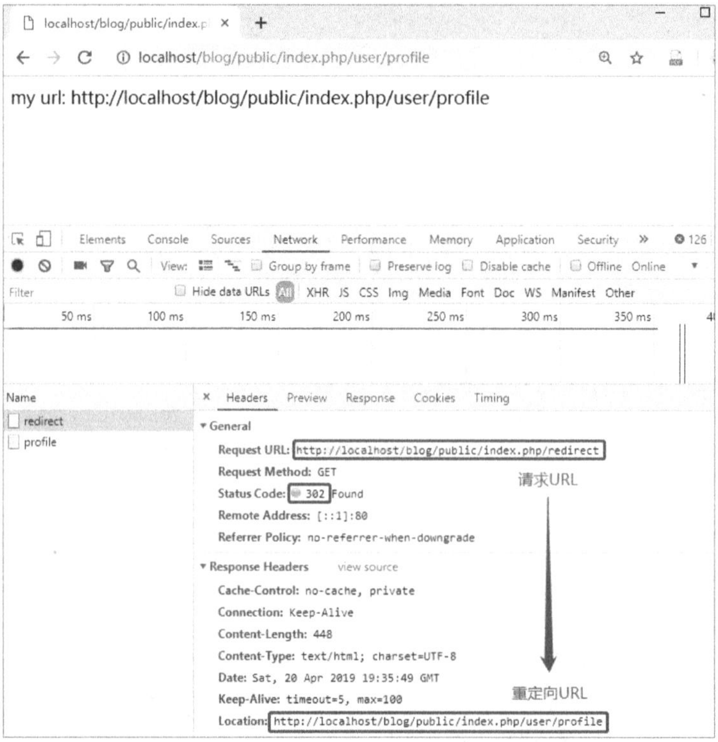

如果命名路由定义了参数，则可以将该参数作为第二个参数传递给 route()函数，同时给定的路由参数会自动插入到 URL 中，例如：

```
Route::get ( 'user/{id}/profile', function ($id) {
    // 通过路由名称生成 URL
    return 'my url: ' . route ( 'profile', [
            'id' => $id
    ] );
} )->name ( 'profile' );

Route::get ( 'redirect/{id}', function ($id) {
    // 通过路由名称进行重定向
    return redirect ()->route ( 'profile', [
            'id' => $id
    ] );
} );
```

运行结果如下图所示。

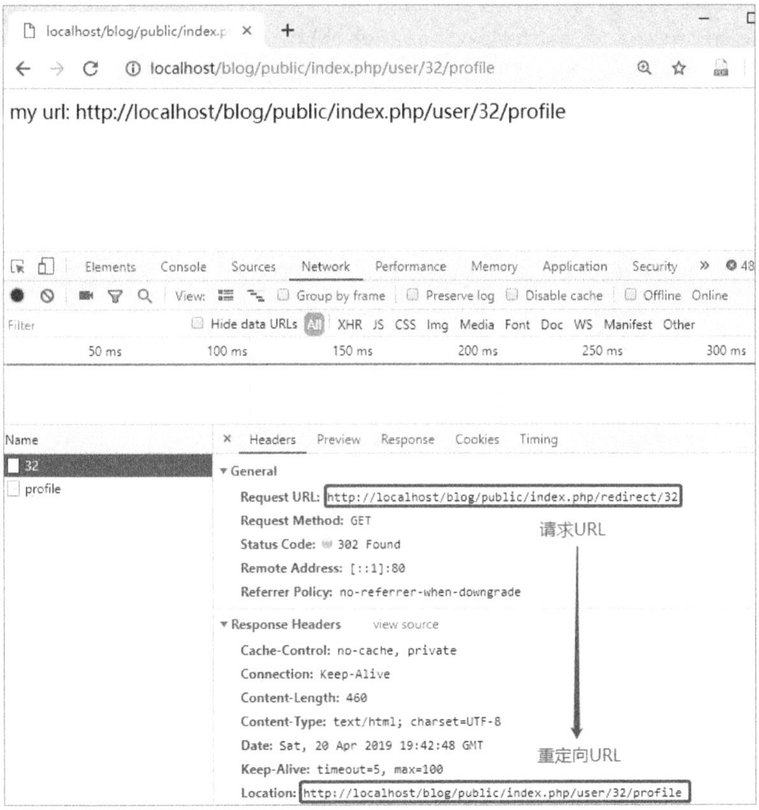

18.4.6 路由分组

路由分组的目的是在多个路由中共享相同的路由属性，如中间件和命名空间等，这样在定义了大量的路由时就不必为每一个路由单独定义属性。共享属性以数组的形式作为第一个参数被传递给 Route::group 方法。

- 中间件，要给某个路由分组中定义的所有路由分配中间件，可以在定义分组之前使用 Route::middleware 方法。中间件会按照数组中定义的顺序依次执行。
- 命名空间，要给某个路由组中定义的所有路由定义一个命名空间，可以在定义分组之前使用 namespace 方法分配同一个 PHP 命名空间。在默认情况下，RouteServiceProvider 会在命名空间中引入路由文件，不用指定完整的 App\Http\Controllers 命名空间前缀就能注册控制器路由。因此，只需要指定命名空间 App\Http\Controllers 之后的部分。

可以打开 app\Providers\RouteServiceProvider.php 文件查看在源代码中是如何定义的，源代码如下：

```
protected $namespace = 'App\Http\Controllers';
protected function mapWebRoutes()
{
    Route::middleware('web')
         ->namespace($this->namespace)
         ->group(base_path('routes/web.php'));
}

protected function mapApiRoutes()
{
    Route::prefix('api')
         ->middleware('api')
         ->namespace($this->namespace)
         ->group(base_path('routes/api.php'));
}
```

可以看到 api.php 和 web.php 默认的命名空间都是 App\Http\Controllers，而且各自使用了中间件。

路由分组还可以用于处理子域名路由，子域名路由可以像 URI 一样被分配给路由参数，从而允许捕获子域名的部分用于路由或控制器，子域名路由可以在定义分组之前调用 Route::domain 方法来指定。示例代码如下：

```
Route::domain ( '{account}.blog.com' )->group ( function () {
    Route::get ( 'user/{id}', function ($account, $id) {
        //
    } );
} );
```

使用 Route::prefix 方法可以为路由组中给定的 URL 增加前缀。例如，可以为路由组中所有路由的 URI 加上 admin 前缀。

使用 Route::name 方法可以为路由组中的每个路由名称添加一个给定的字符串。例如，可以为路由组中所有路由名称加上 admin 前缀。由于给定字符串和指定路由名称前缀字符串完全一样，因此通常需要在前缀字符串末尾后加上“.”字符。示例代码如下：

```
Route::prefix('admin')->group(function () {
    Route::get('users', function () {
        // 匹配包含 "/admin/users" 的 URL
    });
});
Route::name('admin.')->group(function () {
    Route::get('users', function () {
        // 指定路由名为 "admin.users"
    })->name('users');
});
```

18.4.7 路由模型绑定

当向路由或控制器行为中注入模型 ID 时，就需要查询这个 ID 对应的模型。Laravel 为路由模型绑定提供了一个自动将模型实例注入路由中的方法。例如，用户可以注入与给定 ID 匹配的整个 User 模型实例，而不是仅仅注入用户的 ID。Laravel 提供了隐式和显式两种绑定方式。

1. 隐式绑定

Laravel 会自动解析定义在路由或控制器行为中与类型提示的变量名匹配的路由段名称的 Eloquent 模型。例如：

```
Route::get('api/users/{user}', function(App\User$user){
return $user->email;
});
```

在这个例子中，由于$user 变量被类型提示为 Eloquent 模型 App\User，变量名称又与 URI 中的{user}匹配，因此 Laravel 会自动注入与请求 URI 中传入的 ID 匹配的用户模型实例。如果在数据库中找不到对应的模型实例，则会自动生成 404 异常。

如果想要模型绑定在检索给定的模型类时使用除 id 外的数据库字段，则可以在 Eloquent 模型上重写 getRouteKeyName 方法，代码如下：

```
/**
*获取该模型的路由的自定义键名
*
*@returnstring
*/
public function getRouteKeyName()
{
    return 'name';
}
```

2. 显式绑定

如果要注册显式绑定，则可以使用 Route::model 方法来为给定参数指定类。在

RouteServiceProvider 类的 parent::boot 方法中定义这些显式模型绑定，代码如下：

```
public function boot()
{
    parent::boot();

    Route::model('user', App\User::class);
}
```

接着，定义一个包含{user}参数的路由:

```
Route::get('profile/{user}', function(App\User$user){});
```

如果在数据库中找不到匹配的模型实例，则会自动抛出一个 404 异常。

如果想要使用自定义的解析逻辑，则可以使用 Route::bind 方法。传递到 Route::bind 方法的闭包会接受 URI 中大括号对应的值，并且返回想要在该路由中注入的类的实例。示例代码如下：

```
public function boot()
{
    parent::boot();

    Route::bind('user', function ($value) {
            return App\User::where('name', $value)->first() ?? abort(404);
    });
}
```

或者可以重写 Eloquent 模型上的 resolveRouteBinding 方法。此方法会接受 URI 中大括号对应的值，并且返回想要在该路由中注入的类的实例。示例代码如下：

```
/**
 * 检索绑定值的模型
 *
 * @param  mixed  $value
 * @return \Illuminate\Database\Eloquent\Model|null
 */
public function resolveRouteBinding($value)
{
    return $this->where('name', $value)->first() ?? abort(404);
}
```

18.4.8 回退路由（兜底路由）

使用 Route::fallback 方法可以定义在没有其他路由匹配传入请求时执行的路由。通常未处理的请求会通过应用程序的异常处理程序自动呈现“404”页面。但是可以在 routes\web.php 文件中定义 fallback 路由，Web 中间件的所有中间件都会应用到路由中。当然，也可以根据需要向这条路由中添加额外的中间件。示例代码如下：

```
Route::fallback(function () {
    //
});
```

由于回退路由又叫兜底路由，因此它一般被放到应用注册的所有路由的后面。

18.4.9　访问控制

Laravel 包含了一个 Route::middleware 方法，用于控制应用程序对路由的访问。使用 Route::middleware 方法可以将 throttle 中间件分配给一个路由或一个路由组。throttle 中间件会接收两个参数，这两个参数决定了在给定的分钟数内可以进行的最大请求数。例如，我们可以指定一个经过身份验证，并且用户每分钟访问频率不超过 60 次的路由组，代码如下：

```
Route::middleware('auth:api', 'throttle:60,1')->group(function () {
    Route::get('/user', function () {
    });
});
```

我们还可以动态地进行访问控制，如根据已验证的 User 模型的属性，指定动态请求的最大值。User 模型包含 rate_limit 属性，可以将这个属性传递给 throttle 中间件，以便动态设置最大请求数，代码如下：

```
Route::middleware('auth:api', 'throttle: rate_limit,1')->group(function
() {
    Route::get('/user', function () {
    });
});
```

18.4.10　访问当前路由

使用 Route Facade 上的 Route::current、Route::currentRouteName 和 Route::currentRoute Action 方法可以访问处理当前输入请求的路由信息，代码如下：

```
// 获取当前路由实例
$route = Route::current();
// 获取当前路由名称
$name = Route::currentRouteName();
// 获取当前路由 action 属性
$action = Route::currentRouteAction();
```

可以通过 https://laravel.com/api/5.8/Illuminate/Routing/Router.html 和 https://laravel.com/api/5.8/Illuminate/Routing/Route.html 两个网址查看 Route Facade 和 Route 的所有 API。

18.5　中间件

中间件为过滤进入应用的 HTTP 请求提供了一套便利的机制。例如，Laravel 内置了一个中间件来验证用户是否经过认证（如登录），如果用户没有经过认证，则中间件会将用户重定向到登录页面；而如果用户已经经过认证，则中间件会允许请求继续往前进入下一步操作。除了认证功能，中间件还可以被用来处理很多其他任务。比如，CORS 中间件可以为离开站点的响应添加合适的头（跨域）；日志中间件可以记录所有进入站点的请求，从而方便我们构建系统日志系统。

Laravel 自带了一些中间件，包括认证、CSRF 保护中间件等。所有的中间件都位于 app\Http\Middleware 目录下。

中间件可以理解为“关卡”，是 HTTP 请求必须经过才能进入用户应用的“关卡”。每一个关卡都会检查 HTTP 请求是否符合某些条件，如果不符合这些条件，则关卡可以在请求访问用户的应用之前完全拒绝 HTTP 请求。

18.5.1　定义一个中间件

在 Laravel 的根目录下可以通过 artisan 命令 make:middleware 来定义中间件，如在命令行中调用如下命令：

```
php artisan make:middleware CheckAge
```

这个命令会在 app\Http\Middleware 目录下创建一个新的中间件 CheckAge。

我们可以设置仅允许 age 参数大于 12 的请求对此路由进行访问，否则，将重定向到 home，代码如下：

```
<?php
namespace App\Http\Middleware;

use Closure;

class CheckAge {
/**
 * Handle an incoming request.
 *
 * @param \Illuminate\Http\Request $request
 * @param \Closure $next
 * @return mixed
 */
public function handle($request, Closure $next) {
    if ($request->input( 'age' ) <= 12) {
       return redirect ( 'home' );
    }
       return $next ( $request );
    }
}
```

18.5.2　定义前置&后置中间件

中间件是在请求之前执行还是在请求之后执行取决于中间件本身。

例如，下面的中间件会在应用处理请求之前执行某些任务：

```
<?php
namespace App\Http\Middleware;

use Closure;

class BeforeMiddleware
{
    public function handle($request, Closure $next)
    {
        // Perform action
        return $next($request);
    }
}
```

而下面的中间件会在应用处理请求之后执行某些任务：

```
<?php
namespace App\Http\Middleware;

use Closure;

class AfterMiddleware
{
    public function handle($request, Closure $next)
    {
        $response = $next($request);
        // Perform action
        return $response;
    }
}
```

18.5.3　注册中间件

常用的中间件分为 3 类，分别是全局中间件、中间件组和指定路由中间件。

1. 全局中间件

如果一个中间件是全局中间件，则它会在应用处理每个 HTTP 请求期间运行。只需要在 app\Http\Kernel.php 文件中的$middleware 属性中加入这个中间件即可。

2. 中间件组

有时可以使用一个键把多个中间件打包成一个组，以便将它们应用到路由中。只需要在 app\Http\Kernel.php 文件中的$middlewareGroups 属性中加入这个中间件即可。

Laravel 内置了开箱即用的 Web 和 API 中间件组，其中包含可能应用于 Web UI 和 API 路由的常用中间件，代码保存在 app\Http\Kernel.php 文件中，代码如下：

```
protected $middlewareGroups = [
    'web' => [
        \App\Http\Middleware\EncryptCookies::class,
        \Illuminate\Cookie\Middleware\AddQueuedCookiesToResponse::class,
        \Illuminate\Session\Middleware\StartSession::class,
        \Illuminate\View\Middleware\ShareErrorsFromSession::class,
        \App\Http\Middleware\VerifyCsrfToken::class,
        \Illuminate\Routing\Middleware\SubstituteBindings::class,
    ],

    'api' => [
        'throttle:60,1',
        'auth:api',
    ],
];
```

3. 指定路由中间件

如果想为指定的路由分配中间件，则应该先在 app\Http\Kernel.php 文件内为该中间件分配一个键。在默认情况下，该文件中的$routeMiddleware 属性下包含了 Laravel 内置的中间件。若要加入自定义的中间件，则只需把它附加到列表后并为其分配一个自定义键。一旦定义好中间件，就可以使用 Route::middleware 方法为路由分配中间件。app\Http\Kernel.php 文件的$routeMiddleware 属性初始值如下：

```
protected $routeMiddleware = [
    'auth' => \App\Http\Middleware\Authenticate::class,
    'auth.basic' => \Illuminate\Auth\Middleware\AuthenticateWithBasicAuth::
class,
    'bindings' => \Illuminate\Routing\Middleware\SubstituteBindings::class,
    'cache.headers' => \Illuminate\Http\Middleware\SetCacheHeaders::class,
    'can' => \Illuminate\Auth\Middleware\Authorize::class,
    'guest' => \App\Http\Middleware\RedirectIfAuthenticated::class,
    'signed' => \Illuminate\Routing\Middleware\ValidateSignature::class,
    'throttle' => \Illuminate\Routing\Middleware\ThrottleRequests::class,
    'verified' => \Illuminate\Auth\Middleware\EnsureEmailIsVerified::class,
];
```

18.5.4 中间件参数

在定义中间件时，可以定义带参数的中间件。附加的中间件参数应该连接在$next 之后，代码如下：

```
<?php
namespace App\Http\Middleware;
```

```
use Closure;

class CheckRole
{
    public function handle($request, Closure $next, $role)
    {
        if (! $request->user()->hasRole($role)) {
            // Redirect...
        }
        return $next($request);
    }
}
```

这种带参数的中间件在定义路由时通过“:”分隔中间件名和参数，多个中间件参数可以通过逗号分隔。示例代码如下：

```
Route::post('post/{id}', function ($id) {
    //
})->middleware('checkrole:editor');
```

18.5.5 terminate 中间件

有时在准备好 HTTP 响应之后，中间件可能需要做一些工作。例如，Laravel 内置的 Session 中间件会在完全准备好响应后，将会话数据写入存储。如果用户在中间件上定义了一个 terminate 方法，则它会在响应准备发送到浏览器之后自动调用，代码如下：

```
<?php
namespace Illuminate\Session\Middleware;

use Closure;

class StartSession
{
    public function handle($request, Closure $next)
    {
        return $next($request);
    }

    public function terminate($request, $response)
    {
        // Store the session data...
    }
}
```

terminate 方法会同时接收请求和响应。在定义一个 terminate 中间件之后，还需要将其加入 app\Http\Kernel.php 文件的全局中间件列表中。当调用中间件上的 terminate 方法时，

Laravel 会从服务容器中取出一个该中间件的新实例，如果用户想要在调用 handle 和 terminate 方法时使用同一个中间件实例，则需要使用服务容器提供的 singleton 方法，并以单例的方式将该中间件注册到服务容器中。

18.6 控制器

前文的演示示例都是将所有的请求处理逻辑放在路由文件的闭包函数中，这显然是不合理的。一般需要使用控制器来组织管理相对复杂的业务逻辑。控制器用于将相关的 HTTP 请求封装到一个类中进行处理，这些控制器存放在 app\Http\Controllers 目录下。

18.6.1 定义一个控制器

和中间件一样，在 Laravel 的根目录下可以通过 artisan 命令 make:controller 来定义控制器，如在命令行中调用如下命令：

```
php artisan make:controller UserController
```

这个命令会在 app\Http\Controllers 目录下创建一个新的控制器 UserController。新建的控制器都继承自 Controller，而 Controller 又继承自 BaseController。BaseController 提供了很多便捷的方法供子类使用，如 middleware、validate、dispatch 等。我们可以给 UserController 添加一个 show()方法，代码如下：

```
<?php
namespace App\Http\Controllers;

use App\User;
use App\Http\Controllers\Controller;

class UserController extends Controller
{
    public function show($id)
    {
        return view('user.profile', ['user' => User::findOrFail($id)]);
    }
}
```

路由中使用“@”来指定调用控制器的方法，代码如下：

```
Route::get('user/{id}', 'UserController@show');
```

18.6.2 单个行为控制器

如果想定义一个只处理单个行为的控制器，则可以在控制器中定义一个__invoke 方法，代码如下：

```
<?php
```

```
namespace App\Http\Controllers;

use App\User;
use App\Http\Controllers\Controller;

class ShowProfile extends Controller
{
    /**
     * 展示给定用户的资料
     *
     * @param  int  $id
     * @return View
     */
    public function __invoke($id)
    {
        return view('user.profile', ['user' => User::findOrFail($id)]);
    }
}
```

当注册单个行为控制器的路由时，无须指明方法，代码如下：

```
Route::get('user/{id}', ''ShowProfile'');
```

还可以通过 artisan 命令 make:controller 中的--invokable 选项来生成一个单个行为的控制器，代码如下：

```
php artisan make:controller ShowProfile --invokable
```

18.6.3　控制器中间件

中间件可以被分配给控制器，代码如下：

```
Route::get('profile', 'UserController@show')->middleware('auth');
```

通常将中间件放在控制器构造函数中更方便，在控制器的构造函数中使用 middleware 方法可以很轻松地分配中间件给该控制器，前面提到过该方法继承自 BaseController，所以该中间件对这个控制器的所有方法都生效；还可以指定中间件对指定方法生效，或者排除指定方法的校验；除了这种常规的中间件，控制器还允许使用一个闭包注册中间件。这在没有定义整个中间件类的情况下为单个控制器定义中间件提供了一种方便的方法。示例代码如下：

```
<?php
namespace App\Http\Controllers;

use App\User;
use Illuminate\Http\Request;

class UserController extends Controller
{
```

```
    public function __construct()
    {
        $this->middleware('token');
        $this->middleware('auth1')->only('show');    // 只对该方法生效
        $this->middleware('auth2')->except('show'); // 对该方法以外的方法生效
        $this->middleware(function ($request, $next) {
            // 匿名中间件
            return $next($request);
        });

    }
}
```

18.6.4 资源控制器

Laravel 资源路由将典型的“CURD（增删改查）”路由分配给具有单行代码的控制器。例如，用户希望创建一个控制器来处理应用保存的“照片”的所有 HTTP 请求，则使用 artisan 命令 make:controller 可以快速创建这样一个控制器，语法格式如下：

```
php artisan make:controller PhotoController --resource
```

这个命令会生成一个控制器并保存在 app\Http\Controllers\PhotoController.php 文件中，其中包括每个可用资源操作的方法。

生成的控制器为每个行为保留了方法，包括关于处理 HTTP 动作和 URL 的声明注释。如下表所示。

请求方式	URI 路径	资源控制器方法	路由名称
GET	/photos	index	photos.index
GET	/photos/create	create	photos.create
POST	/photos	store	photos.store
GET	/photos/{photo}	show	photos.show
GET	/photos/{photo}/edit	edit	photos.edit
PUT/PATCH	/photos/{photo}	update	photos.update
DELETE	/photos/{photo}	destroy	photos.destroy

如果要给控制器注册一个资源路由，则需要使用如下形式：

```
Route::resource('photos', 'PhotoController');
```

18.6.5 API 资源控制器

当声明用于 API 的资源路由时，通常需要排除显示 HTML 模板的路由，如 create 和 edit。为了方便，可以使用 apiResource 方法自动排除这两个路由，语法格式如下：

```
Route:: apiResource ('photos', 'PhotoController');
```

也可以直接使用 artisan 命令 make:controller 的--api 选项：

```
php artisan make:controller API/PhotoController --api
```

18.6.6　路由缓存

如果 Laravel 应用只使用了基于控制器的路由，则应该利用路由缓存极大地减少注册所有应用路由所需的时间。如果需要生成路由缓存，则需要执行 artisan 命令 route:cache，语法格式如下：

```
php artisan route:cache
```

在运行此命令之后，每个请求都将加载缓存的路由文件。如果添加了任何的新路由，则需要重新生成路由缓存。如果需要清除路由缓存，则需要执行 artisan 命令 route:clear，语法格式如下：

```
php artisan route:clear
```

18.7　Blade 模板

Blade 是 Laravel 提供的一个简单而又强大的模板引擎。和其他流行的 PHP 模板引擎不同，Blade 并不限制用户在视图中使用原生 PHP 代码。所有 Blade 视图文件都会被编译成原生的 PHP 代码并缓存起来，除非它被修改，否则不会重新编译，这就意味着 Blade 基本上不会给用户的应用增加任何负担。在条件允许的情况下，应当尽量避免在 Blade 中使用原生 PHP 代码，因为原生 PHP 代码不是模板，不能执行使用 Blade 或自定义 Blade 指令来实现的操作。Blade 视图文件使用“.blade.php”作为文件扩展名，被存放在 resources\views 目录中。

Blade 引入了一种约定，那就是称为“指令”的自定义标签，其前缀是“@”，可以为所有控件结构、继承和任何想要添加的自定义功能提供“指令”。

18.7.1　模板继承

Blade 的两个主要优点是模板继承和区块。在定义子视图时，可以使用 Blade 提供的 @extends 指令来为子视图指定应该“继承”的布局。继承的布局的视图可使用@section 指令将内容注入于布局的@section 中。而主布局中使用@yield 的地方会显示这些子视图中 @section 间的内容。

我们先定义一个主布局，并保存为 resources\views\main.blade.php 文件，代码如下：

```
<!doctype html>
<html>
<head>
<title>@yield('title')</title>
</head>
<body>
```

```
    @section('sidebar')  @show
    <div class="container">@yield('content')</div>
</body>
</html>
```

再定义一个子布局来继承主布局，并保存为 resources\views\child.blade.php 文件，代码如下：

```
@extends('main')

@section('title', 'Page Title')

@section('sidebar')
    @parent
    <p>这将追加到主布局的侧边栏。</p>
@endsection

@section('content')
    <p>这是主体内容。</p>
@endsection
```

最后添加路由，为了比较两个布局的运行结果，这里添加如下两个路由：

```
Route::get ( '/mian', function () {
    return view ( 'mian' );
} );

Route::get ( '/child', function () {
    return view ( 'child' );
} );
```

主布局运行结果如下图所示。

这是因为这些指令无法执行，所以返回了一个 404 页面。

子布局运行结果如下图所示。

我们可以在网页中通过右键查看网页源代码，可以看到 child.blade.php 文件被编译后的代码如下：

18.7.2　输出数据

传入 Blade 视图的数据可以通过双大括号来显示。

1. 路由传参

路由使用如下方式进行传参：

```
Route::get('get', function () {
    return view('welcome', ['name' => 'Jack']);
});
```

在 Blade 模板中可以直接调用，并显示 name 变量的内容，代码如下：

```
Hello, {{ $name }}.
```

2. 执行 PHP 函数

可以在括号内执行任意 PHP 函数，例如：

```
The current time is {{ time() }}.
```

3. 不执行转义的用法

如果不想执行转义，则可以使用双大括号和双叹号将其括起来，例如：

```
Hello, {{!! $name !!}}.
```

18.7.3 流程控制

Blade 还为常用的 PHP 流程控制提供了便捷语句，例如，条件语句和循环语句。

1. if 语句

使用@if、@elseif、@else 和@endif 指令来构建 if 语句，这些指令与 PHP 对应，语法格式如下：

```
@if (count($records) === 1)
    有一条记录!
@elseif (count($records) > 1)
    有好多条记录!
@else
   没有记录!
@endif
```

2. unless

@unless 与@if 相反，语法格式如下：

```
@unless (count($records) > 0)
    没有记录!
@endunless
```

3. 循环语句

使用@for、@foreach 和@while 指令来构建循环语句，这些指令与 PHP 对应，语法格式如下：

```
@for ($i = 0; $i < 10; $i++)
    当前值为 {{ $i }}
@endfor

@foreach ($users as $user)
    当前用户为 {{ $user->id }}
@endforeach

@while (true)
    死循环
@endwhile
```

4. forelse

@forelse 是在迭代的对象为空时，允许进行处理的一种 foreach 语句结构，语法格式如下：

```
@forelse ($users as $user)
    当前用户为{{ $user->id}}
@empty
```

```
    没有用户
@endforelse
```

5. 循环变量

在使用 foreach 和 forelse 循环时，可以在循环内使用$loop 变量。这个变量可以提供一些有用的信息，比如，当前循环的索引，当前循环是不是首次迭代，或者当前循环是不是最后一次迭代。$loop 变量可以实现的属性如下表所示。

属　性	说　明
$loop->index	循环中当前项基于 0 的索引，如果返回 0，则表示第一项
$loop->iteration	循环中当前项基于 1 的索引，如果返回 1，则表示第一项
$loop->remaining	循环中剩余的项的个数
$loop->count	循环的总项数
$loop->first	是否是循环中的第一项，返回布尔值
$loop->last	是否是循环中的最后一项，返回布尔值
$loop->depth	这个循环有多少层，1 表示一层循环，2 表示循环中还有一层循环，以此类推
$loop->parent	如果当前循环在另一个循环中，则表示引用父循环的循环变量$loop，否则是 NULL

示例代码如下：

```
@foreach ($users as $user)
    @if ($loop->first)
        这是第一个循环项。
    @endif

    @if ($loop->last)
        这是最后一个循环项。
    @endif

    This is user {{ $user->id }}
@endforeach
```

18.7.4 判断变量

如果不确定是否设置了一个变量，则可以使用@isset 或@empty 来检查，语法格式如下：

```
@isset($records)
    $records 已定义且不为 null
@endisset

@empty($records)
    $records 为空
@endempty
```

@isset 一般使用 or 关键字来替代，因为 or 关键字可以进行赋值，语法格式如下：

```
{{$title or "Default"}}
```

这句代码会先尝试输出$title 的值，如果未设置该值，则会输出 Default。

18.7.5 PHP 指令

在某些情况下，需要将 PHP 代码嵌入视图中。可以使用 Blade 的@php 指令在模板中执行一段纯 PHP 代码，代码如下

```
@php
    //
@endphp
```

但是正如前文所述，应当尽量避免在 Blade 中使用原生 PHP 代码，因为原生 PHP 代码不是模板。

18.7.6 引入视图

Blade 还提供了@include 指令来引入一个已存在的视图，所有父视图中的可用变量在被引入的视图中都是可用的。示例代码如下：

```
<div>
    @include('nav')

    <form>
        <!-- 表单内容 -->
    </form>
</div>
```

如果尝试使用@include 去引入一个不存在的视图，则 Laravel 会抛出错误。如果想引入一个可能存在或可能不存在的视图，则应使用@includeIf 指令，语法格式如下：

```
@includeIf('nav')
```

如果要根据给定的布尔条件引入视图，则可以使用@includeWhen 指令，语法格式如下：

```
@includeWhen($boolean, 'nav')
```

被引入的视图会继承父视图中的所有数据，同时也可以向引入的视图传递额外的数组数据，语法格式如下：

```
@include('nav', ['action' => 'login'])
```

18.7.7 自定义指令

Blade 允许使用 directive 方法来定义自定义指令。当 Blade 编译器遇到自定义指令时，它将使用指令包含的表达式调用提供的回调。

例如，创建一个@datetime($var)伪指令，该伪指令格式化给定的 datetime 实例$var，代码如下：

```
<?php
```

```
namespace App\Providers;

use Illuminate\Support\Facades\Blade;
use Illuminate\Support\ServiceProvider;

class AppServiceProvider extends ServiceProvider
{
    /**
     * 执行注册后引导服务
     *
     * @return void
     */
    public function boot()
    {
        Blade::directive('datetime', function ($expression) {
            return "<?php echo ($expression)->format('m/d/Y H:i'); ?>";
        });
    }

    /**
     * 在容器中注册绑定
     *
     * @return void
     */
    public function register()
    {
        //
    }
}
```

18.7.8　注释

Blade 也能在视图中定义注释。然而，与 HTML 的注释不同的是，Blade 注释不会被包含在应用程序返回的 HTML 内。例如：

```
{{-- 此注释将不会出现在渲染后的 HTML --}}
```

18.8　数据库

Laravel 支持 4 种数据库，即 MySQL、PostgreSQL、SQLite、SQL Server。在使用数据库前，需要对数据库进行配置。数据库的配置文件放置在 config\database.php 文件中，用户可以在此定义所有的数据库连接，并指定默认使用的连接。此文件内提供了大部分 Laravel 支持的数据库配置示例。

但是数据库用户名和密码等敏感信息位于根目录下的“.env”文件，如果不是通过

Composer 安装的，则可能需要手动创建。值得注意的是，“.env”文件是敏感文件，如果项目是开源的，则务必不要将“.env”文件也开源；同样的，也不要将“.env”文件提交到版本控制系统（如 Git 或 SVN）中。

18.8.1 运行原生 SQL 查询

在配置好数据库连接后，就可以使用 DB 类来运行查询。DB 类为每种操作提供了相应方法如 DB::select、DB::update、DB::insert、DB::delete 和 DB::statement。

1. 运行查询语句

使用 DB::select 方法来运行基础的查询语句，示例代码如下：

```
<?php
namespace App\Http\Controllers;

use Illuminate\Support\Facades\DB;
use App\Http\Controllers\Controller;

class UserController extends Controller
{
    /**
     * 显示应用程序中所有用户的列表
     *
     * @return Response
     */
    public function index()
    {
        $users = DB::select('select * from users where active = ?', [1]);
        return view('user.index', ['users' => $users]);
    }
}
```

传递给 DB::select 方法的第一个参数就是一个原生的 SQL 查询，而第二个参数则是需要绑定到查询中的参数值。通常这些值用于约束 WHERE 语句。参数绑定用于防止 SQL 注入，机制如同 SQL 的预处理语句。

DB::select 方法始终返回一个数组，而且数组中的每个结果都是一个 PHP 的 stdClass 对象，可以使用如下格式访问结果值：

```
foreach ($users as $user) {
    echo $user->name;
}
```

和预处理语句一样，除了使用“?”表示参数绑定，也可以使用命名绑定来执行一个查询，语法格式如下：

```
$users= DB::select('select * from users where id = :id', ['id' => 1]);
```

2. 运行插入语句

可以使用 DB::insert 方法来执行 INSERT 语句。与 DB::select 方法一样，该方法将原生 SQL 查询作为其第一个参数，并将绑定数据作为第二个参数，语法格式如下：

```
DB::insert('insert into users (id, name) values (?, ?)', [1, 'Dayle']);
```

3. 运行更新语句

DB::update 方法用于更新数据库中现有的记录。该方法返回受该语句影响的行数，语法格式如下：

```
$affected = DB::update('update users set votes = 100 where name = ?',
['John']);
```

4. 运行删除语句

DB::delete 方法用于从数据库中删除记录。与 DB::update 方法一样，返回受该语句影响的行数，语法格式如下：

```
$deleted = DB::delete('delete from users');
```

5. 运行普通语句

有些数据库语句不会有任何返回值。对于这些语句，用户可以使用 DB::statement 方法来运行，语法格式如下：

```
DB::statement('drop table users');
```

18.8.2 数据库事务

Laravel 可以使用 DB::transaction 方法在数据库事务中运行一组操作。在使用 transaction 方法时，不需要手动回滚或提交，如果事务闭包抛出异常，则事务会自动回滚；如果事务闭包执行成功，则事务会自动提交。示例代码如下：

```
DB::transaction(function () {
    DB::table('users')->update(['votes' => 1]);
    DB::table('posts')->delete();
});
```

数据库死锁是指有两个或两个以上的数据库操作相互依赖，其中一方需要等待另一方退出后才能获取资源，但是如果没有一方提前退出，就会造成死锁，数据库事务容易产生的一个副作用就是死锁。为此 DB::transaction 方法接收一个可选参数作为第二个参数，用于定义死锁发生时事务的最大重试次数。如果尝试次数超出指定值，则会抛出异常。示例代码如下：

```
DB::transaction(function () {
    DB::table('users')->update(['votes' => 1]);
    DB::table('posts')->delete();
}, 5);
```

如果用户想要手动开始一个事务，并且对回滚和提交做到完全控制，则可以先使用 DB::beginTransaction 方法，语法格式如下：

```
DB::beginTransaction();
```

然后使用 DB::rollBack 方法回滚事务，语法格式如下：

```
DB::rollBack();
```

最后使用 DB::commit 方法提交事务，语法格式如下：

```
DB::commit();
```

18.9 本章小结

本章重点介绍了 Laravel 的安装，还介绍了路由、中间件和 Blade 视图模板等内容，最后介绍了使用 DB 类访问数据库。